爱的咏叹调

蒋 英 传
The Legend of
JIANG YING

徐娜 著

上海交通大学出版社
SHANGHAI JIAO TONG UNIVERSITY PRESS

内容提要

　　本书是中国声乐学派奠基者之一、杰出的女高音歌唱家和音乐教育家蒋英的个人传记。"爱"是蒋英一生的主旋律：她用热爱成就了闪亮的歌唱事业，并培育了一批走向国际的中国声乐人才；她在漫长岁月中为家人筑造爱的港湾，与科学家钱学森伉俪情深的爱情故事为人称道，为子女遮风挡雨的坚韧和柔情让人动容；她历经时代的沧桑巨变，面对纷繁世事始终以爱意面对，展现了一个智慧美丽、独立坚强的现代女性形象。本书作者将长期整理、研究相关档案和珍贵文物的成果融合于叙述中，尝试为大众读者还原蒋英绚烂而纯粹的一生。

图书在版编目（CIP）数据

爱的咏叹调：蒋英传 / 徐娜著 . —— 上海：上海交

通大学出版社，2024.8（2024.12 重印）—— ISBN 978-7-313-31479-6

　Ⅰ. K825.76

　中国国家版本馆 CIP 数据核字第 20248E0K26 号

爱的咏叹调：蒋英传

AI DE YONGTANDIAO JIANGYING ZHUAN

著　　者：徐　娜

出版发行：上海交通大学出版社　　　　地　　址：上海市番禺路 951 号

邮政编码：200030　　　　　　　　　　电　　话：021-64071208

印　　制：上海盛通时代印刷有限公司　经　　销：全国新华书店

开　　本：710mm×1000mm　1/16　　　印　　张：23.75

字　　数：365 千字

版　　次：2024 年 8 月第 1 版　　　　　印　　次：2024 年 12 月第 2 次印刷

书　　号：ISBN 978-7-313-31479-6

定　　价：138.00 元

序一

蒋英教授比我年长十岁。当我从莫斯科留学回来到中央音乐学院指挥系工作时，她在声乐系任教。我得知她曾经留学欧洲多年，在德国艺术歌曲、歌剧方面有很深的造诣，深感钦佩。在日后的相处中，我也见到了蒋英老师平易近人的一面。她虽然是著名科学家钱学森的夫人，但从不搞特殊。不管天气如何，她每天都是骑摩托车早早地到校上班，包括我在内的中央音乐学院的师生时常会遇到她。女教授骑摩托车上班，这在当时也是一个不多见的奇观啊！

改革开放以后，文艺事业迎来新的春天。蒋英教授和其他几位老师一起创立了歌剧系，为我国培养了一批优秀的歌剧人才。尤其是 1983 年，歌剧系毕业生排演的毕业大戏《费加罗的婚姻》[1]，更是倾注着她大量心血。她响应"洋为中用"的理念，在张承谟翻译的中文版的基础上逐字逐句进行配歌打磨，使唱词更加适合中文的语境和舞台演出。我的学生吴灵芬受邀担任指挥。这出大戏公演后在当时引起轰动。我国自己培养的第一批歌剧专业人才的优秀表现，受到各方面的好评。第二年中央歌剧院就接过此剧，

1　又译《费加罗的婚礼》。

由我指挥演出了十几场，1995年又由吴灵芬和现在已是世界知名女指挥的张弦指挥演出了多场。于是，这部歌剧成为我国国家歌剧院"洋戏中唱"的保留剧目。

如今我也成为一名"九零后"了。我有责任带领着蒋英教授41年前培养的学生们不忘初心，继续推动"洋戏中唱"。2024年5月郑小瑛歌剧艺术中心在厦门和福州发起和复排上演了中文版的《费加罗的婚姻》。当年首演此剧，现今平均年龄已高达67岁的原班人马积极响应，从德国、日本以及中国各地齐聚厦门。他们克服了年龄和专业的种种困难，在近80岁高龄的吴灵芬教授的率领下，再创奇迹，演出成功，得到了观众的热烈赞扬。蒋英先生的儿子、上海交通大学钱学森图书馆馆长钱永刚先生也专程赶来观看，给了我们很大的鼓励。

6月17日是中央音乐学院成立75周年的校友返校日。中文版的《费加罗的婚姻》在母校歌剧厅再次成功回闪。在俞峰院长的支持下，6月18日学院安排学习传承的青年学生组也闪亮登场。老校友们和社会媒体对于蒋英老师担任歌剧系副主任时期，各位老师对培育我国歌剧人才以及对于"洋戏中唱"做出的贡献，都给予了很高的评价和深切的怀念。

今年是蒋先生105周年诞辰，她的传记得以出版，这是非常有意义的事。她对我国声乐教育事业的贡献值得在历史上留下记录，她的生平事迹值得大家学习。

是为序。

郑小瑛

2024.7.1

序二

我敬爱的蒋英老师离开我们 12 年了。可是时间抵不住我对她的思念，她时常出现在我的梦中，仿佛从未离开过我一样。每当回想起她，过往的一幕幕犹如电影一样浮现在我眼前。

1974 年，我第一次见到蒋老师。那时候她和其他老师一起，在忙着做开学前的教室清洁工作。她负责擦玻璃，姿势优雅得让我不自觉地多看几眼，印象深刻。不久后，我幸运地成了她的学生。对于宛如一张白纸的我，蒋老师从最简单的音符、发声方法教起，将我领进了歌剧艺术的大门，带我感受到经典歌剧的美。我逐渐爱上了歌剧。改革开放以后，在蒋老师的帮助下，我成功申请到了全额奖学金赴美留学。她帮助我这条小鱼游到了世界歌剧的大海中。我学成毕业时，蒋老师远赴美国参加我的毕业典礼，就像我的母亲一样抚摸着我的脸颊。我成为美国大剧院职业歌剧演员，登上世界歌剧艺术舞台时，我始终牢记蒋老师的教诲，努力成为华人之光。蒋老师给予我的，不仅是歌剧知识，还有精神和感情。

有人称呼我"小蒋英"。我成为不了她，但她永远是我学习的榜样。为了回报蒋老师对我的爱，我选择回国工作，以有更多的时间陪伴她。当我有机会在舞台上扮演她时，她说我是最合适演她的人，我倍感欣慰。我在演的时候努力地接近她。如今，我沿着她的足迹，继续培养歌剧人才，或许是对她最好的纪念。

我与蒋老师的许多故事都被写进了这本书里。作者用三年时间收集资料，用两年时间撰稿和打磨，终于在蒋老师 105 周年诞辰时出版，特别有意义。书中用"爱"贯穿蒋老师的一生恰到好处——蒋老师热爱欧洲古典歌剧和艺术歌曲，被誉为这一领域的权威。她热爱中国民族音乐，希望取长补短，创立中国民族乐派，唱出中国文化之美。她热爱歌剧教学工作，毫无保留地将艺能艺德传承给学生，推动中国歌剧艺术发展。她与科学家钱学森书写的完美爱情，令人赞叹。

相信读者能够透过书中的文字，了解和感知真实而立体的蒋英老师。

目 录 CONTENTS

Chapter

第八章

退而不休　桃李成蹊

蒋英有多重身份，如"蒋百里的三女儿""著名女高音歌唱家""钱学森的夫人""声乐教育家"等。然而，除去这些身份，她就是自己——"蒋英"。蒋英从少女时代立志献身音乐艺术，并用一生求索，从小学初涉钢琴，到留德跟从名师学习声乐，再到深耕欧洲歌剧，并成为这一领域的专家。而后，她从舞台跨越到讲台，将毕生所学传授给学生，在自己艺术生命得以延续的同时，也为国育才、为国争光。蒋英曾经说过，支撑她走过60多年艺术生涯的最重要的是"爱"。儿时的蒋英，在父母的呵护和爱的包围下幸福成长，非常可人。长大后，她热爱舞台，一站在台上，便散发出耀眼的光芒，连舞台都变成热的，美妙的歌声令观众陶醉。舞台之下，她自带光环，在人群中永远是最闪耀独特的那一个。无论镜头在哪，她都似能主动对焦、自成焦点。从教后，她用爱托举起许多具有音乐天赋的学生走上国际舞台，而她甘愿做那一束追光，一直照射着他们。蒋英与钱学森因父辈的莒岑之交而结缘，因音乐而相知，用一生诠释了科学与艺术的完美结合。他们的爱情不仅仅是柴米油盐的平凡生活，更多的是基于共同的理想信念，那就是用个人学识建设祖国，为人民幸福奋斗终生。综观蒋英的一生，就是一曲爱的咏叹调。她既是创作者，又是吟唱者。

Chapter 1

第一章

少女时代　幸福成长

名门之后与家学渊源

蒋英可谓出身名门。父亲蒋百里是我国近代著名军事理论家,曾经被国民政府追授"陆军上将",因军事著述颇有见解且人格高尚,深受国人尊重。蒋百里一生跌宕起伏、充满传奇。

蒋百里祖籍浙江海宁硖石镇,自幼聪慧无比。在母亲杨太夫人的悉心教导下,蒋百里自幼通读唐诗、四书,以及《三国演义》《水浒传》《西游记》《封神榜》等经典著作,且能过目不忘,还能绘声绘色地讲述给别人听,展现出过人的天赋。杨太夫人还曾经在硖石镇创办振坤女子小学,并任校长多年,颇具教育才能。

1898年,17岁的蒋百里考中秀才。1899年,蒋百里受聘为海宁伊桥镇孙家塾师,受到桐乡县令方雨亭的赏识,于1900年被推荐入杭州求是书院(浙江大学前身)读书。蒋百里目睹时局混乱和清政府的无能,从小立下救国之志。在求是书院读书时,他与几位同学秘密成立励志社,每周举办读书会,抨击时政、砥砺品学、促进维新,逐渐树立军事救国之志。1900年,清末维新派领袖唐才常在汉口组织"自立军"反清,事泄后被清政府迫害。蒋百里义愤填膺,赋诗悼念,其中"君为苍生流血去,我从君后唱歌来"一时在求是书院广为流传,成为当时较早提倡革命的诗句。蒋百里也因此事险些惹来杀身之祸。在老师陈汉第的帮助下,蒋百里才得以幸免于难,并于1901年春到日本陆军士官学校留学。

在日本留学期间,蒋百里刻苦训练,成绩优异,与同窗蔡锷、张孝准被称为"中国士官三杰",毕业时获步兵科第一名,并因此获日本天皇亲授军刀一柄。1906年,蒋百里又赴德国陆军大学深造。德国是当时世界军事实力最强的国家。蒋百里留德期间,不仅潜心学习军事,还广泛涉猎西方历史、文学、艺术等。蒋百里虽为外国留学生，但表现优异、学业出众，不仅受到当时德军最高统帅保罗·冯·兴登堡破例单独接见，还得到与德国战略理论家伯卢迈将军面谈的机会。伯卢迈甚至盛赞蒋百里："从前拿破仑讲过，若干年后，东方将出现一位伟大的军事家，那也许会在你身上实现吧。"

1910年，蒋百里学成回国。1912年，蒋百里以少将军衔出任保定陆军军官学校校长。在任期间，蒋百里致力于学校各方面的改革，大大提高了教学水平，赢得了学生的尊重，但也得罪了守旧派。更令蒋百里愤懑的是，北洋政府应允的军校经费迟迟不拨付。蒋百里上下掣肘、内心苦闷，在全校师生面前举枪自杀明志，震惊全国。袁世凯为求平息事态，急求日本协助派最好的医生和护士救治。所幸蒋百里未伤及要害，保住了性命。

蒋百里在住院治疗期间，日本护士佐藤屋登不仅细致入微地照顾他，还在精神上支持和鼓励他。在佐藤的照料和鼓励下，蒋百里身体得以恢复，心情也不再郁闷彷徨。蒋百里逐渐倾心于佐藤。为了表达爱意，蒋百里一度追到日本，最终用真心打动佐藤，二人在天津德国饭店结婚。因佐藤喜欢梅花，蒋百里为她取了中文名"蒋左梅"。后来，蒋百里还在海宁老家的东山西麓购地数亩，种了200多株梅树，起名"梅园"。

结婚后，蒋左梅放弃日籍，远嫁他乡来到中国。蒋百里奔走忙碌于中国的统一大业和国防建设，故将家中一切事务交由蒋左梅打理。蒋左梅恭良贤淑、聪颖智慧、内外兼修。蒋百里原本给她4000元买钻戒作为结婚礼物，但蒋左梅并不看重这些，而用这笔钱在北京北新桥锅烧胡同购置新居，以便久居。

不久后，蒋家迎来第一个女儿蒋昭；一年后第二个女儿蒋雍出生。1919年10月1日（农历己未年八月初八），第三个女儿蒋英出生。蒋英三姐妹都遗传了父母最好的基因，皮肤白皙，外貌可人。由于三个女儿仅相差一岁，蒋左梅忙不过来，不得不雇佣奶妈分别照顾她们。尽管蒋左梅是日本人，但她从不教女儿学日语，而是让她们学中文。由于家中帮佣都是北京人，蒋英和姐姐们学了一口正宗的北京口音。父亲因工作经常离开家，但有姐姐们的陪伴，蒋英很开心。接下来几年，蒋英又多了两个妹妹：蒋华与蒋和。五姐妹在一起玩乐，不亦乐乎。

蒋百里每月给蒋左梅200元用于家庭开支。随着孩子的先后出世，家里的开支逐渐增多。200元越来越显得捉襟见肘。蒋左梅只好重新做规划，将200元分成5份，每份40元，每6天用一份，用完也不透支。这也体现了蒋左梅勤俭持家、善于经营。然而，父母给予蒋英最重要的不是物质，而是爱。这令蒋英受益终生。

受益终生的家庭教育

原生家庭对一个人的成长至关重要。蒋英非常幸运，生活在一个充满爱的家庭：父母举案齐眉，恩爱有加；姐妹相处友爱，温馨融洽。蒋家是父慈母爱。蒋百里虽然从小天资聪颖，但因父亲早逝，与母亲相依为命，家境贫寒，童年充满苦难，因此，他竭尽所能为女儿们创造条件，加倍宠爱她们，让她们享受快乐的童年。

更为重要的是，蒋百里曾经接受过日本和德国的新式军事教育，故对女儿们的教育理念也非常新式，丝毫不受旧时代重男轻女观念的禁锢。蒋百里虽是军人，但与一般军人的硬汉形象不同，他是一位儒将，交往的友人除了军队将帅，还有很多知名学者和文化名流。例如，他因与梁启超同游欧洲而志同道合、私交甚好。他与蔡锷是同窗兼好友。另外，他还深得同乡徐志摩的尊重。得益于蒋百里广泛的交友，蒋英和姐妹们从小就有机会与很多知名人士和泰斗级学者见面、接触，增长见闻。例如，她们儿时已经与印度诗哲泰戈尔有过近距离接触并合影。

1924年，为了给刚过世的母亲居丧，蒋百里在老家硖石度过春节。随后，他回到上海租了一套房子，以作他在北京和上海往来之用。同年4月12日，印度著名哲学家、诗人泰戈尔应讲学社的邀请来华讲学。讲学社是梁启超、蔡元培、汪大燮等人发起的一个学术交流组织。蒋百里在其中担任总干事。在泰戈尔之前，讲学社还成功邀请了杜威、罗素访华。泰戈尔所到之处充满热烈欢迎的气氛。而徐志摩和林徽因的出色翻译，也让泰戈尔甚为满意。通过此次访华之旅，泰戈尔与徐志摩成了忘年交。

1926 年，蒋百里因经济拮据退掉了之前租的房子，转而租下上海极司菲尔路（今万航渡路）上的一所小房子，并搬到这里居住。1929 年，泰戈尔受邀赴美国、日本讲学。赴日之前，他特地致信徐志摩说要顺道到访上海，并约定这次只是朋友间的私访，一定要低调、保密，不要让媒体知道，不住酒店，就住在他的家里。徐志摩自然按照他的意思办，只告诉了少数好友。蒋百里便是其中之一。

1929 年 3 月 19 日中午，蒋百里在家里举办午宴招待泰戈尔，到场的还有徐志摩夫妇、胡适等几位故交好友。为了纪念这一时刻，蒋百里提议泰戈尔与前来的中国友人们合影留念。而蒋英和姐妹们不仅幸运地近距离接触泰戈尔，还与泰戈尔等留下了珍贵合影。[1]

泰戈尔与徐志摩（右二）等人在蒋百里（右四）家中合影

1　王天平，蔡继福，贾一禾. 民国上海摄影——海派摄影文化前世之研究 [M]. 上海：上海锦绣文章出版社，2016:196.

蒋英（右二）和姐妹们与泰戈尔的合影

作为一位开明的父亲，蒋百里不放过任何一个让女儿受教育的机会。俗话说，读万卷书，行万里路。蒋百里经常带妻女到处游历，一方面放松心情，另一方面让她们增长见识。他们到访过普陀山，白天在千步沙散步，晚上住在庙中，恬淡舒适。1935年夏天，他们全家去青岛避暑。蒋英和姐妹们跟着父亲学会了游泳和骑马。蒋百里在日本学习过骑术，且骑术精湛。他把自己的骑马心得和经验教给女儿们："初学骑马的人，第一要练胆，胆子不大学不好；第二不怕跌，越跌得多门槛越精；第三要善于临机应变。明乎此，就可以驰骋自如而无所顾忌了。"

蒋百里的教学方式有点严厉。每天天还没亮，蒋英和姐妹们就被父亲喊醒。每人骑上一匹马，在海边沙滩上练习，经过平路再到崎岖的山路。到了山顶，蒋百里一边喊"当心"一边挥着鞭子甩在女儿们所骑的马背上。马儿得到命令往山下飞驰。初学骑马的女儿们被吓得直喊救命。蒋百里却淡定地说："这是第一课，你们要学会自己救自己的办法。"

这种教学方式虽然有点严苛，但很有效果。很快，蒋英和姐妹们都学会了骑马，也爱上了骑马。然而，危险不期而至：蒋英突然遭遇坠马！

有一天，蒋英骑马回到住所，看到父亲的白马还没进马房，就想试骑一下。然而，她不知道的是，这匹马已经很疲惫，正想走进马房休息。所以，当马突然发觉有人骑上它的背，又感到不是它的主人时，就愤怒且失控起来。马儿本能地跳起来绕了两圈，就直奔马房。骑在马背上的蒋英对马儿突如其来的反应措手不及，这时候如果选择跳马肯定会摔伤，不跳又很可能被马房的房檐撞破头。而且，父亲从未教过她们如何应对这种情况。说时迟，那时快，在白马即将冲入马房的那一刻，蒋英迅速用手攀住马房的屋檐，但手未抓牢，还是摔倒在地。

蒋百里听到有动静赶紧赶来一探究竟。这时，他看到蒋英坐在地上愣着，问也不回话，只好上前查看她是否摔到哪里了。蒋英这才缓过神来，告诉父亲事情的经过。她说自己摔得不重，只是自认为学会骑马了却没能驾驭这匹马，因此而感到懊恼和羞愧。蒋百里听后才放心，他没有责怪蒋英，而是讲述了自己在日本留学时坠马的经历。蒋英听完父亲的讲述，明白了其中的道理，那就是：坠马是学习骑马过程中的必然经历。善骑者也会坠马，更何况刚刚学会骑马的她。蒋英不再懊恼，也没有因为这次坠马经历而退缩，这反而增进了她的胆量和反应能力。

进入中西女塾选习钢琴

蒋百里不仅自己学识渊博，对女儿们的教育和培养也颇有方法，正如陶菊隐先生所言："（蒋百里）引导她们自然发展，从不悬一目标，把她们纳入同一模式。"蒋百里仔细观察每个女儿的天分：大女儿蒋昭和三女儿蒋英都喜欢音乐，二女儿蒋雍颇有语言天分，四女儿蒋华擅长计算，五女儿蒋和长于文学。因此，蒋百里引导她们向各自擅长的领域发展。

蒋英的少女时代处于旧中国时期，那时能够有机会接受教育的女孩并不多，可供选择的学校也很少。蒋英的父母则全力支持她和姐妹们接受教育。在父亲的主导下，蒋英与大姐蒋昭、二姐蒋雍一样也进入上海中西女塾读书。蒋百里之所以为女儿们选择这所学校，是综合考虑该校的办学特色和学校声望等因素。上海中西女塾创办于 1892 年 3 月 15 日，是美国基督教南卫理公会创办的一所新式女子学校。筹建之初，学校的定位是为中国上级阶层家庭的女子实施中西结合的教育，开设的课程有英文、国文、数学、科学、地理、历史、宗教、家政等。学校开办不久就已经获得了较高的关注度。尤其宋氏三姐妹——宋霭龄、宋庆龄和宋美龄赴美留学前曾在该校就读，更大大提升了学校的知名度。由此，该校招生规模扩大，校舍也得以扩建。

在"收回教育权"运动的影响下，国民政府要求教会学校向中国政府备案，校长必须由中国人出任。1929年中西女塾迎来了第一任中国校长杨锡珍。1930年，中西女塾在国民政府备案成功，改名为"中西女子中学校"[1]，并分成了小学部、初中部和高中部。1933年，蒋英升入位于忆定盘路（今江苏路）的中学部。无论校长如何变换，校址如何变迁，学校始终重视西洋音乐教育。其中琴科是最受欢迎、选修学生最多的课程。琴科以钢琴为主，还包括声乐和弦乐，选用的教材多是美国出版的西方音乐家的作品。蒋昭选修的是小提琴。蒋英选修的是钢琴。

蒋英开始学习钢琴时个子不够高，两只小脚还够不上踏板，两只手只会"铿铿铿"地敲，但父亲却觉得她非常可爱，对她多加鼓励。在父亲的鼓励下，蒋英认真学习钢琴，她非常享受在学校练琴的时光。蒋英曾经回忆说："按照学校要求，学生每天早上八点钟上课以前都要去练琴。我练得很有乐趣。"蒋百里观察到蒋英听音乐时神情专注、悠然神往，练习钢琴时颇为专注和投入，认定她对音乐有喜爱和热忱。于是，在蒋英读小学五六年级时，蒋百里特地买了一架钢琴作为生日礼物送给她。有了钢琴，蒋英在家也能够练琴。从此以后，蒋英与音乐更分不开了。蒋百里还聘请了一位德国老师到家中为蒋英"补课"。在德国老师的指导下，蒋英开始广泛接触世界经典音乐，她使用的钢琴教材有柯政和主编、北平中华乐社发行的《世界名歌一百曲集》和《世界名歌选粹》等，练习的曲目包括德国音乐家罗伯特·舒曼的《二武士》、奥地利作曲家弗朗茨·舒伯特的《静听百灵鸟》、朱塞佩·威尔第的《夏日海上》、美国作曲家斯蒂芬·福斯特的《马萨在寒地》、法国作曲家昂布鲁瓦·托马斯的《你知道那绮丽之乡吗？》

1　陈瑾瑜. 中西女中 [M]. 上海：同济大学出版社，2016:37.

等。但由于蒋英的外语还未熟练掌握，为了更好地理解这些名作的意境和内涵，只好用中文标注歌词大意。

通过刻苦练习，蒋英的钢琴弹奏水平有了很大进步，也更加坚定了对音乐的热爱。20世纪30年代，动荡的中国并不具备音乐发展的社会环境。幸运的是，蒋英有一位开明的父亲。只要是她喜欢的，父亲必定全力支持。因此，蒋英初中毕业后，父亲鼓励她往音乐方向发展，并叮嘱她说："你将来学音乐，到了相当成就的一天，会感到内心的空虚，那时你不能灰心放弃，必须一面回想历史的过程，一面在大自然中去求解决你的难题。这是天人交战的关头，也就是一生学业成败的关头。"当时的蒋英虽然不能完全理解父亲的话，但仍将其记在心里。

家庭变故中学会隐忍和坚韧

人有悲欢离合，月有阴晴圆缺。少女时代的蒋英并非一帆风顺，十一岁时遭遇父亲身陷囹圄；十五岁时大姐因病离世。这些变故让年少的蒋英早早地学会了独立，养成了坚强、坚韧的个性。

1929年，蒋介石与桂系斗争期间，为笼络人心，起用了蒋百里的学生、湘军将领唐生智。但蒋介石并不完全信任他，于是请蒋百里做担保人。不久后，唐生智突然领衔通电劝蒋介石下野，后以失败告终，避走日本。蒋介石认为唐生智的背后必定有担保人蒋百里的支持，抓不到唐生智，就将怨气转移到蒋百里身上，想方设法捉拿他。当时，蒋百里在友人的建议下，卖掉北京锅烧胡同的住宅，并向兴业银行贷了部分款，在上海国富门路8号（今安亭路）[1]购置了一套洋房。该住所位于上海法租界，蒋介石无法直接捉拿，便以出国避风头为名派人劝他离开租界。蒋百里认为自己没有过错，果断拒绝了来人的劝说。蒋介石见一计不成，又派人劝他到杭州

1　此处是陶菊隐著《蒋百里传》的说法。也有传说该住处是蒋百里的学生、湘军将领唐生智所赠。

休养。蒋百里信以为真，一到杭州就被软禁，而后又被转移到南京三元巷总部军法处看守所关押。

蒋英和姐妹们得知父亲被拘押的消息非常焦急。但蒋左梅冷静分析，认为蒋百里不至于有性命之忧，但也不会立即被释放，故在他被禁止探视期间收集古今中外名人狱中生活的故事，并摘抄下来寄给蒋百里，鼓励他渡过难关。三个月后，事态有所平息，蒋左梅得到每天探视的许可。为了照顾蒋百里的起居，她将蒋英和大女儿蒋昭、二女儿蒋雍寄宿在学校，自己带四女儿蒋华和五女儿蒋和到蒋百里的关押处附近租房子，每天陪伴他。这段时间没有父母的庇护，蒋英逐渐学会了坚强和独立。

虽然身在学校，蒋英和两个姐姐却时时牵挂着身在南京的父亲，想念着母亲和两个妹妹。当时中西女子中学校离火车站很近，每天下午听着火车呜呜的鸣笛声，她们都会期盼父亲回来。蒋左梅更是辛苦，心被掰成了两半，一半心系被拘押的蒋百里，另一半牵挂着寄居在学校的三个女儿，只能两边跑，一有空就回上海看望女儿。蒋英用平时母亲教育她们的"忍"来抵挡思念的情绪——接受日本传统精神教育的蒋左梅认为能忍才是大勇，故将"忍"传授给女儿们。

这样的日子过了一年多。直到1931年12月，蒋百里的好友唐天如找到机会，向时任国民政府代行政院院长的陈铭枢进言，希望他出面说服蒋介石释放蒋百里。陈铭枢曾经是保定军校一期生，是蒋百里亲自带过的学生。出于师生情谊，陈铭枢向蒋介石提出释放蒋百里的请求。蒋介石其实早已气消，但碍于面子一直不主动提释放蒋百里之事。身边人也都敢怒不敢言。因此，当陈铭枢提出后，蒋介石便松口同意释放蒋百里。自然，蒋介石也有自身的考虑：既显示自己的大度，又让陈铭枢以及军中其他蒋百里的学生感激他的人情，从而更加忠诚于他。

蒋英听说父亲即将被释放的消息高兴得跳起来。父亲出狱后，蒋英和两个姐姐从上海赶到南京与父母和两个妹妹团聚。蒋英终于见到了思念已久的父亲。她和姐姐们不停地喊着"爸爸"，围着他问长问短。为了表示庆祝，全家游了一趟玄武湖，然后乘坐沪宁夜车返回上海。

这次出狱后，蒋百里彻悟人生，自号"淡宁"，取自诸葛亮的"淡泊以明志，宁静以致远"之意。蒋百里回家后，每天生活恬淡且极有规律：早上五时起床，先亲手培植园中的花草；接下来，打太极、静坐、习《灵飞经》；然后，潜心研究学问，或出门办事。蒋英和姐妹们则按时去学校。晚餐时间是一天中最温馨也是最热闹的时光。吃过晚餐后，蒋英和姐妹们喜欢围着父亲问各种各样的问题。在蒋英看来，父亲就像一部百科全书，从世界局势到中国时局，从城市霓虹到乡村风光，从欧洲文艺复兴到中国古代史……什么问题都难不倒他。

到了周末，蒋英和姐妹们最喜欢的，是父亲从外面办事回来总是拎着大包小包的各种水果。蒋英在《哭亡父蒋公百里》中如此回忆这段时光：

> 照例老佣人总会站在楼梯上叫声："老爷，你回来了！"我们便打雷打鼓似的从楼上跳下来。这个喊，那个叫的，什么广东荔枝啰，新会桔啰，外国香瓜啰，葡萄啰，说不尽的好东西。十只手，来得快，一会都抢光了。你总是说："给妈妈留些啊——给妈妈留些啊！"于是又是一齐闹着去找妈，妈妈不是在书桌上记账，就是坐在沙发上结毛线衣。于是一家子便坐在一块儿，有时谈正经的，有时闹着玩，家，真是说不出来香甜呵！[1]

1934年，农商银行在上海复业时，蒋百里当选为常务董事，家中经济状况渐渐宽裕。这一年，蒋昭还因精通小提琴被世界音乐队录取，并因此登上了英文报纸。全家沉浸在一片喜悦之中。可是没过多久蒋家又突遭另一场变故。

蒋家每周六都会吃一顿西餐。某个周六，一家人一起用餐时，蒋昭突然脸色涨红。蒋百里非常紧张，赶紧为她量体温，结果显示38.3℃。第二天，蒋百里带蒋昭到医院做检查。医生为她拍了片子。片子出来后显示肺上有一个黑点，医生诊断为肺炎。蒋百里听后焦急得如热锅上的蚂蚁。蒋英和母亲、姐妹们也非常担心蒋昭的病情。为了给女儿治病，蒋百里足不出户，谢绝所有来访，还不停地请中医、西医来家里为女儿诊治，蒋昭却丝毫不见好转。后来蒋百里又带蒋昭到当时的红十字会医院治疗。殊不知蒋昭因

1　谭徐锋.蒋百里全集 第8卷[M].北京:北京工业大学出版社,2015:11.

患过脑膜炎打不了针，最后的一丝希望破灭了。

蒋昭对自己的病情似乎有所感知，她想回到自己的出生地看看，于是向父亲请求回北京治病。蒋百里自然如她所愿，携全家回到北京，租了几间房，然后把她送到肺病专科疗养院治疗。

然而，治疗效果并不明显，蒋昭的病情时好时坏。蒋百里和蒋左梅一直陪伴在旁。而蒋英和其他姐妹在家中焦急地等待大姐康复的消息。其间蒋百里因公不得不南下一趟，南下后的他突然得知爱女病重的消息，心急如焚地赶回北京。遗憾的是，蒋昭的病情已无力回天了。蒋昭的早逝，让蒋家陷入了极度的悲伤中，少了平日的欢声笑语。蒋英多么希望大姐能够回到他们身边，和她一起学音乐，可是再也不可能了。

虽然全家仍然思念蒋昭，但逝者如斯，生者已矣，生活还要继续。蒋百里把对蒋昭的思念寄托到其他四个女儿身上，每个女儿都从父亲那里得到了公平的爱。处理好蒋昭的后事，蒋百里携全家回到上海。蒋英继续中学的学业。

短暂的高中时光

1935年，蒋英转到上海工部局女子中学（下称工部局女中），开始高中时光。上海工部局全称"上海公共租界工部局"，是外国人在上海公共租界内设置的最高行政机构。公共租界内的外国人人口和纳税比例不到10%，却完全控制租界管理和教育。工部局只为华人纳税人办了四所男校，并指定外国人当校长。这引起华人纳税人的不满。迫于压力，上海工部局不得不增加华人董事席位，聘请华人从事租界华人的教育及管理。正是在这样的背景下，1928年，我国著名教育家陈鹤琴受聘出任上海工部局华人教育处处长。在陈鹤琴先生的据理力争下，上海工部局于1931年9月创办了下属的第一所女子中学，并聘请留美的金陵女大毕业生、曾任江西九江儒璃中学校长的杨聂灵瑜任校长。杨聂灵瑜校长非常重视师资，她要求聘任的英文教师必须用英语上课，用新出版的英文原版小说做教材，为学生提供原汁原味的语言训练。学校聘任的其他各门课程的老师也都或是名校毕业，或有留学背景。著名女作家黄庐隐曾经受聘为国文教师，她不仅国学功底深厚，还受新思潮的熏陶，既重视传统文化教育，也热心介绍新文化。

蒋英入读的这一年，学校迁到了位于星加坡路星加坡花园内（今余姚路139号）的新校舍。新校舍设施齐全，设备先进。教学楼有三层，共有十余间教室，全部朝南，宽敞明亮。走廊内装有暖气设备。每间教室后面还设有衣帽间，供学生挂外套，放杂物，或上体操课时更衣。学校操场也很宽敞。工部局女中逐渐发展成为上海最好的中学之一。

除了学科教育，工部局女中还重视爱国主义教育，培养学生独立自主意识和社会责任感。每天早上上课前，蒋英和同学们都要宣读如下誓词："我们在师长的教导、同学督促下，努力学业，遵守校规，刻苦耐劳，友爱亲睦，培养勇敢进取的精神，锻炼强壮健全的身体，服膺'非以役人、乃役于人'的校训，肩负救国的责任，向着光明的前途猛进，谨此宣誓！"[1]

工部局女中还非常重视体育教育，宽阔的操场上配备了各种体育器材，开设的体育课有垒球、篮球、排球、乒乓球、羽毛球、甲板网球等。学校要求学生的体育课要达到70分才算及格。

蒋英在工部局女中就读的时间虽短，但得益于优秀的校舍条件和全面发展的教育理念，收获颇多。

1　王传超, 陈丽娟. 妙手握奇——张丽珠传 [M]. 北京：中国科学技术出版社，2016:21.

Chapter

第二章

留欧十载　研习西乐

随父游历欧洲

蒋英的高中学业因父亲赴欧考察而中断。1935年夏，蒋介石特地召见史九光（陆军大学教官，著名战略家），谈关于派员到西方国家去考察现代军事之事。蒋介石提出所派之人必须满足三个条件：一精通外国语，二富有经验学识，三在国际上有声誉。史九光提议说："那只有请蒋百里去了。"蒋介石采纳了史九光的提议，并请他告知蒋百里。正与家人在青岛度假的蒋百里，接到邀请后便去到南京，与蒋介石会面详谈。一番详谈后，蒋百里欣然接受了这一使命。

1935年12月，蒋百里被委任为国民政府军事委员会高级顾问，奉命赴欧考察。蒋英和母亲蒋左梅、五妹蒋和随行。由于此次考察时间较长，蒋百里做了充分的准备，他特地请人定制了几个樟木箱盛放行李，上面依次标注他们的英文名。临行前，蒋英与上海的好友一一话别。

蒋百里一家乘坐意大利邮船"维多利亚号"开始了海上航行。蒋百里在保定军校教过的学生刘文岛因赴意大利出任大使，便与他们同行。同船的还有调任驻法大使的著名外交家顾维钧。虽然航程较长且时常颠簸，但蒋英在船上结识了年纪相仿的新朋友，一路上也不寂寞。

1935年，蒋英在"维多利亚号"邮轮上

船一到经停码头，父亲都会带她们上岸观览当地风俗人情。他们途经新加坡时游览街景并拍照留念。船停靠印度孟买时，父亲带她们游览印度神庙。父亲博闻广识，成为她们的向导。蒋英津津有味地听着他的讲解："中国祭祀神灵的香都是从印度传过来的。印度和我国西藏边境都是出产名香之区。你们莫看有些印度人不洁，他们祭祀神灵所用的香却很不简单。"走进印度神庙，闻到一股浓郁的香气，他们到处张望，却看不到缭绕的烟氛，后来发现阴暗的殿角里供着各种不同颜色的紫兰，香气便是从那里发散出来的。在红海的航程中，蒋英又听父亲讲解埃及和阿比西尼亚（今埃塞俄比亚）两国的国情。经过蔚蓝色的地中海时，蒋英则听父亲讲述希腊的"山海经"。他们到达位于意大利南部那不勒斯湾东海岸的维苏威火山时，蒋英跟随父亲欣赏其美轮美奂的自然景观。其实在此之前，父亲早已向她们讲过这些人文景观，如今身临其境，百闻不如一见。

正当蒋英一家别有兴致地游览时，意大利军部派车接他们一行去罗马。

蒋英与父亲在新加坡留影

行车途中，蒋百里选择在一个小镇上的乡间饭店里吃午餐。乡下的意大利人热情又淳朴，他们吃着海边池沼捞起的炸鱼，蘸着自摘的鲜柠檬挤的汁，美味无比。他们还品尝了意大利的通心粉，配上乡下人自制的芝士，味道非常可口。

四小时后，蒋英一家到达罗马，下榻在中国大使馆。刘文岛悉心为他们安排生活起居。两个月里，父亲闲暇时常带她们参观雕刻和油画，并为他们讲述达·芬奇、米开朗琪罗等艺术家的故事以及艺术品创作背景和意义。有了父亲的讲解，蒋英她们参观时不再枯燥无趣，反而对博物馆充满兴趣。蒋百里还指导她们游罗马的方法，每到一处必定将时代背景、古代英雄的特点、故事发展脉络及其影响向她们详细讲解。通过这种方式，让女儿们深刻领会罗马的文化而不是走马观花。蒋百里告诉女

儿们:

　　游罗马不是叫一部汽车兜几个圈子就完事的，这个城是最旧的——富于历史性的，又是最新的——富于时代性的一个名城。它是从老树根里发出来的嫩芽。我们看到芬芳的花朵，就该想到腐臭的肥料。……从文化方面看，罗马像是深海之底，全世界的文化、美术、哲学、宗教，从各方面汇流而来，到此作一总结束；又像高山之巅，流出去的文化，滋润着全世界。

　　城下蜿蜒着台伯河，罗马是从这条河流创造而发展的。你们看见守城英雄的英姿吗？中国人崇拜的是死英雄，是理想的悲剧的英雄，而西洋人喜欢活英雄，是现实的和成功的英雄。英雄不是他自己造成的，是千千万万民众把他造成的。

　　有知识的人才配谈经验，肯研究的人才配谈阅历。一位在非洲作战的法国将军说得好："如果做元帅的须有身经百战的经验，那么我骑的那头驴，它的战场经验就比我们丰富得多。"

　　罗马应分作四组去体会：（一）天然形势及古迹，如驰道、王宫遗址、纪念塔、斗兽场之类，是以政治为中心，历史为材料的；（二）梵蒂冈、彼得寺、保罗寺、地道等，是以宗教为中心，历史为材料的；（三）美术、图画、雕刻、建筑、画廊等，是以文艺复兴为中心，而观其影响；（四）现代建筑，以经济为中心，走向民族复兴之路。[1]

　　蒋英和妹妹蒋和每到一处必做笔记。后来，蒋百里根据她们的笔记整理成《罗马游记之片段》，将其分为三讲：一、古迹与新迹；二、美术与宗教；三、个人与群众。除了游历，蒋英还经常随父亲听音乐会。

1　陶菊隐. 蒋百里传 [M]. 北京：中华书局，1985:108.

智退"不速之客"

在游罗马期间，蒋英还遭遇了"不速之客"。原来，有一位留学罗马的中国青年，在一次晚宴上见到蒋英便倾心不已，多次邀请她参加社交舞会。蒋英慎重地征询母亲的意见："我应不应该接受他的邀请呢？"蒋左梅是开明的母亲，她回答说："现在不是女儿躲在房内不见人的时代，偶尔出外交际是没有问题的。"听了母亲的回答，蒋英便接受了邀请。临近午夜十二时，这位青年才将蒋英送回中国使馆。蒋英虽然内心坦然，但毕竟从未那么晚归过，担心父母责怪。蒋英让这位青年将车驶到使馆外停下。为了不让高跟鞋发出声音，她踮起脚走路。蒋英以为父母已经熟睡，可当走到所住楼栋时，看到楼上的灯仍然亮着，内心不由得忐忑不安，侥幸希望是妹妹忘记关灯。蒋英小心推开门，脱了鞋子走进去。然而，她看到父亲穿着睡衣倒在沙发上，手里还拿着书。母亲则在灯下修指甲。她知道父母出于担心，一直在等她回家。母亲见她回来了并未多言，只说了一句："夜深了，你赶快去睡吧。"父亲听到后突然起身，看了她一眼便回卧室去了。蒋英的父母向来对她和姐妹们和颜悦色，从不大声呵斥，这次也不例外。但越是如此，蒋英越觉得内疚。

后来，这位青年竟然托刘文岛大使前来说媒。在蒋百里看来，这是来"抢"他的女儿来了，心里当然是拒绝的。他深深爱着每个女儿，不希望她们早早地离开他。于是，蒋百里心生一计，径直带蒋英到佛罗伦萨和威尼斯游玩去了，还取道意大利北部的阿尔卑斯山。蒋百里带蒋英爬到四千英尺以上，在白雪皑皑之中却发现岩石缝里生长着一种有点像白丝绒的无叶奇花，象征着崇高、洁白和冷僻。父女两人一起感叹此花世间罕有。这番景象永远地刻在了蒋英心里。游玩过后，蒋百里带蒋英去了奥地利的维也纳，并发电报通知蒋左梅与蒋和前来会合。

没想到，那位青年也追到维也纳，还向蒋百里吐露要向蒋英求婚之意。蒋百里无奈，只好懒懒地回复说："这是我女儿的事，父母不便过问。"说完便起身走开了。然而，那位青年还不死心，待在客厅里不想离开。蒋英见躲不开，便来到客厅，故意把门半掩着。因为她知道，父亲虽然装作不过问，心里却希望她能够顺利摆脱这个青年的纠缠。那位青年当着蒋英的面，开始滔滔不绝地表白，说的不过是些陈词滥调，最后还掏出手枪放到茶几上。蒋英一边眼瞟着门外，看见父亲担心地踱来踱去，一边看着青年。蒋英等那位青年告白结束，便缓缓地说："你是来向我表示善意的，那么必以我的心为心。你如果自杀，我便是无端的罪人，而这个罪是你强加在我头上的。我们听音乐去吧，今天不必解决这问题。"那位青年听了蒋英的话表示同意，便暂时离开了。蒋英如约与那位青年去听了一场音乐会。当晚，蒋英回来，看见父亲照例在沙发上等她。她做了个鬼脸说："放心去睡吧，没有人抢去你的女儿，也不会闹出乱子来。"当然，蒋英到底用了什么方法让青年自动放弃、"和平"退出，我们无从得知，也无法考证，不过这充分显示出她非凡的智慧。

从此以后，蒋英的生活回归平静，她和妹妹蒋和开始学习德语。三个月后，蒋百里结束中欧的游历行程，携妻女启程赴德国。在德国，蒋百里找了一位钢琴老师指导蒋英继续练琴，同时为蒋英与蒋和物色学校读书。

德国是世界上著名的音乐之乡，德意志民族是极具音乐天赋的民族。世界上几乎没有哪一个国家像它一样，造就了如此多的音乐大家。例如，巴赫、贝多芬、韦伯、梅耶贝尔、门德尔松、舒曼、瓦格纳、理查·施特劳斯等。因此，蒋英要学习音乐，留在德国是最好的选择。虽然蒋百里知道蒋英对音乐的热爱，也相信自己的女儿有音乐天赋，但他觉得有必要听一下专业人士的看法，以确保帮女儿做出正确的选择。于是，蒋百里在柏林请了一位音乐专家为蒋英做评判。蒋英信心满满地在专家面前弹奏了一曲钢琴曲。听完蒋英的弹奏，专家没有做任何点评，却跟她说："你再唱一段歌曲吧。"蒋英便挑了一首熟悉的歌曲唱起来。听完蒋英的演唱，这位专家对蒋百里说："她的嗓子很宝贵，更像一位歌唱家。她应该去学唱歌。"蒋百里感到意外，但经过深思熟虑还是决定听从这位专家的建议，让蒋英转学声乐。

留德专修声乐

在德国学习音乐，首先要过语言关。虽然在父亲的引导下，蒋英在出国前学习了些许德语，到了德国又跟妹妹一起自学，但显然远远不够。于是，蒋百里先让她们在柏林的学校专修德语。柏林最有名的贵族学校冯·斯东凡尔德学校自然成为首选。因早年留德，蒋百里结交了一些德国友人，其中一位是他的德语老师。蒋百里请求老师帮忙介绍两个女儿入读这所学校。然而，这所学校却拒绝了，理由是以往从未有招收东方学生的先例，且名额已满。正在这时，蒋百里接到德国国防部部长维尔纳·冯·白伦堡的设宴邀请。蒋百里与白伦堡关系匪浅。早年，他留学德国时，两人曾经是同营实习的好友。蒋百里特地邀请那位德语老师陪同他参加宴会。宴会上，老师对蒋百里耳语说："白伦堡将军的女儿就在冯·斯东凡尔德学校读书。你可以让他推荐。"蒋百里听后，便趁机提出请白伦堡将军帮忙解决女儿读书之事。白伦堡没有拒绝，他写了一张纸条给蒋百里，并说："你拿去见校长，校长可通融办理。"原来，校长是德国旧皇家霍亨索伦家族的亲戚，在看过白伦堡将军的纸条后，便做了个顺水人情，同意接收蒋英与蒋和。学校宿舍紧张，校长还把自己的三间房间让出一间给她俩住。如此，蒋英和妹妹的读书问题得以解决。

安排好两个女儿的学校，心思细腻的蒋百里特地带蒋左梅和她们到柏林动物园游玩。恰巧动物园的母狮子诞下了四只小狮子。蒋百里提议每人抱一只合影留念。照片洗出来后，蒋百里还在背面题了两句话送给蒋英："垂老雄心犹未歇，将来付与四狮儿。"落款是"三儿留学德国纪念巴（笔者注：通'爸'）"。短短两句话却看出蒋百里当时的心境。一方面，他一生梦想建立现代国防，但仍壮志未酬，故勉励自己即使年迈也不能停歇；另一方面，他将"四狮儿"幽默地比作四个女儿，期许女儿们这一辈能够发愤图强，继承和实现国家统一和强大的愿望，同时以此照片作为蒋英留学德国的纪念。

1936年10月初，蒋百里和蒋左梅离开德国柏林，启程去法兰克福、科隆等地继续游历，女儿们则要留下来完成学业。离别之际，蒋英眼含热泪，与父母依依惜别。蒋百里心里虽万般不舍，但有泪不敢流。女儿们终要独立去实现梦想，他唯有全力支持。蒋百里转过头伤感地对蒋左梅说："等到将来，再见面时，也许她们已经不是我们的了！"

与父母分别以后，蒋英和妹妹蒋和相依为命，寄宿在学校专心学习。蒋百里夫妇则继续考察行程。通过在冯·斯东凡尔德学校一年半的学习，蒋英不仅掌握了德语，提高了钢琴弹奏水平，还养成了守纪律和勤奋学习的习惯。

1937年，蒋英在系统学习语言后，投考柏林音乐学院声乐系并被顺利录取，学制四年。入学后，蒋英在赫尔曼·魏森伯恩教授的指导下开始专业而系统地学习声乐。赫尔曼·魏森伯恩是一位德国歌剧男中音和声乐教师。他出生于柏林，曾经是清唱剧职业歌手，后来转向音乐教育，是当时德国最受欢迎的歌唱教师之一。1920年起，魏森伯恩在柏林音乐学院任教，自1922年起，担任声乐系主任。魏森伯恩培养的高徒有约瑟夫·施密特、德国著名男中音歌唱家迪特里希·菲舍尔·迪斯考、伊丽莎白·洪根、玛加·赫夫根、希尔德加尔德·吕特格斯和皮特·蒙泰努等。由于家庭环境的影响以及先前随父游历欧洲的经历，蒋英不似初来德国的陌生人，很快将柏林视作第二故乡，与异国的老师和同学相处得像家人一样融洽。而且，蒋英阳光、乐观的性格也让身边人很快喜欢上这位东方姑娘。她尽情地享受着学习音乐的时光。在名师的指导下，蒋英不断进步。她像广袤草原上的羊，有吃不完的草；又像壮阔大海中的鱼，有游不完的水。蒋英刻苦学习，白天练声、弹琴、学语言、做音乐理论作业、阅读音乐分析书籍如胡戈·里曼著的《音乐美学分析》等；到了晚上则去音乐厅、歌剧院观摩演出，或者听交响乐、室内乐、独唱音乐会，观看话剧、歌剧等。蒋英回忆起这段大学时光说："恨不得一天是三四十个小时。自己像是掉进了音乐海洋里，有吞不完的好东西。"蒋英有时候忙得连饭都顾不上吃，只能在地铁上吃个小面包充饥。蒋英那时候最开心的事是看演出，她回忆道："有时学生会给的票，都在最高一层的观众席上，同学们都戏称为'上天堂'。一来坐得高，大有上天之感；再则，美妙的乐曲、精彩的演奏，听得人魂飞天外直上九霄，真是到了天堂里的'极乐世界'了。"

德国的大学教育既要求严格，又给予学生充分的自由。一年级练习身段课，即培养舞台礼仪和形体动作；二年级有钢琴专业课。学校鼓励学生从一年级开始参加音乐会。在德国，一般家庭在周末、节假日或家庭聚会时都有组织室内音乐会的习惯。因此，除了课堂学习和音乐欣赏，蒋英还经常受邀参加家庭音乐会，与同学组成重奏或重唱小组去朋友家表演。对于这种"登台"机会，蒋英非常重视，一方面她觉得这是积累表演经验和歌唱实践的机会；另一方面，她虽然身在国外，但始终牢记自己中国人的身份，并将每次登台看作展示中国形象的机会。因此，蒋英每次音乐会总要精心打扮一番，穿上最漂亮的中国旗袍。蒋英精彩的表现令在场的观众为之欢呼。德国友人也领略了这位身材娇小的东方姑娘隐藏着的巨大能量。

蒋英将着装视作舞台礼仪的一部分。在欧洲留学时，她并未一味地崇洋，而是始终坚持自己的衣着风格，就如同她的个性一样：中西合璧。从蒋英的照片中，可以看到她经常穿着改良式旗袍，既完美诠释东方女性的含蓄之美，又将经典与现代结合，搭配丝巾或披肩则是点睛之笔，瞬间提升现代感和时尚感。蒋英也经常穿着花式连衣裙，这是西方女孩子的常见着装。而冬天的着装，蒋英则一般选择风衣和短靴，通常搭配她最喜欢的花丝巾。蒋英还大胆尝试阔腿裤。如今看来，这些衣装仍然时尚感十足。

独在异乡为异客。身在德国的蒋英时常想念亲人和家乡，唯有专注于音乐时才能暂时忘却思乡之情。蒋英如饥似渴地学习，不停地练习弹奏和演唱马勒、贝多芬等人的作品。另外，蒋英还通过阅读大量书籍，提升专业理论、拓宽视野，深入了解日耳曼民族的历史和文化。蒋英阅读的书籍有《发声方法》《勃拉姆斯之歌》等专业书，也有德国历史的科普书，还有奥地利作曲家、钢琴家、音乐教育家卡尔·车尔尼、法国作曲家克劳德·德彪西等音乐家的传记，以及德国和英国的大量文学作品，如英国作家约瑟夫·康拉德的小说《飓风》。同时，她还学习了德语、法语、意大利语和英语。

除了学习，蒋英闲暇时还与同在德国留学的其他中国友人聚会，如刘庄业、刘班业姐妹俩[1]，以及刘诒娴[2]等。刘庄业、刘班业的父亲刘崇杰与蒋

1　刘庄业、刘班业，外交家刘崇杰（1880–1956）的两个女儿。当时刘崇杰担任驻奥公使，其妻女跟随他在柏林居住。

2　刘诒娴（1912–1989），其祖父为清末进士刘瑞芬，外祖父为张之洞，曾就读于日本早稻田大学、德国汉堡大学、柏林大学、慕尼黑大学。新中国成立后，她在外交部东德使馆担任德文翻译，既从事国家领导人外交活动的翻译工作，又主持翻译各种德文资料，译有《斯大林格勒回忆录》等。

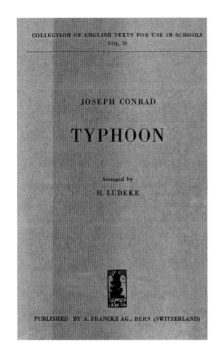

COLLECTION OF ENGLISH TEXTS FOR USE IN SCHOOLS
VOL. 56

JOSEPH CONRAD

TYPHOON

Arranged by
H. LÜDEKE

PUBLISHED BY A. FRANCKE AG., BERN (SWITZERLAND)

蒋英阅读过的英国作家约瑟夫·康拉
德的小说《飓风》

1937 年，蒋英（右）与刘诒娴合影

百里同从日本留学归国，因此私交甚笃。蒋百里第一次赴欧考察时，刘崇杰也是同行人员之一。后来，蒋英回国后，还经常随母亲蒋左梅拜访刘崇杰夫妇。刘诒娴与蒋英同为上海中西女中校友，当时在柏林大学就读。1939 年秋，刘诒娴患肺结核，由洪堡基金会送到瑞士卢加诺的德国疗养院治病时，蒋英前去看望。六十年后，蒋英依然清楚地记得这件事："我去瑞士的疗养院看望诒娴大姐时，她在谈恋爱，好神气啊！"[1]

1937 年，蒋英（左图中左二，右图中左三）在柏林刘庄业家与好友聚会

1 冯克力 . 老照片（贰拾壹 珍藏版）[M]. 济南 : 山东画报出版社 , 2014:280.

意外痛失慈父

蒋百里、蒋左梅夫妇与女儿分别后先到法国考察一周，然后又到英国伦敦考察一周。1936年10月下旬，蒋百里夫妇由伦敦乘坐德国大邮轮"欧罗巴号"，横渡大西洋到美国继续访问。蒋百里夫妇始终牵挂着在德国的两个女儿。他们在纽约时特地买了唱片寄给蒋英与蒋和。12月1日，蒋百里夫妇结束欧美的游历，到达上海。12月5日，蒋百里写了一封信给蒋英、蒋和，报告归国情况让她们心安。

在异国他乡的时光里，蒋英与蒋和通过书信与父母保持联络。蒋百里也在百忙之中给她们回信。如今细细读来这些信，仍能感受到父女之间的温情、大义和感动。在信中，蒋百里是慈父，他向"小三、小五"汇报自己、蒋左梅和其他两个女儿的近况。为了保证两个女儿的学习和生活质量，他通过友人按时汇款给她们。每封信中蒋百里都不忘询问她们的学业，叮嘱她们保重身体。这是因为，蒋百里带蒋英、蒋和游德国时，曾经偶遇一位乡下的妇人告诉他："儿女求学问固属重要，但比这个更重要的是教给他们重视合群生活的道理。青年人最忌产生忧郁或孤独的情绪，学问求好了，身子却弄虚弱了，精神也被消磨殆尽，这种有学问的人，对国家和社会有何用处？因此之故，除求学外，父母还需注意儿女们的周围环境，让她们跟多数人在一起，多过点滑冰、游泳、打球的野外生活。"蒋百里深有同感，于是转头提醒两个女儿："这位老太太的话，就是课堂外极宝贵的学问。"在信中，蒋百里是两个女儿的知心朋友。他捡了自家院子的兰花寄给女儿，因为"人家说兰花开得好，运气也好"，以表达对她们的祝福。对女儿们的想法蒋百里均表示鼓励和赞许；看到她们德语的进步便给予赞赏。在信中，蒋百里还充当导师，指导女儿"理财"，当得知马克汇率低时，便建议她们向友人学习把英镑兑换成马克。他鼓励女儿了解时事，分享对国际形势的研判，赞赏她们的爱国心和民族大义。当时中国处于水深火热中，蒋百里始终心怀爱国心和民族情，他不仅为中国的前途命运奔走努力，还将这些思想传递给女儿。蒋和在信中表达自己的"救国"之心，蒋百里回信时大为赞赏，说她"大有英雄爱国的气概"。而面对德国为他授勋，蒋百里在信中云淡风轻地一句带过："今天看见德国报说，德国人也给我一个勋章。真奇怪，交了勋章运！"

蒋百里与夫人回国几天后，就被蒋介石召到西安汇报考察情况。蒋百里收拾好行李启程赴西安时，特地带着爱女蒋英与蒋和在德国的照片，还有在法国观看阅兵时穿的定制军装。蒋百里一到西安就购买了印有当地风景的明信片，准备寄给两个女儿，正写着，却听到远处传来了枪声。他凭直觉判断是发生了兵变。蒋百里的直觉没错，他误撞上了兵变，即震惊中外的"西安事变"。蒋百里并没有慌，他决定放下笔出去看个究竟。没过多久，一群持枪的士兵闯进来将蒋百里和其他人都分别监禁起来。士兵挨个搜查，还把蒋百里身上带着的蒋英与蒋和的照片以及那身有意义的定制军装一并收走。蒋百里敏锐地感觉到事件的严重性和复杂性，预料到这一消息将很快传到国外。他首先想到的不是自己的安危，而是担心蒋英与蒋和从国外媒体上看到自己被扣押的消息而忧心他的安危。于是，蒋百里百般努力，说服看守他的士兵，允许他写信向德国的两个爱女报平安。蒋百里因担心邮寄太慢，又打了个电报。在西安的两周里，蒋百里几乎每天写一张明信片向蒋英与蒋和报平安。这些明信片和信件也成了蒋百里亲历"西安事变"的侧记。他在信中写道：

"今天，张（学良）将军又来了，备好了一桌好酒菜，还有好烟，爸爸的胃口真好！"

"在那一段短期的俘虏生活中，好似一幕喜剧，那么多的军政大员都在扮演丑角，因为他们离开了权力，回到本来生活中，便显得软弱如婴孩，只得由环境来摆布了。只有爸爸是可以冷眼看事件的人，惟有爸爸同意张的主张，给予斡旋。"

"今天飞机轧轧声，南京有人飞到西安来了……"

"今天又一声轧轧，委员长回南京去了……"

"明天还有一声轧轧，你们的爸爸将离开这座古城飞回上海……"

蒋百里的性格潜移默化地影响着蒋英。身处险境时，蒋百里仍然保持豁达、乐观、积极向上的心态，用轻松幽默的语言化解女儿们的担忧。他说："这一下在西安，算同蒋先生一起涉难，变了阔人了……人家还说我扈从有功，要给我勋章！你说好玩不好玩呢？"

蒋百里在信中主张斡旋促使兵变和平解决的立场，彰显了他的民族大义。后经周恩来前往西安斡旋，蒋介石同意国共合作共同抗日，"西安事变"得以和平解决。蒋百里也平安返回上海。他再次写信给蒋英与蒋和报平安，并特地叮嘱她俩要好好保存有关"西安事变"的信件，因为"这都是围城中的纪念，不可遗失"。

1937年9月18日，蒋百里再次奉命出使欧洲。与第一次畅游欧洲不同，蒋百里此行负有艰巨的使命，一是说服英、美、法等国帮助中国抗日，或至少不卖军火给日本；二是说服德、意不干涉中日问题。蒋百里马不停蹄地奔走于罗马和柏林之间，与意大利政府和德国政府斡旋。刚到柏林时，他下榻在著名的阿德隆（Adlon）饭店。蒋英与蒋和听说后欣喜万分，结伴去看望父亲。蒋英与蒋和手拉手跳到父亲面前，而蒋百里当时正专注地和驻德大使程天放喝茶呢。面对突然来到的两个姑娘，他抬头看了一眼竟没敢认，又多看了几眼才认出两个宝贝女儿。时隔一年不见，两个女儿出落得越发靓丽，打扮入时，也难怪蒋百里不敢认。这一晚，父女三人畅谈一夜，有说不完的话。这次相聚让蒋英和妹妹感受到了久违的面对面的父爱；而她们的到来，也让蒋百里因肩负重任而紧张的心暂时舒缓下来。后来，蒋百里在柏林郊外租了两间房，闲暇时带两个女儿去看剧作《哈姆雷特》感受莎翁的魅力，走进博物馆了解欧洲文艺复兴文化。

1937年12月31日，蒋百里带蒋英参观巴黎卢浮宫时留影

相聚的时光总是短暂。蒋百里结束行程，又要启程回国了。他原本想将两个女儿都带回国，但蒋英的学习已经到了关键阶段，因此，决定让她留在德国完成学业。而蒋和则随蒋百里回国。然而，蒋英万万没想到，这次分别却成了与父亲的永别。

有天晚上，蒋英做了一个奇怪的梦，梦里她戴上了自己与父亲一起在阿尔卑斯山上发现的白色奇花做的花冠，人们纷纷赞赏她像一位天女圣后，她也非常开心。可是，蒋英突然转念一想，戴白花是中国人尽孝的标志，便不由得紧张起来，使劲把花冠抛到地上。这一切仿佛不祥的预兆。不久后，蒋英惊闻慈父离世的噩耗，内心瞬间崩塌。父女三人促膝交谈的场景犹在眼前，蒋英万万不敢相信这一消息。

原来，蒋百里回国后先与女儿蒋雍到汉口小住。在那里，他因撰写并发表很多军政及国际外交方面的文章，轰动全国，不断受邀到处演讲、接受访问，宣传和阐述自己的观点。但因蒋百里早年自戕时受的枪伤留下了后遗症，体力大不如前，虽有精神支撑，但疲劳仍不可免。1938 年 9 月 10 日，蒋介石向主管高等军事院校的军令部发布手令：任命蒋方震（蒋百里名方震）为陆军大学代理校长。陆军大学代理校长一职令蒋百里公务更为繁忙。因武汉会战，陆军大学由湖南桃源县迁往贵州。虽迁校事宜由时任教育部长的周亚卫负责，但蒋百里需取道长沙、衡阳，经广西桂林北上贵州遵义，一路旅途劳顿。在衡山，蒋百里与从香港赶来的夫人和两个女儿会合。然而，由于忙于奔波，11 月 4 日，蒋百里因操劳过度在广西宜山病逝，终年 56 岁。国民政府追授其为陆军上将。

父亲犹如明灯，照亮蒋英的人生，指引她前行。回想起慈父对她们种种的爱，回想起不久前父亲带她们游历欧洲并生动地为她们讲解，回想起父亲对她学习的期望和鼓励，蒋英越发思念父亲，常常号啕大哭，茶饭不思，梦中也常常哭醒。她把对父亲的思念和怀念写进了《哭亡父蒋公百里》里："爸爸，您真的去了吗？不，不，您不能去呀，小妹的唐诗还没有背完，我书架上 Schiller 的 Anoder Gtloeke 也何曾讲完了呢！呀！还有多少书，我们需要您那生动有趣的解释呢！回来！爸爸，祖国需要您，我们不幸的这一群需要您！"[1] 蒋英还牵挂着国内的母亲和姐妹们，担心她们撑不下去，很想回国陪伴她们。

可是，蒋英耳畔又回响起父亲曾经鼓励她的话："求学问必须有坚定的信心，才有丰富的收获。"因此，蒋英决定振作起来完成父亲遗训。蒋百里

---

1 许逸云. 蒋百里年谱 [M]. 北京：团结出版社，1992:185.

生前在每学期初都将蒋英的学费和生活费准备好邮寄给房东。蒋百里去世后，当时的教育部部长陈立夫考虑到蒋百里的声望，提出由政府资助蒋英完成学业。如此，蒋英得以继续学业。蒋英的母亲则带五妹蒋和参加战时妇女工作以补贴家用。

蒋百里的逝去，是国家之不幸、民族之损失，对于家人更是突如其来的打击。然而，斯人逝去，精神永恒。作为父亲，他留给了蒋英很多宝贵的精神财富。

第一，气质。子女受之于父母的首先是身体。蒋百里堪称儒将。他的长相既有南方人的清秀，又因修军事而有军人的挺拔和气度。蒋英和她的姐妹们继承了父母的形神，样貌虽有不同，但都如出水芙蓉，气质不凡。

第二，音乐天分。蒋百里涉猎广泛、博学多才。蒋百里留学德国时，房东是业余音乐家。一有大型音乐会和歌剧，房东就会邀请蒋百里一起去欣赏。蒋百里最喜欢贝多芬，而且能哼唱他的很多作品，后来还教给蒋英，成了她的音乐启蒙老师。蒋英遗传了蒋百里的音乐天分，此后进一步走上音乐专业道路。

第三，教养。蒋百里成长于新旧交替的时代，他接受的是新式教育，对女儿的家庭教育也是新式的。正如陶菊隐先生所述，蒋百里"对儿女的家庭教育，精神教育重于课本教育，不使一切不良印象触及儿女之身。他教书不使人视为畏途，而使人听而忘倦。他一生从无疾言厉色并非由于自制力，乃天性使然。他的女儿看见过他哭，从未见过他发怒"。

第四，个性。蒋百里至善至美的个性，潜移默化地影响着蒋英和姐妹们的个性养成。在蒋英的心目中，父亲心思细腻，与母亲举案齐眉、恩爱有加，对女儿们关心爱护、宠爱加倍。成长于充满爱的家庭，蒋英始终胸怀大爱，并将这些爱播撒给身边人和学生。

蒋百里学识渊博，远到国内外历史，近到世界时事，专于军事理论，博于文学、音乐、历史；他心怀民族大义，终生为国之统一而奔走努力。他盛名远播日本和欧洲，军事造诣和外交才能令人折服。蒋英晚年接受凤凰卫视的访问时表达了对父亲无比的钦佩之情。她认为蒋百里是"中国文艺复兴式的人"，因为他能文能武，既爱文学、会写诗，也会打枪、骑马；既懂西洋文化，又通中国古书，还识拉丁文、日文、德文等多种语言。受父亲影响，蒋英一生专于音乐，对语言、历史、文学等领域也有研究。

第五，阅历。蒋百里为女儿们创造了丰富人生阅历的宝贵机会。蒋英和她的姐妹们是幸运的，童年时已能与泰戈尔这样的大文豪近距离接触。这些经历不仅使蒋英有异于常人的阅历和见闻，造就了她处变不惊的性格，还塑造了她蕙质兰心、落落大方的独特气质。

第六，人格。蒋百里人格纯粹，坚守正气、宠辱不惊，面对德国授勋一笑而过，含冤身陷囹圄而不妥协。蒋百里一生大起大落，面对不同的人生际遇，他始终积极面对，唯忧国之未来。他坚强的性格无形中影响和感染着蒋英，使她在往后的人生中有一颗强大的内心——在身处二战无法饱腹的岁月里，仍能坚强前行、继续学业；在丈夫钱学森突然被美国联邦调查局带走后，能镇定应对、设法营救；在回国后经历"文化大革命"的特殊时期，也能坦然面对。正如蒋英自己所说："什么风浪没见过。"

逃离战火赴瑞士求学

蒋英放下悲痛，用学习填满所有时间。为寻找名师学唱，她横跨西欧，奔走于德国和意大利；她涉猎广泛，学习各个时期多位音乐家的形式多样的声乐作品；她牢记父亲的嘱托，积极培养兴趣，学习摄影、滑雪、游泳、打乒乓球等。

受父亲的影响，蒋英喜欢与朋友们到处游历，增长见闻。渐渐地，蒋英的朋友圈从中国人逐渐扩展到外国人，她也逐渐适应并融入当地人的生活。在陌生的国度，蒋英还收获了真挚的友谊。一位荷兰的同学维尼·冯·杜尔成为她的闺蜜，两人形影不离，一起学唱、参加聚会，相伴用餐，一起旅行。两人连喜欢的音乐都一样，那就是理查·施特劳斯的《最后的四首歌》。有好友和音乐的陪伴，蒋英暂时忘却了失去父亲的悲痛。

蒋英已经读了三年半，还有半年就可以拿到毕业证。然而，二战的战火迫使她不得不中断学业。1939年，第二次世界大战全面爆发。纳粹统治下的德国也成为战场。柏林每天都有飞机轰炸。中国领事馆撤退后，蒋英更感到无所依靠，且与国内完全失联。战争期间食物非常匮乏，仅有的配给只有黑面包、土豆和黄油，没有蔬菜和水果。一个朋友劝蒋英逃到德国南方去。蒋英只好与同学结伴南下。一路兵荒马乱，到处都是枪炮声。蒋英和同学一路多次遇险，还受到其他国家的人欺负。她们经常饿着肚子，偶尔靠捡拾路边农地落下来的果子充饥。不幸中的万幸是，她们安全地逃到南方乡村，寄居在一农户家里。一天，一位家境不错的朋友从家里带了三个鸡蛋送给蒋英，惹得同学们直羡慕，说："多么美的珍珠呀！"多年后，蒋英回忆和讲述起这段艰难的时光时显得云淡风轻，但其实在战争的险境下，她经历的磨难远不止这些，能够活下来已属幸运。

德国南部也不安全。当时，保持中立的瑞士成为远离二战战火的一片净土。很多著名音乐家逃到瑞士首都卢塞恩（又名琉森）。蒋英父亲的朋友向蒋英伸出援手，把她接到瑞士。在那里，蒋英寻找机会继续学习音乐。然而，1942 年，因无法保证营养，蒋英身体机能下降，不幸感染肺病，不得不暂停学业，休养身体，直到 1943 年，身体才得以恢复。蒋英病愈后，听说匈牙利歌唱家依罗娜·杜丽戈在卢塞恩音乐学院声乐系开设大师班，便与同学一起报名参加。

1942 年，在德莱林登卢塞恩音乐学院协会支持下，瑞士卢塞恩音乐学院、卢塞恩学校和教堂音乐学院以及卢塞恩爵士学校合并成立了一个音乐学院，称为卢塞恩音乐学院。这所学校提供广泛的专业乐器教学、声乐训练，教授指挥以及多个理论科目。

依罗娜·杜丽戈出生于 1881 年 5 月 13 日，是匈牙利古典女低音歌唱家、钢琴演奏家，也是一位声乐教师。她擅长演唱艺术歌曲和清唱剧，如亨德尔、舒伯特、马勒和柯达伊的作品，因演唱奥特玛·舍克创作的艺术歌曲而闻名，被誉为那个时代最主要的音乐会女低音。区别于民歌和流行歌曲，艺术歌曲是音乐家为室内音乐会而创作的歌曲，歌词通常是现成的诗歌，具有很强的文学性。音乐家通过为诗歌谱曲，从而使音乐与诗歌达到高度契合。艺术歌曲的伴奏由作曲家制订创作，而不是表演者即兴发挥改写而成。因此，比起其他音乐作品，其演唱难度更大。德奥艺术歌曲的代表音乐家有巴赫、海顿、莫扎特、贝多芬、舒伯特、舒曼、门德尔松、勃拉姆斯、马勒、施特劳斯等。

卢塞恩吸引众多音乐家的还有国际音乐节。欧洲最早有德国拜罗伊特音乐节和奥地利萨尔茨堡音乐节两大音乐节。德国拜罗伊特音乐节是德国作曲家瓦格纳于 1876 年创立的，故每年都演出他的歌剧作品。奥地利萨尔茨堡是莫扎特的出生地，其音乐节创始于 1920 年，每年 7 月下旬开始为期五周的音乐和戏剧演出。二战开始后，世界饱受重创，人类被仇恨和复仇所毒害和撕裂。随着纳粹政权的崛起，德国和奥地利均受纳粹统治，包括阿图罗·托斯卡尼尼、弗里茨·布施、阿道夫·布什和布鲁诺·瓦尔特在内的几位主要表演者和指挥家等均拒绝参加传统的德国和奥地利音乐节。其他音乐家们也纷纷响应。

作为中立国，得益于和平的环境，瑞士成为音乐家躲避战争的集中地。卢塞恩国际音乐节得以创立。瓦格纳曾经在卢塞恩度过其一生中最快乐的时光。他曾说："没有人能再把我带到这里来了！这是我的世界！" 1938 年，卢塞恩特里布森区的瓦格纳别墅花园里举办了一场庆典音乐会。这场音乐会是由指挥托斯卡尼尼和来自欧洲各地的不同乐团成员和独奏家组成的一支管弦乐队演奏的，成为卢塞恩音乐节的起源。从那以后，每年八月至九月，卢塞恩音乐节如期举行，并成为战时欧洲音乐家向外传递和平信号的灯塔，吸引着各国优秀的音乐家前来参加，因而发展成为国际音乐节。

依罗娜·杜丽戈，瑞士古典钢琴家及指挥家埃德温·费舍尔以及匈牙利小提琴家、音乐教育家卡尔·弗莱什是最早在卢塞恩音乐学院开设大师班，并为卢塞恩国际音乐节培养和选送优秀青年音乐人才的音乐家。1943 年 4 月 22 日，卡尔·弗莱什经荷兰和匈牙利抵达卢塞恩，开设首场大师班，

蒋英绘制的部分乐谱

由好友依罗娜·杜丽戈教授唱歌，他与埃德温·费舍尔分别教授小提琴和钢琴。蒋英与好友海德维格·施奈德一起报名成为大师班上的一员。历经战火再次回归课堂，蒋英非常珍惜和享受。杜丽戈老师和蔼可亲，边弹奏边悉心指导学生们演唱。在众多学生中，来自东方的蒋英给她留下深刻的印象。蒋英虽然身材娇小，但声音洪亮，演唱水准丝毫不输其他同学，得到杜丽戈老师的赞许。弗莱什还曾经在瑞士某教堂听过蒋英演唱巴赫的作品，听完他对友人说："倘无人告知此系中国人士，则余必认为她是吾欧前途不可限量之歌王。"[1] 因为巴赫的作品综合了宗教和哲学两方面的精华，一般人很难把握其真谛。

1943 年，蒋英（右二）在卢塞恩音乐学院杜丽戈大师班上课

除了课堂授课，1943 年 7 月 18 日至 26 日，依罗娜·杜丽戈还与其他音乐家如瑞士的古典钢琴家阿德里安·阿舍巴彻以及德国男中音歌唱家海因里希·施卢斯努斯一起举办舒伯特音乐周，向音乐专业人士和音乐爱好者介绍舒伯特的作品。杜丽戈与海因里希·施卢斯努斯担任主唱，塞巴斯蒂安·佩施科担任伴奏。杜丽戈演唱了舒伯特经典作品《冬之旅》套曲中的《乌鸦》《春天的梦》《路标》以及艺术歌曲《迷娘之歌Ⅰ》《迷娘之歌

1　介绍蒋英小姐独唱会 [J]. 申报，1947–05–29（09）.

Ⅱ》《苏莱卡之歌之一》《苏莱卡之歌之二》和《游子夜歌》共八首作品。

　　《冬之旅》是舒伯特根据德国浪漫主义诗人缪勒的同名诗歌谱曲创作而成的，由24首歌曲连贯起来组成，既是一组抒情的音乐诗，也是一部音乐配成的戏剧。由于《冬之旅》所讲述的主人公是流浪汉，舒伯特的谱曲是为男高音量身创作。一般女歌手不会演唱整部作品，故杜丽戈仅选择其中的三首来演唱。《迷娘之歌》是舒伯特根据德国著名作家歌德的四首《迷娘》诗歌谱曲而成的作品。"迷娘"是《威廉·迈斯特的学习时代》中一个来自意大利的女孩。她被吉卜赛人拐卖到了德国，作为一名走钢丝的演员，流落在一个马戏班里，备受虐待和摧残。"迷娘"13岁时才被小说中的主人公——德国大学生威廉搭救。在威廉的照顾与培养下，迷娘慢慢长大，但她对记忆里的故国意大利仍然怀着深深的思念，因而郁郁寡欢最后早逝。舒伯特创作的四首《迷娘之歌》是其成熟时期的作品，他将音乐与诗歌的内涵相结合，运用同主音大小调、钢琴织体变化、速度表情的变化等创作手法，刻画出"迷娘"的细腻感情，耐人寻味。《苏莱卡之歌》是舒伯特晚期的作品，是他根据歌德改写马丽安纳·冯·维勒玛的诗谱曲而成的。这是一部女高音作品。舒伯特的谱曲使抒情诗意的、浪漫的曲调和歌词相得益彰。《游子夜歌》是歌德作品中的绝唱，深受德国人的喜爱，还有人将其与中国"诗仙"李白的《静夜思》相比较。舒伯特于1822年对其谱曲，该曲是其晚期的作品之一。

　　这套艺术歌曲的演绎难度非常大。蒋英能有机会欣赏这么多音乐家的精彩演出，倍感珍惜，在倾听杜丽戈老师的演唱时认真做着笔记。而杜丽戈老师对舒伯特作品的精准诠释帮助蒋英加深了对这些经典作品的理解。

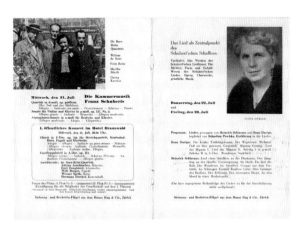

蒋英收藏的舒伯特音乐周演出手册中杜丽戈页
（铅笔处为蒋英所做的标注）

勇夺卢塞恩国际音乐节比赛冠军

舒伯特音乐周结束没多久，卢塞恩国际音乐节如期而至。1943年8月26日—9月11日，卢塞恩国际音乐节在瑞士卢塞恩艺术宫举行。音乐节期间节目纷呈，有瑞士音乐节乐团带来的交响音乐会、声乐演唱会、庄严弥撒，还有意大利男高音歌唱家贝尼亚米诺·吉里的演出。另外，也有露天剧场演出的《浮士德》。除了小提琴家、音乐教育家卡尔·弗莱什，此次音乐节还吸引了德国著名钢琴演奏家威尔海姆·巴克豪斯、法国钢琴家瓦尔特·吉泽金、意大利女高音歌唱家玛丽亚·卡尼利亚等参与。音乐让人们暂时忘记了战争的惨痛和苦难，向世间传递美好并给人希望。

而这场音乐节对蒋英还有另一个重要意义，那就是获得人生中第一个重要奖项。音乐节期间，依罗娜·杜丽戈举办了"欧美各国女高音歌唱比赛"。蒋英踊跃报名参赛。蒋英加倍刻苦练习，积极筹备比赛。终于，在比赛之日，蒋英把最好的状态发挥出来，最终凭借精湛的演唱赢得评委青睐，获得第一名。这一消息传出后造成一时轰动。在这么多母语歌手面前，蒋英能获此殊荣实为难得，为东方人尤其是中国人赢得了宝贵的荣誉。

为期两周的音乐节很快结束。蒋英要与大师班的杜丽戈老师和同学们

海德维格·施奈德拍摄并送给蒋英的杜丽戈照片

告别了。虽相聚短短数月，蒋英却与老师和同学们建立了深厚的情谊。分别前，同学海德维格·施奈德用相机记录下学生们与杜丽戈老师相处的最后时光。她特意将照片冲洗出来并题写了一句话"我们的大师在卢塞恩最后的留影"，送给蒋英留念。这成为她们共同经历的美好夏日时光的最好纪念。遗憾的是，几个月后，1943年12月25日，杜丽戈因病去世。老师的离去让蒋英心痛不已，她一直珍藏着老师的签名照，想念时便拿出来看看。

蒋英收藏的 1943 年卢塞恩国际　　　杜丽戈送给蒋英的签名照片
音乐节演出手册

深耕欧洲歌剧

　　通过参加杜丽戈大师班的学习，观摩音乐周音乐家的演唱，以及欣赏卢塞恩国际音乐节丰富的专业表演，蒋英对德奥艺术歌曲哲学内涵的领悟更加深刻，演绎水平也有很大提高。而能获得第一个重要专业荣誉，也让蒋英信心倍增。然而，蒋英并未因此停止学习的脚步，而是寻找机会继续深造。1944 年，蒋英辗转来到慕尼黑音乐学院，师从艾米·克鲁格教授学习歌剧。

　　1645 年，英国作家约翰·伊夫林曾说过，歌剧是一种独特而奢侈的艺术形式，与其他艺术形式大不相同。舞台剧、芭蕾或是演奏会中的音乐都不能与之相提并论。歌剧自有其生命力，其含有各个不同元素——独唱、大合唱、合唱、灯光、美术设计、管弦乐、走步以及舞蹈等交相结合时，它就成为最受欢迎且让人神魂颠倒的表演艺术之一。

　　艾米·克鲁格出生于 1886 年，是一位表演经验丰富的歌剧表演艺术家。

20 世纪 10 年代，克鲁格在苏黎世的城市剧院开始了她的职业生涯。20 世纪 20 至 30 年代，她成为贝鲁斯、慕尼黑的重要明星，并扮演过多个不同的歌剧角色，其中包括瓦格纳著名歌剧《特里斯坦与伊索尔德》中的伊索尔德。艾米·克鲁格甚至还反串男性角色，展现出她的多面性和舞台才能。1931 年，艾米·克鲁格宣布从舞台上退休，成为一位声乐教师。1937 年至 1944 年，她在德国慕尼黑音乐学院（现慕尼黑音乐和戏剧学院）任教。

1944 年，蒋英成为艾米·克鲁格的学生。艾米·克鲁格对舞台的热爱感染着蒋英。她告诉蒋英："你站在台上，舞台应该是热的。"而成为一位专业的歌剧演员，既要有良好的仪态仪表，也要有专业的表演技巧。蒋英的外在天生为舞台而生。许多见过她的人都说她气质独特，是那种在人群中一眼能辨认出的独特。她落落大方，让人有一种与生俱来的亲近感。她自然不做作，一上舞台便能吸引观众。尽管蒋英已经有一些表演经验，但经过艾米·克鲁格的指导，她学到了更多的舞台表演技巧，对歌剧角色的理解和表现力都有很大提高。艾米·克鲁格也非常喜欢这个来自东方的学生，在蒋英毕业后还聘她担任助教。蒋英非常尊重艾米·克鲁格老师，一直珍藏着老师送给她的签名照。照片背面写着艾米·克鲁格送给她的祝福："每天都有好念头和愿望在您身边徘徊——它们都想与您在一起！然后我会知道你做得很好——且没有阴影会笼罩你的灵魂！永远属于您。"（著者译）

艾米·克鲁格送给蒋英的签名照片

除了学习，蒋英也留意瑞士各大剧场的演出，经常去观摩表演。蒋英还积极参加每年的音乐节。1945 年 3 月蒋英参加了苏黎世音乐节，欣赏了瑞士女高音玛丽娅·施塔德的演出；7 月参加了布劳瓦尔德音乐活动。1946 年 7 月 14 日至 27 日，蒋英还参加了瑞士布劳瓦尔德音乐节期间的戏剧课程学习。除此以外，蒋英经常去教堂表演，既增加舞台经验，又能赚取生活费用。

蒋英参加的布劳瓦尔德音乐活动的宣传册　　蒋英欣赏的苏黎世剧院歌剧演出的宣传单　　蒋英参加的瑞士布劳瓦尔德音乐节戏剧课程的宣传册

　　综观蒋英留欧十年研学音乐，其取得的成就绝非偶然。除了天分，更重要的是她对音乐的热爱。只有热爱，才能凭借坚忍不拔的毅力克服各种困难；只有热爱，才能下得了苦功。一方面，她通读大量有关欧洲音乐、历史、艺术、文学的文献，学习钢琴、小提琴和吉他等各种乐器，了解美声、歌剧、艺术歌曲等各种音乐类型，掌握德语、法语、英语和意大利语，由此才能把西欧古典音乐理解得如此通透、掌握得如此熟练，才能将这些经典艺术作品的精髓诠释得如此精准和到位，从而征服西方同行和专家。另一方面，受父亲的言传身教，蒋英有着强烈的国家观念。祖国遭受欺凌，她唯有加倍努力，以求专业水平在外国同学之上，而不被外国同学看低。最终，她用热忱、努力和优异的歌唱造诣让老师和同学们刮目相看，收获了热情的鼓励和真挚的友谊。旅欧十年，德国的文化、面包黄油的饮食等生活习惯影响着蒋英，成为她生活的一部分，并一直被保留。影响蒋英的还有德国人的认真执着，以至于蒋英自我调侃道："我沾染了日耳曼人的死心眼和固执。"

Chapter

3

第三章

辗转归国　圆梦舞台

归国筹备独唱音乐会

　　1945 年 9 月 2 日，日本签署投降书，标志着第二次世界大战终于结束。随着战火的熄灭，蒋英认为回国的时机到了。她当初出国学习的初衷就是为了学到世界上最优秀的音乐，有朝一日回国为同胞们演唱。因此，蒋英期盼着欧亚尽快恢复海上通航。1946 年 8 月，蒋英离开瑞士到了英国伦敦，后又辗转到法国巴黎，因为当时法国终于恢复了开往中国的邮轮航线。蒋英与在美国康奈尔大学读书的四妹蒋华相约在法国会合，一起回国。蒋英先到巴黎等候邮轮，顺便探望了已移居那里的荷兰闺蜜维尼·冯·杜尔。两人久别重逢，分外开心。可短暂相聚后，又要天各一方，下次重逢会是何时、何处，她们不得而知。

　　1946 年 11 月，蒋英与蒋华登上法国邮轮"霞飞将军号"，经过近一个月的颠簸，于 12 月 14 日抵达上海外滩码头，回到阔别十一年的故土，见到了日思夜想的母亲。蒋左梅得知两个女儿回国的消息，早早地等候在码头。母女三人终于再次相见，然后一起返回安亭路（即曾经的国富门路）家中。

　　国富门路的寓所是蒋百里在上海购置的唯一一处住所。蒋百里离世后，蒋左梅悲痛不已，时常思念他，故家中摆设从未改变。幸有五妹蒋和和蒋英的奶娘陪伴着

1946 年，蒋英（左）在法国探望好友维尼·冯·杜尔

蒋左梅，使她不至于太孤独。看到曾经生活过的家，看到父亲的遗照，蒋英又思念起父亲。当初父亲离世后，她不止一次想放弃音乐，转学实用学科，认为这样一方面对国家有所贡献，另一方面对自己的生活有所裨益。每当这时，她耳边总回响起父亲的嘱托——"你要有信心和定力"，于是蒋英重拾勇气和信心，将音乐坚持到底。如今，她终于可以骄傲地说："爸爸，我没有让您失望，我终于学成归来了。"

蒋英回国后与母亲蒋左梅（右一）和奶娘（左一）合影（上海市档案馆藏）

因父亲蒋百里生前较高的声望，蒋英的归国受到媒体的关注。上海的报刊如《申报》《新闻报》《时事新报晚刊》等均有报道。有的报纸透露南京国立音乐院要聘她为声乐教师的消息。此前，因日军侵华，国民党政府教育部集中了一批音乐家，于1940年11月在重庆青木关成立国立音乐院。抗日战争胜利后，重庆国立音乐院迁到南京，改称南京国立音乐院。随着抗日战争的胜利，各行各业开始复苏，音乐教育开始活跃，但当时国内音乐人才非常匮乏。为了招揽人才，南京国立音乐院向蒋英抛出橄榄枝。除此以外，上海正声合唱团拟聘蒋英为声乐指导。当时，著名音乐家、时任上海沪宾中学校长的康讴负责筹组正声合唱团，并担任团长和指挥。而学成归国的蒋英成为他们声乐指导一职的首选。

蒋英回国后，国内音乐界以及爱好音乐的国人都想了解她的音乐造诣和她所学的正统欧洲古典音乐。因此，1947年2月9日，上海《时事新报》的记者到蒋英家访问了她。在访问中，蒋英首先介绍了在父亲的引导下选择研习欧洲音乐的初衷和经历，又谈了德国缘何能够有先进的音乐。她说：

德国人研究音乐，确有令人钦佩之处，他们对于音乐的研究，注重耳的训练，我的老师，说假使耳的训练成功了，我们在一个歌声中，可以明白那唱的人音乐的修养，和个性的养成，他们的体格也健康，学习着十多个钟点，不觉得疲倦，而我只要练习了三个钟头就要休息了，我们中国人的体力，实在比不上人家，这也许是小时候，缺乏滋养的关系吧。

当记者问蒋英对国内音乐环境的看法时，她坦率地表达了自己的观点：

批评不敢说，我离开中国太久了，对于国内的情形，完全不明白。高芝兰小姐、李天铎小姐、董光光小姐，她们的音乐会，我都参加过，那是比以前好得多，不过她们都说中国音乐教育还未普及，对于欧洲古典音乐，更没有人研究，就是音乐院校的学生也只知道近代贝多芬这一些人的名作，所学的都是由下而上。可是要真正研究音乐，一定要上而下学起，因为欧洲的音乐，艺术文化，都是以文艺复兴为起点，所以我们研究音乐的，一定要从那根本上研究方能得到音乐的真谛，……我个人既不是创作家，也没有天才，只是一个普通的研究者，但是为了我自己学习便利起见，也曾做个歌曲，时常请外国音乐家修改，一般人以为外国人都是有学问的，其实他们十个音乐家，也找不出一个特别的人才。我在欧洲最后作的一篇作品，始终没有一位音乐家能够修改，我没有办法，只好带回中国再说吧。我们既然不是创造家，我们只好把古典的音乐，用我们的声音，唱出古人的作品，让这古典音乐，永远存在人间。

蒋英还透露尚在考虑是否接受南京国立音乐院的聘任，且想等音乐会举行后再做决定。

为了恢复音乐教育，当时上海的教育界还提议让蒋英尽快举行个人音乐会，由上海市政府交响乐团[1]出资赞助。得知要举办独唱会，蒋英内心非常激动，赴欧刻苦研学音乐十载，终于有机会站在祖国的舞台上为同胞们放声歌唱。同时，她内心也很忐忑，因为她并不知道国内观众是否喜欢西洋音乐，最终会有多少观众前来听她演唱。她告诉记者："我走了这一条路，使我回国以后，感觉着空虚，在这音乐教育未普及的社会里，我学了这视而不见、嗅而无味的东西，又有谁来欣赏呢？"

当记者鼓励蒋英多开几次音乐会向国内观众介绍欧洲古典音乐时，蒋英告诉记者，她不会为了赚国人的钱而开演唱会，不会主动请人捧场，更不会为了迎合不懂音乐的听众而唱一些流行歌曲，她要坚持古典音乐精神，要为艺术而献身，即使失败也在所不惜。蒋英说：

> 谈起音乐会，在外国举行是非常简单的，只要在开会以前，举行一个茶会，招待批评家，报告一些计划，他们就可以给你一个公正的批评。如果是批评得好，自然有许多人买票来听，如果批评得不好，就是有亲戚朋友也没有益处的。我们唱的人，也非常慎重，在要唱的时候，什么朋友来，我们也不愿意和他们谈话，什么东西也不愿意吃，一心只在想怎样唱，唱以前内心是非常的兴奋，唱了以后，总是烦恼感觉着不满意。我常常说，我没有做过新娘子，可是开音乐会的时候，真像一个新娘子。据说在中国开音乐会不是这样子的，要人捧场，没有人捧场，就没有人买票，这真是一个笑话。我同朋友说，我开音乐会的目的，如果是为赚钱，那我一定在外国开，赚外国人的钱，回到中国，赚中国人的钱又有什么意思呢？
>
> 所以我抱定两个宗旨。我绝对不请人家来捧场子。我更不愿意唱一些时行歌曲，无意义地吸收一般听众，我要真正地表现一点古典音乐的精神，我明知道这是会失败，但是我把我的整个精神，完全献给艺术，就是失败，也是有价值的。

1　前身为上海公共租界工部局音乐队，抗战胜利后改组为上海市政府交响乐团，1947 年 3 月由上海国立音专接办，同年春由马尔戈林斯基（Margolinsky）教授担任指挥。

怀着为艺术献身的精神，蒋英全身心筹备这场独唱会，她精心挑选了德奥意法八位音乐家的十六首曲子作为演唱曲目。尽管蒋英早已将这些曲谱烂熟于心，也演唱过很多次，但她仍然坚持每天反复练唱，以求将最佳状态呈现给观众。排练时，蒋英特地将父亲的照片摆在一旁。当初父亲鼓励她走上音乐之路，如今却无法见证她的成功，这成为她一生的憾事。每当练习累了，蒋英抬头看一眼父亲的照片，仿佛听到他对自己的赞许和鼓励，便精神百倍。

1947 年独唱会前夕，蒋英在家中积极准备

5 月 14 日，《时事新报》晚刊以《女音乐家蒋英举行个人乐会》为题，率先披露蒋英独唱会的日期为 5 月 31 日。5 月 16 日，时任上海市教育局局长的顾毓琇在位于九江路 45 号的花旗大楼召开清华同学会招待上海记者，并借机向记者界和音乐界介绍蒋英。值得一提的是，多年后顾毓琇送给钱学森和蒋英夫妇一本个人诗词集《齐眉集》，并亲笔题字"学森教授蒋英大家"。蒋英在招待会上献出首秀，演唱歌剧《卡门》中的咏叹调和舒伯特的《永生之歌》。虽然是首次亮相，但蒋英的演唱令现场人士惊叹。她音色清丽，咬字清晰，表情丰富，流露出不凡的修养与造诣。报刊纷纷报道蒋英首秀的精彩表现，并预告她的沪上音乐会。

5 月 17 日，《申报》第 4 版报道题为《蒋百里女公子将举行独唱会》。

同日，《大公报》也以《女高音蒋英昨日试展歌喉，月杪举行演唱》为题进行报道。5月19日，《申报》第9版报道题为《蒋英独唱会——著名抒情女高音》；5月29日，《申报》第9版刊登报道《介绍蒋英小姐独唱会》。5月30日，《申报》第4版报道"女高音蒋英，定明日下午五时半假兰心大戏

1947年5月30日《大陆报》
刊登的蒋英宣传照

院举行独唱会"。同日，上海著名的英文报纸《大陆报》（The China Press）亦予以宣传。《和平日报》还披露了蒋英即将演唱的部分曲目。从这些报道可见，报刊对蒋英的称谓已悄然发生变化，从"蒋百里女公子"转为"女音乐家""著名抒情女高音"，报道的焦点也更集中于她的独唱会。

独唱会前夕，蒋英还向记者敞开心扉，畅谈她对音乐和艺术的看法。与刚开始因感兴趣而选修音乐相比，十几年后的蒋英对艺术有着自己独立和深入的思考，认知从形象到抽象，从狭义到广义。独唱会前一天，她接受父亲生前好友、《大公报》记者陶菊隐的访问时说：

真正的艺术家离不开真、善、美三个字。不真即不善，不善即不美，不美即不真，说起来只是一个字。文词动人的文学家往往就是情感极丰富的人，天才优越造诣甚深的音乐家绝不会包藏着一颗坏的心。艺术家多具有敏感，悲比别人悲的深，乐比别人乐的极。宁可多流泪，多知道流泪的痛苦，多笑，多尝得笑的滋味。人生的真意义须从敏感中掏出来。

一个音乐家的歌唱，为自己的比为别人的却要重要的多。美的音乐是另一世界的东西。一个真正艺术家对于工作的重要性远过于荣誉的重要性。如果社会先进真想奖励他，须先了解他。音乐家可分为二类：一是创造家，乃千载难逢的先知先觉，如贝多芬、莫扎特、巴赫等是；二是忘其在我的后知后觉，以一颗虔诚谦虚的

心，把所有的能力都贡献给先知先觉，小心翼翼地踏着他们的足迹前进，以发扬他们的伟大精神。我这次回国来举行音乐会，希望社会先进以此鼓励我，使我获得上进的机会，那我是感谢不尽的。[1]

独唱会当天，《中华时报》第 3 版刊登了蒋英的署名文章《永恒的艺术》。蒋英在文中详述了学习音乐的经历、对欧洲艺术真谛的深刻领悟、对音乐艺术的独立见解和立志成为艺术家的决心。全文如下：

真正艺术家，是很谦虚的。因为我们对艺术的追求，永远感到不能满足。

从人类生活最深的体验，将可以发掘人生的短暂，而艺术的光辉，确是永恒地照亮着人类辉煌的史迹。

在欣赏艺术成果的愉悦中，轻快得使人们忽视了艺术家们不朽的克服困难的斗争精神。正像人们享受了大音乐家——莫扎特的作品一样，谁都要为他的音乐的魅力而感动，谁都要为他幼年时代斐然的音乐天才而惊叹不止。但是，大家都容易轻忽了，用血，用汗，用整个生命的努力，而献身于艺术的莫氏底完美的人格和精神。

也许是人们过分地相信天才了。是的，天才可以帮助艺术家的成功，然而，艺术家们不断地努力和牺牲的精神，使艺术的光辉永恒不熄，更使人们起无限的景仰。

音乐是艺术中茁壮的一个部门，它使人们闭上了嘴——一张造成了人类不少祸害的嘴，它使人们张开了耳朵——一双最敏感的耳朵，它使人们摒弃了一切的烦扰和浮躁，让平静的心境，震荡起感情的微波。充满着感情的歌声，把人类带到另一个世界去。

用语言来表示情感，有时候，的确会显得异样肤浅。因为人类的心声，不是能用几句话，或几个词儿，就可以把它表现得完整的。大自然中，无穷尽的给予人类启示的声音，也不是用语言

1 陶菊隐 . 蒋英小姐和音乐 [N]. 大公报（上海），1947-05-31（0010）.

可以包罗尽致的。唯有爱好音乐，懂得音乐的人，他们才可以从音乐的天窗中，更了解人生，更懂得大自然。

人类中的善良者，究竟太少了，因此，我更醉心于大自然。爱好决定了我的个性，它使我脱离庸俗的生活圈子，而踏上献身于艺术的大道。同时我也首先择定音乐这一部门为目标，使我迈开奔向艺术的步伐。在许多伟大的音乐家群中，我最敬爱莫扎特，他的作品，引导我入于音乐的意境，使我真正领略到音乐的生命，是需要不断的辛勤和心血来培植的。当我已经寻觅到了音乐的围地，我愿把我这一株生命的树干栽种在这里。我愿意成功为一棵硕实的大树，伸出粗壮的臂膀，覆上浓密的树叶，在将来，还要结出甜蜜的果实。这一颗崛起于原野中的大树，发展得挺自然，而不受任何一种压力的遏阻。但是，它所能遭受到的大风浪的冲击，也必然是很强大的。它能够强劲地立起来，它倒下去的危险，也必然是时时隐藏在那里的。所以，我更敬佩莫扎特，我不敢作一个希望自己成为莫扎特那样伟大的妄想。但是，我愿意永远学习莫扎特，永远追随莫扎特。

人生诚如一个空的瓶子，艺术乃是注入瓶中的水滴。贮满着水的瓶子，必然比空的瓶子，要来的稳重。那（哪）怕是一掬清水，注入了空的瓶子，它成功为水泡，它变成一泓，它波动，它平静，使人们有着无限的欣赏。有时，甚至于注满了清水，注得满满的，不会遏止的倾注，洋溢四方，而令人不能自知，丰丰盈盈，充满着一种不可抵拒的力量。因这启示，使我更坚定地相信："生命只一瞬，而艺术是永恒。"

（本文作者蒋英小姐为故军事学家蒋百里氏之三女公子，早年随蒋氏游历国外，在欧土研习声乐逾十年之久，造诣甚深，为一有修养之抒情女高音。最近返国，定今日下午五时一刻假兰心戏院，作返国后之第一次独唱演出。本文述其个人投身音乐之旨趣甚祥，爱为介绍——编者。）[1]

---

1 蒋英. 永恒的艺术 [N]. 中华时报，1947-05-31（003）.

从这篇文章中可见，蒋英因兴趣选择音乐，又从伟大的音乐家和音乐作品中汲取无穷无尽的精神力量，从而克服难以想象的困难，在音乐上修成正果。通过十年的专业学习，蒋英已经从喜欢音乐的懵懵懂懂的小女孩，成长为立志献身音乐艺术的音乐家。她对未来的人生已经有了清晰的目标和坚定的信念，那就是成为真正的艺术家。

放歌兰心大戏院

兰心大戏院最初是由"上海西人爱美剧社"（Amateur Dramatic Club of Shanghai，简称 A.D.C. 剧团）集资建设的。"兰心"源自古希腊的一个地名，是伦敦同名剧场"Lyceum Theatre"的谐音，它象征着典雅和高贵。1871 年 3 月 2 日，兰心大戏院因发生火灾而被烧毁。后来，他们又通过上海纳税西人会募集了一笔基金，在博物院路（今虎丘路）附近买了一块地皮，用耐火砖重建了一座砖木结构的剧场。1929 年 1 月，历经半个多世纪、已破旧不堪的兰心戏院被以 17.5 万两银子卖出。A.D.C. 剧团董事会又在法租界蒲石路迈尔西爱路（今长乐路茂名南路）路口购买了一块地皮新建戏院，并沿用"兰心"的名字，即现在的"兰心大戏院"。新的戏院由哈沙德洋行委托戴维思和勃罗克设计，是意大利文艺复兴时期建筑风格，于 1931 年初竣工。兰心大戏院舞台有 19.5 米宽，纵深 10 米，其面积几乎与观众厅相等，可供交响乐团演出。舞台两侧均有库房，储存及更换布景均有机械从库房中推动上台，还有自动定位吊杆 25 道。后台有小型化妆间，有更衣室，有演习室。穿堂是富丽广阔且透气的，各层的内墙和平顶的花纹线脚均甚细巧。楼座的平面上有美丽的走廊，用白色水泥粉刷的美丽砖石镶嵌着外门。戏院内设三层观众厅，共有 723 个座位，楼下 490 个，楼上 233 个。座位较普通戏院的宽敞、舒适，音响效果极好。观众无论坐于何处，视线均处于舞台的正中位置。兰心大戏院的现代化设施在当时的上海可谓首屈一指。

1931 年 2 月 5 日，英国驻沪领事白利南主持举行了简单的启门典礼。新的兰心大戏院建成后迅速成为当时上海标志性的文化建筑和城市名片，被誉为远东剧场建筑的明珠。它采用钢筋混凝土结构，立面采用横竖轮廓线；外墙采用棕色面砖，二楼有三个券窗，三楼有并列的三个方框窗，均有铁栏杆阳台。窗栏、窗框和墙角都用假石装饰。新兰心大戏院落成时，正逢戏剧不景气之时，因此，除了放映美国派拉蒙和哥伦比亚影片公司的电影和欧洲电影外，更多的是举行交响乐、室内乐和独唱音乐会等。梅兰芳曾经在此演出。

1947 年 5 月 31 日下午，天空突然飘起了雨，但丝毫没有影响观众的热情。四点半时，兰心大戏院上演的话剧《嫦娥》还未散场，蒋英独唱会已告客满。如此盛况还吸引了黄牛在戏院门口徘徊倒票。戏院入口处摆放着一幅手绘海报。海报左上方是一张蒋英肖像照，右侧写着"女高音蒋英独唱会"。为方便外国观众，海报还特别附上英文"Vocal Recital Tsiang Yin Saturday May 31st 1947 at 5:15pm"（意为"蒋英独唱会 1947 年 5 月 31 日星期六下午 5 点 15 分"）。独唱会开始前，观众们纷纷入场就座。舞台两侧摆满花篮，花团锦簇，织缀着舞台。五点一刻，独唱音乐会正式开始。蒋英化着精致妆容、身着一身靓丽的旗袍精彩亮相。瞬间，观众席变得鸦雀无声，大家屏住呼吸、翘首以待蒋英演唱。蒋英扫视了一下满座的观众席，看到观众中既有中国面孔，也有不少外国面孔，既有打扮入时的先生、小姐，也有穿着稳重的社会名流。蒋英的母亲蒋左梅和四妹蒋华也特地前来支持她。看到热情的观众，蒋英信心倍增。她向指挥马尔戈林斯基教授示意开始，伴着钢琴声放声歌唱，将十年所学奉献给同胞。

蒋英精心设计，将独唱会分为欧洲艺术歌曲和咏叹调上下两个半场，总共近两小时。综合各报刊的报道，蒋英上半场演唱的艺术歌曲包括《情焰》《夕阳颂》《永生之歌》《静美之原野》[1]《贞坚的爱》《我之情歌》《情汎》《凄凉的四周》《我母亲的歌》[2]。

上半场结束后，妹妹蒋华上台为蒋英献花；蒋英稍作休息。

1　现一般译为《寂静的原野》。
2　现一般译为《母亲教我的歌》。

接着，蒋英下半场演唱了经典欧洲咏叹调，包括《别让我久候吧》《孤寂的心》《月夜恋歌》、普契尼的《亲爱的爸爸》[1]、莫扎特的《费加罗的婚礼》、格鲁克的《大达山旁》、威尔第的《游吟诗人》和比才的《卡门》中米卡埃拉的咏叹调《上帝呀，给我勇气吧》。

蒋英歌单中《我母亲的歌》和《亲爱的爸爸》或许是特别送给母亲和父亲的歌。蒋英演唱完全部曲目后，观众响起经久不息的掌声，且都不愿起身离去。看到观众如此热情，蒋英又返场加唱《凤阳花鼓》，最后用郑板桥的《道情》作结尾，从《渔翁》一直唱到《月上东山》，向观众郑重地晚安告别。无论是西洋歌曲还是中国歌曲，蒋英优美的歌声令观众听得如痴如醉。

蒋英独唱会海报

蒋英在独唱会后与母亲蒋左梅（右二）、四妹蒋华（右一）合影

蒋英独唱会在上海引起极大反响，完全超出她的预期。报刊纷纷报道，观众讨论热烈，音乐评论家给予高度赞赏。次日的《申报》更毫不吝啬地赞许称"蒋女士歌唱艺术卓越，实为奇才"，"唱女高音功候不在欧阳飞莺高之阆之下"。

6月8日，《申报》第9版的"春秋"栏目刊登了署名西廷的文章《谈

---

1 现也译为《啊，我亲爱的爸爸》。

蒋英在独唱会表演　　　　　　　　　　　独唱会现场的观众

声乐欣赏》，不仅介绍了蒋英演唱的曲目，还称赞蒋英高超的演唱技巧及"老练"的姿势，以及返场的情况：

　　　　一般中国听众，往往更喜欢京剧中的"青衣"，而不大欢迎"抒情女高音"；尤其是歌剧中的"咏叹调"（Aria），及"宣叙调"（Recitativ）简直教他们急坏了——尽管那是世界声乐的最高技巧。

　　　　……如果是一个"抒情女高音"，你该听得出她的音色，音量是否称职，你该知道"抒情女高音"与"戏剧化女高音"的区别。在这一方面，蒋英是颇为称职的。

　　　　在蒋小姐独唱的第一支曲子格拉克的"情焰"中，你该要发现她对于欧洲歌唱艺术的试金石——"音与音之间柔美的联系"是怎样应用。然后你可以批评。

　　　　此外，对于"颤音""间断音""贯音"等等技巧的处理，感情演变的应用，都须具有相当判断力。这判断力不是上帝所给予，而是靠你耳朵的经验及天赋的"音乐灵敏度"。

　　　　……从最肤浅的角度来欣赏蒋君独唱，我们可以领略到独唱者对于歌唱姿势与情感运用的如何老练。在第一个节目中她采用普通姿势（两手在前紧握，上下移动），恰恰显示曲子赞颂伟大"爱情"的热衷。唱第二个曲子"夕阳颂"时调子十分平和，她的姿态也放松了，右手轻扶钢琴，左手自然下垂，在最后被喊

"Encore" 而增唱两只（支）中国道地民谣"道情"与"凤阳花鼓"时，她的表情、动作，更甘美可爱，使人意识到她对歌剧的修养。感情方面，她也做到了"把自己从歌词中所得到的情感刺激，溶解在每个音符中"，因此全曲进行中，显出了浓淡深浅。这虽是很表面的条件，却为每个声乐家所不易达于尽善尽美的技艺。

因蒋英的独唱使我想起了声乐技巧之难以及欣赏之不易。[1]

《大公报》的报道不仅给予高度评价，还记录下因观众热情蒋英不得不返场演出的盛况："蒋女士所唱女高音极富磁性，其音调之圆润、表情之优美，皆达到真善美之境域，故每阕方毕掌声不绝。[2]

一位署名诸葛明的观众在隔日的《时事新报》晚刊上撰文，详细回味了这场精彩的独唱会："台上满布着各式各样的花篮，印象地看就是一幅画，也像一幕小歌舞剧的呆照。音乐、歌声、灯光、颜色都融和在整齐和和谐的气氛里，蒋女士演唱的歌声，徐缓，急遽，激昂，慷慨，温柔，平静，热烈，奔放，遍各大名家的旋律，一段段地演唱出来，听众的情感都被她的歌声和表情控制着，只可在每一小节的间歇中，拍拍手掌。"

这位观众最喜欢的曲目是最后两节普契尼和威尔第的作品，他评价道："蒋女士仿佛已经把生命歌声与乐音和谐在一起了。这独唱会中的歌声，把我带回到欧洲文艺复兴的某一个时期，此刻中国是在怎样的一个前夜里，我觉得当时当地的热情奔放，率真的空气和环境，历历如在目前，都是值得我们憧憬的。"

这位观众还不无遗憾地说："兰心的场子太小了，天气并不十分热，却坐得令人有点局促，像这样热情奔放的独唱会，我希望在逸夫或中山复兴等公园，蒋小姐能多多现身几次，使这种艺术更普遍化，使阳春白雪变作下里巴人，那时候闻歌起舞者，当不再限于跳舞场中的一些走马王孙揸鞭公子了吧。"[3]

1　西廷.谈声乐欣赏 [N].申报，1947-06-08（009）.

2　昨今两场声乐.均在兰心举行 [N].大公报（上海），1947-06-01（005）.

3　诸葛明.自蒋英独唱会归来 [N].时事新报晚刊，1947-06-01（004）.

另有一位音乐爱好者沈露在 6 月 3 日《中华时报》上发表对蒋英独唱会侧写：

这乱世把人们生活的调子改变得匆匆而烦躁，且莫说辗转在生活底层的那些人们的生活怎样困苦，即是知识分子群，在他们生活的琴弦上永是奏着"匆匆"和"烦躁"，生命里失去了声音和华彩，我说这声音和华彩的意思该是属于感觉以上且深深地蕴藏在灵魂深处，它们应该是每一个生命瞬间最辉煌的突现。

乱世把人们的感官也改变得粗糙了，不要说是感情！就说上海，幸运地她在烽火圈子以外，虽道洋场十里，人文荟萃，但摆在我们面前的艺术不是浅薄庸俗，便是自命他们自己的艺术是从人民队伍里脱胎出来的，可是当我们稍微一注视了它们之后，就觉察这些在动乱的环境里产生出来的艺术，不是凭幻想，便是凭着自命得意的天才，他们的艺术成品竟是那么飘飘浮浮的，一点没有坚实的根基！单说作为第四艺术的音乐吧，当前这音乐的园圃竟如此的寥落可怜！请谛听大上海的声音，到处是不安，到处是庸俗！

……

我们是太需要那些凌驾于感觉愉悦以上的声音了，也是不止一次地慨叹过这天地太寂寞，太缺少叩启心灵的门扉的声音么？作为一个艺术家，他本身应该就是创造了，创造真、善、美！

……

"兰心"台上花篮织缀起来的繁花丛里，一位戏剧型抒情女高音，不时地，她的歌音附丽以出神入化的表情，眼睛里闪着情热、深挚、凝睇，……感情交并着，柔和处如晚窗前少女娓娓的低诉，情热处如春三月的繁华争妍，深沉处如秋日的古潭一丝涟漪，欲断欲续的歌音里有着几许惆怅和感伤……，听下来，对蒋英的独唱，我却发生了这样的直觉：她的表情在某些时候，遮掩了她的歌音，这倒不是说她的歌音不够，我的意思是说她戏剧型的表情更教人赞赏！

......

我有惟一的希望是：蒋小姐的歌声能够尽可能使更多的人们有欣赏的机会！[1]

著名的音乐评论家、钢琴教育家俞便民向来以苛刻著称，但他对蒋英不吝溢美之词。当时，俞便民接受《大陆报》的聘请，为"上海音乐世界"（The Shanghai Musical World）专栏撰写评论。兰心大戏院还专门设立俞便民夫妇专座。因此，凡在那里举办的音乐会他都听过，蒋英独唱会也不例外。1947年6月2日，俞便民发表了题为"Tsiang Yin's Vocal Recital"（蒋英独唱会）的英文评论文章，文中写道（著者译）：

上周六，蒋英在兰心大戏院举行的独唱会是本评论员听过的最好的演唱会之一，当然，她也是近年来听到的年轻一代中最好的女高音。的确，她的声音并不洪亮；但她充分发挥她的优势。更重要的是，她懂音乐！……无论是发音和吐字，还是音乐风格和特色，都体现了蒋英全面的演唱技术。……她完美地处理了滑音和颤音，熟练而优雅地克服了咏叹调所有的技术困难。[2]

多年后，蒋英回忆这次演唱会仍激动不已："一开始我觉得有点害怕。我以为离开上海十年，应该没有人认识我了。（我）开音乐会会有人来听吗？哪晓得盛况（空前）。我从后台看到前台摆满了花篮，几乎没有站脚的地方了。于是，我很勇敢、很高兴地放声歌唱。观众掌声如雷。看得出他们喜欢我。"

蒋英此次独唱会的成功具有重要意义。当时的中国虽取得抗战胜利，但陷入了国内战争的泥潭。国民党统治下的上海滩虽不处于战争的漩涡之中，但人民生活并不幸福，文化生活更显匮乏和滞后。仅有的一些文艺演出和文化活动传递出的更多的是浮躁的情绪，无法满足民众的需求。而经

---

1 沈露. 听歌漫想蒋英独唱会侧写 [N]. 中华时报, 1947-06-03（003）.

2 俞便民. Tsiang Yin's Vocal Recital[N]. The China Press, 1947-6-02（005）.

历文艺复兴的欧洲，涌现出大批享誉世界的音乐家，创造了璀璨的音乐瑰宝，并传世久远、经久不衰，推动音乐艺术的丰富和发展。音乐家有国别，音乐无国界。留欧十一年的蒋英，凭借天赋和努力，真正领悟了欧洲音乐艺术的内涵，掌握了咏叹调、宣叙调等音乐作品中的声乐技术。当蒋英把这些声乐技术展示给国内观众时，并未有"水土不服"。观众透过她美妙的声音、传神的表情、充沛的感情和纯熟的声乐技巧，克服了语言障碍，领略到了音乐艺术的魅力，产生强烈的感情共鸣。观众需要和呼唤多一些像蒋英这样的音乐家和他们的音乐。

声动杭州引发热潮

首场独唱会的成功，令蒋英喜出望外，信心倍增，也让她声名远播，不断收到演出邀请。1947年6月15日是杭州笕桥空军军官学校复校一周年纪念日，也是空军第二十四期毕业生毕业典礼，故学校决定举行盛大的毕业典礼。时任校教育长的胡伟克亦是毕业典礼大会的主席，提议邀请蒋英前来演唱。为隆重起见，他特派专机赴沪邀请蒋英。

说起胡伟克，蒋百里对其有举荐之恩。1938年，胡伟克担任中国驻德国大使馆武官时，蒋百里赴欧考察，有机会近距离观察这位年轻人。蒋百里结束考察后，对国际形势有了新的研判，故致函蒋介石提出："中国应探求欧洲外交阵线的形式，且重点在捷克、波兰两国，而能胜任者应有军事判断力。"对于能胜任者，蒋百里向蒋介石举荐了两位，其中一位便是胡伟克，因为他"通英德文，中央航空学校毕业，前为柏林练习武官，现在商专处谭伯羽下办事，此人宜于捷克"。

蒋英接受了胡伟克的邀请后便积极筹备。有一次，蒋英走在家附近的马路上，听到一户人家里传来了悦耳的钢琴声，便走上前去按下电铃问："弹琴的是谁啊？"接听的人回答说："就是我。"蒋英一听是年轻女孩子的声音，便高兴地说"我要开音乐会，你能给我弹伴奏吗？"接听的人接着回答说："我怎么给你弹伴奏？我还是一个学生，我从来没有弹过声乐伴奏。"蒋英说："你弹得很好，我教你。"原来，这个女孩名叫周广仁，年方19岁。她的父亲曾在德国留学。而她出生于德国，5岁时随父母回国，回国后居住在国富门路126号，与蒋英家同住一条街，仅隔三四十米。周广仁自觉仍是学生，从未有声乐伴奏的经验，担心自己无法胜任，但听到蒋英的鼓励，便答应下来。周广仁与蒋英因都会德文、都修的是音乐专业而一见如故。为了达到最佳效果，周广仁每天都到蒋英家里一起排练。蒋英对伴奏要求非常细腻，标准很高，对周广仁的弹奏不时地给予建议。终于，两人配合越来越默契。蒋英对周广仁的伴奏很满意。一周后，蒋英和周广仁赴杭州演出。

1947年6月15日，杭州笕桥空军军官学校第二十四期毕业典礼暨复校周年纪念举行。白天举行阅兵及毕业典礼大会，中午举行盛大聚餐，下午举行体育表演，并招待来宾记者，晚上举行鸡尾酒会。鸡尾酒会结束后，晚上八时整，蒋英独唱会在大礼堂举行。因上海兰心大戏院独唱会的成功，蒋英的名气也传到了杭州。得知蒋英来杭，很多观众从杭州不同地方赶来，挤满了独唱会现场，其中包括后来成为著名武侠小说作家的金庸。此次，蒋英演唱了七首西欧名曲，为观众奉献了一场高水准的音乐会。

蒋英在笕桥空军军官学校第二十四期毕业典礼上表演

一份名为《寰球》的期刊在 1947 年第 21 期上记录了蒋英独唱会的盛况以及观众的热烈反响："缠绵的音调，缓美的表情，控制了全场听众的感情，融会了每个人的心灵，一曲终了，掌声历久不息。歌唱节目完毕后，听众依然恋恋不舍，一再高呼 Encore，于是蒋女士又重歌二支中国民歌《凤阳花鼓》《道情》，欧西的音乐艺术最高修养，渗透俚俗的民歌，真使人感到'此曲只应天上有，人间哪得几回闻！'"[1]

多年后，金庸也在《大公报》撰文回忆了听蒋英演唱的感受："她的歌唱音量很大，一发音声震屋瓦，完全是在歌剧院中唱大歌剧的派头，这在我国女高音中确是极为少有的。"

1947 年，蒋英在杭州留影

独唱会结束后，蒋英游览了杭州，并于 6 月 19 日到浙江大学拜访蒋百里的好友竺可桢先生。[2] 始于此次蒋英的邀请，周广仁走上了专业钢琴伴奏之路，成为中国第一位在国际比赛中获奖的钢琴家，后来到中央音乐学院任教。

蒋英返沪后还受到大夏大学[3]的邀请，于 6 月 29 日在该校第 22 届毕业典礼上献唱。这是大夏大学回迁上海后举办的首次毕业典礼，因此分外隆重。毕业典礼上先由该校创办人、校长欧元怀和副校长王毓祥致辞；接着由当时中央研究院植物研究所的罗宗洛代表教育部朱部长致辞；随后，时任上海地方法院

1　空军学校第二十四期飞行生毕业典礼 [J]. 寰球，1947，21.

2　樊洪业 . 竺可桢全集（第 10 卷）[M]. 上海：上海科技教育出版社，2006:466.

3　大夏大学初创于 1924 年。学校创始人有著名教育家欧元怀、王毓祥、鲁继曾等，经过多年办学，与复旦大学、光华大学、大同大学被誉为民国时期上海四大著名私立大学，抗日战争时期被迫迁到贵州，于 1946 年 9 月回迁上海旧址，1951 年在原址上创办华东师范大学。

院长查良鉴及该校校董任稽生受邀发表演说。蒋英在颁发毕业证书前出场献唱，受到师生们的热烈欢迎。

蒋英演唱会的成功让她信心大增，并着手准备举办第二场独唱会。然而，这一计划却因为一个人的归国而改变，那就是钱学森。

Chapter

4

第四章

科艺联姻　相夫教子

父辈的苔岑之交促秦晋之好

蒋英与钱学森的缘分始于父辈的苔岑之交。

蒋英的父亲蒋百里与钱学森的父亲钱均夫相识于杭州求是书院（浙江大学前身），并成为挚友。当时求是书院分为内班和外班。1899 年，钱均夫先入内班。1900 年，蒋百里入读外班。清末，中国饱受外国侵略，激发了他们的爱国之心。蒋百里创建讨论时事的读书会，钱均夫也参与其中。

1901 年，蒋百里先赴日本，选择研习军事、建立国防。1902 年，钱均夫被选送到日本东京高等师范学校学习史地科及教育学理论，走上了教育救国之路。赴日后，虽志向和就读学校不同，但两人时有往来，友谊有增无减。蒋百里原本身体瘦弱，进入日本陆军士官学校后，为了尽快适应军人生活，努力锻炼身体，学习骑马打枪。有一次假期，钱均夫前去看望他。"空荡荡的操场上，远远看见一条汉子在翻铁杠，动作娴熟，身板结实"，让钱均夫几乎不敢相信眼前的人就是过去身体单薄的蒋百里。

1905 年，蒋百里以优异的成绩毕业，名噪扶桑，回到中国。1908 年钱均夫回国，先在浙江两级师范学堂教授教育及伦理学，后于 1911 年和 1913 年两次出任浙江省立第一中学（现杭州第四中学）校长。1914 年，钱均夫接受国民政府的任命，在教育部担任视学，从杭州迁居北京。时年钱学森三岁。

1917 年，蒋家在北京置业后，两家住得不远，时有往来。钱均夫的夫人章兰娟非常喜欢孩子，但只有钱学森一个独子，看到蒋家接连出生几个女儿，非常羡慕。于是，在两家的一次聚会上，章兰娟提出想收其中一个为干女儿，而她最喜欢可爱、活泼的蒋英。蒋百里和蒋左梅也很大方，同意了这个请求。

为了隆重起见，钱家特意摆桌请客，作为正式过继的仪式。随后，蒋英与奶妈来到钱家生活，改名"钱学英"。年幼的蒋英自然不懂这一切，只有听从大人的安排。当时钱学森已13岁。看到突然来到的小妹妹，钱学森虽然觉得可爱，但一直都是独处的他，不知道怎么逗这个小妹妹玩，只会在她面前摆弄玩具飞机，却从不分享。比起热闹的自家和友爱的姐姐们，蒋英不但没有从这位哥哥那里感受到友好，还经常被弄哭。

多年后，蒋英回忆起这段时光，仍对钱学森"耿耿于怀"："那时我才5岁，而钱学森已经10多岁了，跟我玩不到一块。我记得他会吹口琴，当时我也想吹，他不给我吹，我就闹，他爸爸问我怎么回事，我说大哥哥欺负我。他爸就带我到东安市场买了一个口琴给我。"

那边蒋百里夫妇几个月不见女儿自然非常想念，于是提出接蒋英回去。章兰娟见蒋英无法适应新生活，只好同意让她回家。接下来蒋英的生活恢复如常。五朵姐妹花相亲相爱，互相陪伴玩耍，非常开心。

蒋英晚年回忆这段经历时说："过了一段时间，我爸爸妈妈醒悟过来了，更加舍不得我，跟钱家说想把老三要回来。再说，我自己在他们家也觉得闷，我们家多热闹哇！钱学森妈妈答应放我回去，但得做个交易：你们这老三，长大了是我干女儿，将来得给我当儿媳妇。后来我管钱学森父母叫干爹干妈，管钱学森叫干哥。"

如此看来，幼时的钱学森和蒋英由于年龄差距较大，并未像人们想象的那样两小无猜，青梅竹马。虽然两家父母关系密切，但毕竟两个孩子还小，"做儿媳"也只是被视作玩笑，只能等两人长大后再做主张。

1929年，钱学森考入位于上海的交通大学。而蒋英一家也从北京搬到上海居住。其间，钱学森曾前去看望蒋英。蒋英回忆说："我读中学时，钱学森来看我，我都向同学介绍他是我干哥哥。我觉得挺别扭的。那时我已是大姑娘了，我记得还给他弹过琴。后来他去美国，我去德国，联系就断了。"

1936年，蒋百里和蒋左梅访美时，受老友钱均夫之托，还专程探望钱学森。当时，钱学森刚刚拿到麻省理工学院的航空工程硕士学位，因美国政府的政策歧视，钱学森无法到飞机制造厂实习，继而决定转到加州理工学院著名空气动力学家冯·卡门的门下学习航空理论。钱均夫认为重理论而轻实践是中国士大夫的通病，因此不认同钱学森由工转理的选择。他得知蒋百里赴美后，故委托老友看望爱子并充当说客，劝其改回工科。蒋百里在加州见到钱学森，仔细听了他的想法之后，非常认同他的选择。蒋百里还向钱学森提及蒋英留学德国的情况，并送了一张蒋英的照片给他留念。蒋百里回国后见了钱均夫说："学森的转向是对的，你的想法却落伍了。欧美各国的航空趋势，进于工程、理论一元化，工程是跟着理论走的。而且美国是一个富国，中国是一个穷国，美国造一架飞机，如果有理论上的新发现，立刻可以拆下来改造过，我们中国就做不到了。所以中国学习航空，在理论上加工是有意义的……"蒋百里的一番话让钱均夫心服口服，理解了钱学森的选择。

自从钱学森赴美后，钱均夫因胃病辞掉工作。抗日战争时期，因杭州遭受轰炸，钱均夫逃到上海，住在愚园路 1032 弄 111 号。那里原本是钱学森的外公章家的家产，后因章家家道中落卖掉此楼，又向陆姓房东租回。钱均夫住在底楼；上面三层供钱学森的表哥章镜秋等人居住。抗战胜利后，钱均夫因年迈体弱，胃部又动了大手术，越发挂念身在美国的钱学森，在家信中表达盼其回国的心愿。钱均夫在家信中还提及蒋英回国的消息。因为他心中有一未了的心愿，那就是忙于事业的钱学森虽已小有成就，但婚姻却悬而未决。当初他的夫人章兰娟为钱学森和蒋英儿时定下的"婚约"，如今是否可以履约？

钱学森虽然很挂念父亲，但他在等待合适的时机回国，并为此做一系列的准备。1946 年夏，钱学森的老师冯·卡门因与加州理工学院产生分歧而转到麻省理工学院任教。钱学森亦跟随老师离开加州理工学院，接受麻省理工学院的聘任担任航空系副教授。1947 年 2 月，在冯·卡门的推荐下，钱学森晋升为麻省理工学院教授，并成为该校最年轻的终身教授。另外，钱学森申请了美国的永久居留许可，即俗称的"绿卡"，并将学生签证升级为非限额移民签证。因为，钱学森此次回国有两方面考虑，一方面看望父亲，另一方面顺便考察一下国内情形，如果不符合预期就返回美国。但由于此前他在美国一直持有的是学生签证，一旦出境便不能再次入境。1945 年 4 月，他随美国科学咨询小组考察欧洲时就因为签证差点无法成行，后来通过向五角大楼申请担保后才得以返回美国。持有"绿卡"后，钱学森可以不去美国大使馆或领事馆另外申请签证，即可自由出入境美国。

一切准备就绪，1947年7月趁暑假时期，钱学森向麻省理工学院申请回国探亲。当钱学森确定归国日期后，便写信告诉父亲，还有好友范绪箕，并请他到机场接机。范绪箕与钱学森师出同门，都是冯·卡门的学生。而且，他是冯·卡门的第一个中国学生。不过，范绪箕攻读硕士，钱学森攻读博士。钱学森刚到加州理工学院时，曾经与范绪箕合租过房子，同住的还有袁世凯的孙子袁家骝。闲暇时大家一起出游。钱学森负责拍照，为他们的旅行留下了诸多照片。1940年，范绪箕因家事中断学业先行回国，后来到浙江大学任教。

钱均夫将钱学森即将回国的消息告诉了沪上老友，包括蒋家。蒋英的四妹蒋华知道后向蒋英提议一起去机场接钱学森。然而，蒋英并未应允。1947年7月1日，钱学森乘坐泛美航空公司航班由旧金山飞往上海，飞行十余个小时后降落在龙华机场。范绪箕接到钱学森的信后向学校申请了一部车，早早地来到上海龙华机场等他，接到后，便驱车载着他直接去愚园路看望钱均夫。父子一别十二载。钱学森见父亲手术后更显消瘦，幸有父亲的义女钱月华在身边照料，稍感心安。钱均夫一见到钱学森精神也好了许多。

钱学森回国后受到热烈欢迎。钱学森的同学、交通大学航空系的系主任曹鹤荪向学校建议邀请钱学森回母校讲学。当时的校长吴保丰非常支持，授权曹鹤荪以他的名义发电报给旅美的校友张思侯，请他出面邀请钱学森。钱学森愉快地接受了这一邀请。浙江大学校长竺可桢邀请钱学森到校发表学术演讲，介绍国外最新的技术科学研究成果。范绪箕全程陪同。清华大学也向钱学森发出讲学邀请。时任北京大学校长的胡适则邀请钱学森出任工学院院长。国民政府也想让钱学森留在国内。教育部甚至已内定他为交通大学校长，并派人与他洽谈。

蒋英虽然没有去机场接钱学森，但她听说了钱学森回国后的一系列活动。钱学森赴美留学前，蒋英曾经随母亲去送行。从那以后，二人再没有机会见面。1945年钱学森赴德考察时，蒋英身在瑞士，二人遗憾错过。1947年钱学森已36岁，蒋英28岁。二人的感情均无着落，因为他们在国外时将事业放在首位，爱情之事则暂时抛之脑后。蒋英的母亲还开玩笑地对她说："你这么大都没人要你了。"其实，蒋英身边不乏追求者，其中还有达官贵人。而蒋英之所以不为所动，除了忙于事业外，真正原因是未遇到真正中意之人。蒋英的父亲虽修军事，实为儒将。受父亲影响，蒋英更看重有学识有文化之人，而非家境优渥或地位显赫之人。钱学森在美国时虽有人给他介绍女朋友，但都难以让他心动。缘分天注定。也许钱学森与蒋英在寻寻觅觅中为的是等待彼此。

蒋英听说钱学森此次归国要完婚的消息，但刚开始没想到新娘会是自己。因为，时隔多年未见，她只知道钱学森是世界知名的大教授，对其他方面却不甚了解。蒋英刚回国时，钱均夫曾向她的家人打听："小三有朋友了吗？"蒋英家奶妈回答说："小三朋友多着呢。"钱均夫也许信以为真，还委托蒋英为钱学森介绍女性朋友。蒋英认真组织聚会，邀请自己的女性朋友前来，为钱学森创造机会"相亲"。聚会上一位女孩对钱学森有意，主动跟他搭讪。而钱学森的目光却一直注视着蒋英。再次见面，钱学森发现蒋英不再是那个天真烂漫的小女孩，而是散发着独特艺术气息的歌唱家，举手投足间显示出高贵、典雅的气质。他内心笃定蒋英便是他心仪和等待的那个女孩。有一次见面后，钱学森主动提出送她回家。蒋英欣然同意。回家后，蒋英带钱学森来到客厅，说："这里有很好的唱片，给你挑一张顶好的放好不好？""不好！不好！"性格内敛的钱学森欲言又止。就这样静默了一会儿，他终于鼓起勇气对蒋英说，"你跟我去美国好吗？"而蒋英却似懂非懂地回答说："为什么要跟你去美国？我还要一个人待一阵子，我们还是先通通信吧！"钱学森则用坚定的语气接着说："不行，现在就走，跟我去美国。"没说两句，蒋英就"投降"了。[1]

蒋英将喜讯告诉了家人，她以为会得到大家的祝福。没想到妹妹蒋华知道后却劝阻她说："姐，你真嫁他，不会幸福的。"原来，蒋华在美国时听说了赵元任给钱学森介绍女朋友的趣事。赵元任是我国知名语言学家，与梁启超、王国维、陈寅恪并称"清华四大导师"。1938年赵元任举家移居美国。他的夫人杨步伟做的一手好菜，经常邀请清华留美学生前来品尝。赵家成为清华留美学生经常聚会的地方。钱学森也是受邀对象之一。一次

1　2011年8月6日CCTV-10科教频道《大家》栏目"蒋英·我的丈夫钱学森"。

聚会时，赵元任还热心地给钱学森介绍过一位女朋友。为了让两人增加了解，赵元任提议钱学森先去接那位女士再一起去他家。钱学森却把人给弄丢了，最终自己一个人去的。赵元任逢人便说："给他介绍朋友真难。"

蒋英并未因此改变对钱学森的看法，她相信自己的选择。蒋英不喜欢攀龙附凤，不向往荣华富贵，只佩服有学问的人。她认为钱学森这么有学问，一定是好人。而且，蒋英选择钱学森还有另外一个原因，那就是两人有共同的爱好——音乐。钱学森虽然在大学学的是机械专业，后转学航空，但他一直对音乐有极大的兴趣。大学时期钱学森是校管弦乐队的成员。他还经常省下钱来去兰心大戏院听音乐会。1935年，钱学森在《浙江青年》第四期上发表《音乐与音乐的内容》一文，表达了对什么是好音乐的看法以及如何欣赏音乐。从文中可以看出钱学森对音乐的深入研究。钱学森去美国后，经常去欣赏现场演奏会。他还自学中音竖笛，并与好友威廉·西尔斯和弗兰克·马勃组成三重奏乐队。音乐拉近了蒋英和钱学森的距离，让他们成为知音，印证了彼此的心意。这一段起源于父辈的缘分得以延续，也是两家长辈心愿达成的最好结果。钱学森的父亲钱均夫更感欣慰，因为让蒋英成为钱家儿媳，既了了自己的一桩心事，又如早逝的夫人所愿。

接下来，钱、蒋两家开始紧锣密鼓地筹备婚礼事宜。

首先是婚礼时间和地点。经两家商定，婚礼时间定于1947年9月17日，地点选在位于黄浦江边的沙逊大厦八楼的华懋饭店（今和平饭店）的北京餐厅（今龙凤厅）。沙逊大厦共9层（局部13层），建成时是外滩最高的建筑物，曾被誉为"远东第一楼"。它是由当时维克多·沙逊拥有的英资新沙逊洋行下属的华懋地产股份有限公司投资兴建，由公和洋行设计、华商新仁记营造厂承建，是外滩第一座用花岗石做外墙的建筑。大厦19米高的墨绿色金字塔形铜顶在外滩尤为显著。大厦建成后，底楼和二楼出租。底层沿南京路的店铺有大英花店、普宝斋古董店、安康洋行等。沿外滩一面租给华比和荷兰银行。三楼和四楼是新沙逊洋行的办公地点。五至九楼是华懋饭店。其中，除了八楼用于举行宴席外，其余楼层均为客房。民国时期，众多名流曾经选择在华懋饭店举行婚礼或重要宴席。北京餐厅上方天花板雕刻的图案体现了龙与凤在云里翱翔，由8只象征幸运的蝙蝠包围着，故后来改称龙凤厅。从餐厅向外望去，黄浦江尽收眼底。

筹备婚礼还要准备新婚证书。民国以前，婚书皆为手写。民国时期虽然开始推广统一制式的婚书，但由于时局动荡，并未能在全国推行。因此，当时的婚书既有手写的，也有印刷的。钱均夫决定遵循传统，请人为钱学森和蒋英手写婚书。钱均夫花 338000 元（民国时期的法币）购买了一本六折页的婚册，封面是绸缎材质，大气、庄重；内页材质为宣纸。

钱均夫请好友孙智敏负责主书文字。孙智敏，字厪才，号知足居，清光绪癸卯科翰林，曾任翰林院编修。孙智敏年长钱均夫一岁，因都从事教育事业且志同道合而成为好友。孙智敏擅长吟诗作赋、工于书法。曾经有人如此评价他的书法："书出钟、王，略参李邕，最工端楷，巨细皆能，老而不失娟秀，所书均清代通行之馆阁体，字如其人。"孙智敏还是钱学森的书法启蒙老师。1917 年，钱均夫让年仅 6 岁的钱学森拜孙智敏为师学习书法。后来钱学森回忆："厪才师提笔写了一短句，此为我习字的始点。"1947年，孙智敏住在上海南京西路（原静安路）591 弄 15 号。钱学森回国后特地去其寓所看望他。孙智敏在婚书中记录了婚礼的时间和地点，介绍了两位新人的缘起，然后表达了美好的祝福。婚书正文（由著者断句）如下：

维中华民国三十六年九月十有七日，杭州市钱学森与海宁县蒋英，在上海沙逊大厦举行婚礼。懿欤乐事，庆此良辰，合二姓之好。本是苔岑结契之交，绵百世之宗。长承诗礼，传家之训。鲲鹏鼓翼，万里扶摇。琴瑟调弦，双声都荔。翰花陌上，携手登缓缓之车；开径堂前，齐眉举卿卿之案。执柯既重以永言，合卺乃成夫嘉礼。结红丝为字，鸳牒成行；申白首之盟，虫飞同梦。盈门百两，内则之光，片石三生，前圄（因）共证云尔。[1]

钱均夫还请恩师陈汉弟和师母、民国海派女画家吴善荫在婚册的左右两折作画。钱均夫和蒋百里在求是书院求学时，陈汉弟是他们的老师，对蒋百里更有知遇之恩。当时，蒋百里因赋诗支持反清义士唐才常而差点遭

---

1 钱学森与蒋英的婚书，钱学森图书馆藏。

清政府迫害。陈汉弟惜才爱才，极力保护蒋百里并送他赴日留学，才让他免于受难。蒋百里回国后的第一份工作也是陈汉弟推荐的。陈汉弟向东三省总督赵尔巽推荐刚回国的蒋百里担任督练公所总参议，训练新军。辛亥革命爆发后，蒋百里在奉天（沈阳）策动东北独立。张作霖派军队镇压。陈汉弟密告于蒋百里，并垫付南下的车费让他脱险。

陈汉弟夫妇当时住在上海长宁路（原白利南路）北丰别墅99号。当得知钱、蒋两家联姻的消息，陈汉弟夫妇非常欣喜，欣然同意为两位新人的婚书作画。陈汉弟画了最擅长的竹，同时寄语钱学森要像竹子一样有君子之风；他的夫人吴善荫画了牡丹。牡丹被誉为中国的国花，花语有高洁、端庄秀雅、仪态万千等，吴善荫以此来比拟蒋英的高贵、典雅。

钱学森与蒋英的婚书

这场婚礼邀请了不少宾客。钱均夫负责邀请沪杭两地的亲友；蒋家则邀请时任天主教南京教区总主教于斌为他们担任证婚人。蒋百里生前与于斌私交甚好，曾向蒋介石父子举荐他。蒋英的二姐蒋雍是天主教徒，在美国结婚时亦请他担任证婚。于斌总主教还主持了蒋英五妹蒋和的订婚仪式。蒋左梅还请了一位小女孩做花童。这个小女孩是上海影星徐来与国民政府军事委员会中将参议唐生明的女儿。唐生明是蒋百里的学生、湘军将领唐生智的弟弟。

钱学森邀请了母校交通大学的老师和同学们参加婚礼，如曹鹤荪等。钱学森还写信给浙江大学的好友范绪箕，告诉他自己结婚的消息，并邀请他担任伴郎。范绪箕得知钱学森要结婚的消息还有些惊讶，因为在这之前从未听钱学森说起有关女朋友的事。不过他欣然接受邀请，在婚礼前几天赶到上海，帮助钱学森筹备婚礼。

而蒋英邀请认识不久的声乐伴奏周广仁在婚礼上弹奏《婚礼进行曲》。通常《婚礼进行曲》有两个版本，一版是门德尔松为莎士比亚同名戏剧《仲夏夜之梦》创作的第五幕前奏曲。另有一版是瓦格纳为歌剧《罗恩格林》第三幕创作的。前者欢快激情，后者庄严肃穆。按照西方传统，婚礼上，新娘入场一般奏的是瓦格纳版的，而步出教堂则奏门德尔松的。蒋英却不落俗套，她对周广仁说："我不要常用的瓦格纳的《婚礼进行曲》，我喜欢门德尔松的《婚礼进行曲》。而且为了让来宾安静下来，你先给我弹一首曲子。"

婚礼前夕，钱学森在范绪箕的陪同下来到南京路租了两套结婚礼服。婚礼当天，蒋英与钱学森去上海光艺照相馆拍摄婚纱照。光艺照相馆创建于1927年，号称"上海唯一之艺术照相馆"，初期馆址在静安寺路（今南京西路）34号，1931年左右迁至静安寺路104号，1940年又迁到静安寺路583号。其主人彭望轼曾留日学习摄影多年，而结婚照是其照相的一大特色。照相馆专门设有化妆处，在当时来说非常时尚。文艺家如胡适、徐志摩、刘海粟诸先生，名媛如唐瑛、陆小曼、张蕊英女士等，均曾在该馆摄影。蒋英与钱学森的婚礼现场照亦由该照相馆负责拍摄。

1947年9月17日下午，蒋英与钱学森的婚礼如期举行。受邀宾客陆续到场并在婚书上签到。宾客纷纷落座，共计四桌，包括钱、蒋两家的家人和亲友，钱学森的大学老师和同学，以及蒋百里的学生。当时，蒋百里的很多学生已经成为国民党军官。

18时，为了提醒宾客吉时已到，蒋英示意周广仁开始弹奏。周广仁弹了一曲巴赫的《意大利协奏曲》的慢乐章。在场宾客听到音乐声响起瞬间安静。随后，伴着周广仁弹奏的欢快的《婚礼进行曲》，蒋英头披白纱，身着白色结婚礼服，手捧鲜花，在妹妹蒋华的陪伴下，如平日脚下生风的走路风格一样，阔步走进现场。在场宾客响起热烈的掌声。钱学森注视着眼前的蒋英，忍不住对身边的伴郎范绪箕说："你看，蒋英多漂亮。"而多年后，蒋英接受中央电视台《音乐人生》栏目访问时，与周广仁一同回忆起婚礼的情形，难掩幸福地说："那时候我的爱人很漂亮吧，太帅了。"接着，于斌总主教为二人证婚，并赠"真善美圣"四字祝福新婚夫妇。随后钱学森从范绪箕手中拿了戒指给蒋英戴上。

钱学森与蒋英的婚礼现场

婚礼进入第二部分，钱学森换上另一套西装，蒋英换上一身中式礼服，向在场的宾客敬酒。宾客们纷纷向两位新人送上祝福。

婚宴现场

9月18日，《益世报》报道了蒋英与钱学森结婚的新闻。不过，如今看来，新闻中关于蒋英和钱学森的描述也有不准确之处：

> 故蒋百里将军三女公子蒋英女士与钱学森君，昨下午六时假沙逊大厦八楼结婚，由于总主教证婚。按蒋将军二女公子为天主教友，当在美结婚时，亦由于主教证婚，五女公子之订婚礼，亦为于总主教以家长资格主持。蒋英女士前留学美国（著者注：应该是欧洲），去年回国，曾举行音乐会多次，成绩甚佳，中外交誉，钱君系美国密歇根大学工程系主任，为国人在美任系主任第一人（著者注：应为麻省理工学院最年轻正教授），此番回国，部拟请主持交大，钱君婉辞，结婚后，偕蒋女士同赴美，于总主教证婚后，以真善美圣四字赠新婚夫妇，为新人祝福。"[1]

钱均夫在账本上记录了这场婚礼前后的花费："付喜封送力及车费831000元；付赠申夫妇牙章1对连刻费390000元正；付新婚证书338000元；付喜筵四桌（连一切开销）3658000元；赴沪杭往返车费619000元；付祭祖（香烛、排元、供酒）47000元正；付请客（糖果、手巾、纸烟、奶粉）315000元；付送礼（新妇回门盒及氅和喜礼）310000元。"[2]（著者注：其中的货币单位"元"是民国时期的法币。）

婚礼结束后不久，蒋英陪伴钱学森回杭州祭拜母亲章兰娟，并探访钱家亲友。而后，蒋英在钱学森的陪同下，回海宁探亲，观看大潮和硖石灯彩。

婚后仅十天，钱学森就启程返美。这是因为，尽管钱学森颇受国民政府重视，但经过亲身考察，他发现国民党的统治并未让中国迎来新生，人民仍处于水深火热之中，物价飞涨，民不聊生，这与他的期望大相径庭。钱学森曾说："目前国内局势战乱不止，国民党政府腐败无能。在这样的情况下，我不能回来为国民党装点门面。"而蒋英对时局的看法与钱学森颇为

———————————

1　蒋英与钱学森举行结婚典礼由于总主教证婚 [J]. 益世报（上海），1947-09-18（004）.
2　吕成冬 . 一个民国知识分子的私人账簿 [J]. 北京档案 . 2019.（02）:59-60.

一致。蒋英同样有着强烈的爱国情怀，学成归国是为报效祖国，但她回国后也目睹了国民党的腐败和腐朽之气，认为国民党不可能给中国带来希望。她还通过阅读进步文学期刊《文艺春秋》[1]了解到解放区真正为人民谋幸福的情形。因此，蒋英支持钱学森尽快返回美国，以免迟则生变。

9月27日，钱学森启程返美。蒋英到上海龙华机场为钱学森送行，前往送行的还有钱学森赴美前的指导老师、被誉为"波音之父"的王助。

非典型新婚生活

钱学森返美后，蒋英在国内办理护照和赴美签证。由于钱学森持有美国"绿卡"，可以自由出入美国。蒋英以其夫人身份申请赴美签证也较便利。11月28日，蒋英拿到美国驻上海领事馆签发的前往美国的护照。出发前，蒋英将行李打包邮寄到美国，装载行李用的樟木箱原是父亲蒋百里赴欧考察时特意定制并使用的，上面还贴着当时入住的宾馆行李标签，显示着木箱主人曾经的旅行足迹。而今，这些箱子陪伴着她即将再次远行，里面不仅装着行李，也装载着曾经的父爱和满满的母爱。不久后，蒋英登上赴美的航班。12月4日，蒋英抵达美国夏威夷，然后乘飞机到旧金山，随后乘火车到波士顿与钱学森会合。

在等待蒋英的日子里，钱学森在麻省理工学院附近的昌西街（Chancy Street）9号租了一幢房子作为新家。这里位于查尔斯河沿岸，步行可至哈佛广场。钱学森深知音乐对蒋英的重要性，于是精心选购了一架施坦威三角钢琴作为新婚礼物送给她。从此以后，这架钢琴陪伴他们一生，成为他们完美爱情的见证。

---

1 该刊创刊于1944年10月，主编为范泉，是当时传播和影响最为深远的上海文学刊物之一。巴金、茅盾、郭沫若、田汉、戴望舒、叶圣陶、许广平、夏衍、施蛰存、郑振铎等进步作家均在上面发表过文章。

1947 年，蒋英启程赴美前在机场留影　　　蒋英装行李用的木箱（徐菁摄）

钱学森送给蒋英的施坦威三角钢琴

　　蒋英满怀期待地开始新婚生活。然而，第二天的情形却与她期待的完全不同。这一天两人吃过简单的早饭后，钱学森微笑着对她说："我走了，再见。你一个人熟悉一下吧。"就这样，蒋英只能独自待在家里。不会做饭，也不知道怎么买菜的她不知所措，只能眼巴巴地等着。中午钱学森并没有回家，蒋英只好找了点冷餐和面包填饱肚子。到了下午五六点钟，钱学森回来了，用客气的语气问蒋英："今天还好吗？咱们吃点什么呢？"然而，家里并没有什么菜可以做。于是，两人只好一起到住所对面的饭馆吃了一顿快餐。吃饭的时候，钱学森才向蒋英介绍起美国的生活。蒋英边吃边听，倒觉得很有趣。钱学森还建议说，以后周六周日去买点菜自己做饭吃，蒋英点头附和。然而，吃完晚饭后回到家里稍作休息，钱学森泡了一杯茶，跟蒋英说"我要工作了，回见"，便端着茶杯独自到书房用功去了。蒋英又被"晾"在一边，内心慨叹：赴美的新婚生活难道就这样平淡吗？她只好看看报纸、听听收音机打发时间。到了午夜12点，钱学森才走出来。

渐渐地，蒋英熟悉钱学森的作息规律，即一周七天中，六天半都是工作和科研时间，只有半天休息，或陪蒋英散散步，或与好友相约聚会，有时也去中国城买菜。而且，钱学森极为自律，从不会轻易改变自己的计划。有一次，钱学森的堂哥去拜访他们。蒋英向钱学森提议说："你下午带着你的堂哥到波士顿看一看！"钱学森回答说："下午我要看书。"蒋英开始觉得不理解，但逐渐明白，钱学森的成功并非只凭天赋，而是靠后天的努力和付出的汗水。因此，蒋英越发尊重钱学森的习惯，也更加钦佩他的刻苦和勤奋。

蒋英逐渐适应了这种非典型的新婚生活，也与钱学森形成了彼此的默契。两人相敬如宾、举案齐眉。婚后钱学森只要有时间都负责掌勺，蒋英则帮忙打下手，一起做晚饭。蒋英对钱学森的厨艺极为赞赏。钱学森爱好美食，也擅长烹饪。钱学森读中学时，钱均夫特地让他走进厨房练习做菜，而且要求他做得色香味俱全。到了美国，吃不惯西餐时，钱学森经常买菜做中餐，练就了不错的厨艺。

出于工作需要，钱学森经常出席正式场合，因此对穿着比较讲究，通常穿定制西装、衬衣，打领带。而且，钱学森非常注意细节，西装、衬衣不仅要干净，还要整洁、笔挺。为了让钱学森无后顾之忧，全身心投入到工作中，蒋英学会了烫熨衣服，每天提前准备好钱学森要穿的衣服。蒋英多年后向钱学森回国后的秘书涂元季透露："给他当太太很不容易，那时他是美国上流社会的大教授，天天要换洗衣服，我若给他的衬衣有一点没烫平他都要'批评'我。"

然而，蒋英并未放弃音乐梦想，而且对人生重新做了规划。蒋英考虑到钱学森是家中独子，孩子寄托了父辈的心愿。于是，她计划生两个孩子，等他们长大一些了，再重启歌唱事业。不过，蒋英生活中不能没有音乐，每天都要弹弹钢琴，练练唱歌，欣赏唱片。钱学森心思细腻，每次出差只要时间允许，都会买黑胶唱片送给蒋英，其中有舒伯特、莫扎特、舒曼、施特劳斯等著名音乐家的作品。闲暇时，两人一起欣赏唱片，交流音乐感想。钱学森还特地购买了波士顿交响乐团音乐会的季票，与蒋英一起去听现场音乐会，这也是钱学森在麻省理工学院读研究生时的习惯。有了蒋英的陪伴，钱学森不再形单影只地欣赏音乐会了。除了音乐，蒋英还时常与钱学森一起参观艺术展览。艺术成为他们共同的话题，也让他们的生活变得绚烂多彩。蒋英回忆起那段时光时说："那个时候，我们都喜欢哲理性强的音乐作品。学森还喜欢美术，水彩画也画得相当出色。因此，我们常常一起去听音乐会，看美展。我们的业余生活始终充满着艺术气息。不知为什么，我喜欢的他也喜欢……"

与此同时，蒋英逐渐融入钱学森的朋友圈和社交圈。钱学森在美国形成了自己的学术圈和朋友圈。其中既有加州理工学院的中国留学生，如航空系的林家翘、钱伟长，地球物理系的傅承义、殷宏章，还有郭永怀、罗沛霖等，也有一起共事的美国同事。这些朋友们中当属郭永怀与钱学森最相知。钱学森也经常向蒋英提起这位好友。1941年底，钱学森与郭永怀在加州理工学院相识，两人经常在一起讨论问题并成为知己。钱学森高度评价郭永怀，说他"具备应用力学工作所要求的严谨与胆识"。钱学森与郭永怀还共同发表了《可压缩流体二维无旋的亚声速和超声速流动以及上临界马赫数》这一经典论文。1946年郭永怀接受威廉·西尔斯的邀请，到康奈尔大学航空研究生院任教。西尔斯是该学院的创始人，也是冯·卡门的大弟子，亦是钱学森、郭永怀的好友。而钱学森则去了麻省理工学院任教。康奈尔大学和麻省理工学院都位于美国东部，于是，钱学森和郭永怀一起驾车从加州理工学院出发一路东去。旅程虽长，但有知己同游，一点不孤单。1947年，郭永怀与李佩在康奈尔大学相识并相恋。郭永怀得知钱学森结婚的消息，便与李佩一起到波士顿祝贺。

李佩回忆起当时的情景："我们在一个周末，去了波士顿访问钱家，祝贺他们新婚。老郭事先请林家翘在他家附近为我们预订了旅馆。我们去钱家那天，当我走进客厅，立刻眼前一亮。钱学森郑重地给我们介绍了蒋英，她美貌而活跃，然后钱又很深情地指着一架三角钢琴说：'这是我欢迎蒋英来美国的见面礼！'"

婚后的钱学森事业节节攀升。1948 年，他被推选为全美中国工程师学会的会长。这其中自然有蒋英的功劳。蒋英不仅照顾钱学森的生活，还用歌声和琴声陪伴和帮助钱学森，正如钱学森所说："在我对一件工作遇到困难而百思不得其解的时候，往往是蒋英的歌声使我豁然开朗，得到启示。"

融入钱学森的朋友圈

不久后，蒋英和钱学森有了他们的第一个孩子。1948 年 10 月 13 日，蒋英在波士顿医院生下儿子。按照钱家"继承家学，永守箴规"的字辈，钱学森为儿子取名"钱永刚"，希望他成长为刚强的男子汉。一周后蒋英出院，钱学森特地带上相机为母子两人记录下这一重要时刻。升级为母亲的蒋英，生活更加忙碌，只好聘请帮佣，帮忙照顾孩子、打理家务。

钱学森拍摄的蒋英与出生不久的永刚

1948 年 10 月，加州理工学院新任院长杜布里奇致函钱学森，邀请他回加州理工学院。原来，当时古根海姆基金会捐资成立两个喷气推进研究中心，其中一个在普林斯顿大学，另一个在加州理工学院。两所大学都想邀请钱学森担任中心主任。杜布里奇则极力争取钱学森，他在信中说："你在这儿有很多朋友，他们都希望你把握这个机会，回到帕萨迪纳[1]来。"钱学森经过权衡后接

---

1 加州理工学院所在地。

受加州理工学院的聘任，担任喷气推进学科的戈达德讲座教授，兼任古根海姆喷气推进中心主任，并决定第二年暑假结束后返回加州理工学院。蒋英对钱学森的工作向来支持，对他这一决定自然也无异议。

除了艺术，蒋英与钱学森共同的爱好还有观光游历和摄影。受父亲的影响，蒋英喜欢到处观光游历，放松心情、增长见闻。蒋英还喜欢用相机记录下美丽风光和风土人情。留学欧洲时，蒋英经常与一众好友登山、滑雪、郊游和游泳等。钱学森也喜欢用相机记录沿途见闻。读书时，他常与好友范绪箕、袁家骝等一起游美国黄石国家公园。爱好摄影的钱学森，每到一处都带上相机拍摄照片。回到住处后钱学森还会亲自冲洗照片，赠送友人或自己观赏。结婚后，由于工作繁忙，钱学森鲜有机会陪蒋英到处游历。1949 年 6 月 6 日，钱学森即将从麻省理工学院离职之际，一家三口特地到加拿大观看尼亚加拉大瀑布。钱学森用相机拍摄下这一令人叹为观止的壮观景象，还将照片制作成幻灯片，用投影仪投出来与蒋英一起欣赏和回味。

钱学森拍摄的尼亚加拉大瀑布

1949 年夏，钱学森驱车载着蒋英和儿子永刚，从波士顿一路西去，前往加州理工学院任职。途中，钱学森接受西尔斯的邀请，到康奈尔大学为师生做学术报告，并顺便探访了好友郭永怀、李佩夫妇（两人于 1948 年完婚）。报告结束后，钱学森夫妇、西尔斯夫妇和郭永怀夫妇三家人聚在一起相谈甚欢、逸趣横生。聚会结束后，郭永怀、李佩陪同钱学森和蒋英游览了以色佳（Ithaca，康奈尔大学所在的小镇）。郭永怀举起相机为他们记录下这一温馨时刻。

1949年，蒋英、钱学森游以色佳留影（郭永怀摄）

不久后，蒋英、钱学森一家到达帕萨迪纳小镇。帕萨迪纳距离洛杉矶10英里，位于圣盖博山山脚下，丘陵中间分布着错落有致的橘子园，被誉为"全美最美的小镇"。相比冬季寒冷的波士顿，这里气候宜人，更加宜居。钱学森决定租下位于阿尔塔迪纳社区一处房子作为新居，因为20世纪40年代他曾经在那里住过，对四周环境相对熟悉。这栋房子是用红木和红砖砌成的，前后院都有一大片草坪，每个季节草坪上都有不同的花盛开，非常漂亮。草坪四周种了一些尤加利树。入住后，他们还买了园艺方面的书籍，学习打理小花园。由于房子位于街道末端，附近车子少，相对安全，适合孩子玩耍。后来那里成为孩子们玩乐的乐园。

房子内部一边是餐厅、客厅、厨房和洗衣间，另一边则有三个卧室，从功能上来讲足够四口之家使用。蒋英花了一些心思布置新家。家中风格中西合璧，墙上挂着中国字画，家具也是中国风的。主卧上方挂着两人的结婚照，显示主人的身份。地面铺着印花地毯。书架上摆满了书籍，最上面几层还摆着青花瓷碗作为装饰。

为了方便出行，钱学森买了一辆雪佛兰小轿车代步。重回加州理工学院的钱学森，事业更加如鱼得水，生活也很惬意。钱学森在加州理工学院有很多旧友。他们常常到访钱学森家。每次有客人来，蒋英和钱学森都精心准备、热情招待。蒋英和钱学森分工明确、配合默契。蒋英负责繁琐的准备工作，如洗菜、切菜；钱学森则亲自掌勺，做上一桌美味的饭菜。

罗沛霖就是这些朋友的其中之一。罗沛霖与钱学森相识于交通大学并成为好友，1949 年到加州理工学院电机系就读。在此期间，罗沛霖几乎每个周末都要去钱学森家"报到"。后来罗沛霖回忆起这段美好的时光："蒋英每每都用晶莹剔透的水晶玻璃杯，装着美酒来招待我；而后三个人则一起共赏悠扬的古典音乐，例如贝多芬的弦乐四重奏等。蒋英让钱学森变得更可亲一些。她比较外向，时不时地会夹着一杯酒。"

每到周末或假期，钱学森会邀请加州理工学院的中国留学生到家中做客。唐有祺就是其中之一。他回忆说："我 1951 年回国前多承他和蒋英同志款待。……蒋英不烧饭，以前做饭请人都是钱先生自己烧。我们要吃饭的时候，发现钱先生一下人不见了，原来是去做饭了。"[1]

除了中国好友，到访钱家的还有一些美国友人。例如同样师从冯·卡门的弗兰克·马勃（1949 年在喷气推进实验室担任助教）、机械工程系的副教授邓肯·兰尼以及 1949 年从麻省理工学院毕业后由钱学森推荐加入喷气推进实验室高速风洞小组的弗兰克·戈达德。他们经常到钱学森家聚会，而且对钱家精致的晚餐大为赞赏。吃饭时，蒋英热情地与来宾觥筹交错。钱学森则有时深情地注视着蒋英。

美国专栏作家米尔顿·维奥斯特在《钱博士的苦茶》中写道：

> 钱的一家在他们的大房子过得非常有乐趣。钱学森的许多老同事对于那些夜晚都有亲切的回忆。钱学森兴致勃勃地做了一桌中国菜，而蒋英虽也忙了一天准备这些饭菜，却丝毫不居功地坐在他的身边。但蒋英并不受她丈夫的管束，她总是讥笑他自以为是的脾性。与钱学森不一样，她喜欢与这个碰杯，与那个干杯。

钱学森的老师冯·卡门更称蒋英为"可爱的姑娘"。冯·卡门出生于匈牙利，后考入德国哥廷根大学学习并留校工作。二战时期因犹太人遭受迫

1　朱晶, 叶青. 唐有祺传——根深方叶茂 [M]. 北京：科学普及出版社, 2017:56.

害，冯·卡门被迫离开德国赴美，加入加州理工学院。冯·卡门有着特殊的中国情结，喜欢收集东方艺术品，也喜欢吃中国菜，甚至连家里的装饰风格都是中式的。冯·卡门培养的中国学生除了钱学森，还有钱伟长、郭永怀、范绪箕、袁绍文、柏实义、张捷迁、林家翘等。他幽默风趣，极具亲和力，深受学生们的欢迎和爱戴。冯·卡门是美国科学界和军界的风云人物，但风光背后也有孤独。他一生未婚，与母亲和妹妹生活在一起。蒋英与钱学森视他为家人，经常去陪伴他。冯·卡门很喜欢蒋英，听说她在德国留学，特地用德语与她交流。冯·卡门在自传中回忆蒋英："她可爱又博闻广识，很有唱歌天赋，先在柏林学习艺术歌曲，后又到瑞士跟随一位匈牙利女高音学习。钱热爱音乐，他看起来很幸福，我很高兴他找到了一位有留学经历的妻子。"

钱学森的一位朋友在给冯·卡门的信中写道："我们全都爱上了钱太太！"

蒋英也潜移默化地影响着钱学森。钱学森有着强烈的自尊心，他决心到美国学到最先进的技术，不能被外国人看不起。在人才聚集的美国，要成为顶尖科学家，自然要付出更多的努力。因此，钱学森对自己要求很高。他从加州理工学院毕业留校任教后，对学生要求也很高。有些学生觉得他傲慢、有点不近人情，对他望而生畏。而蒋英触发了钱学森内心柔软的一面，让他变得比以往温和，更有亲和力。钱学森身边的人感受到了他的这一变化。

1949 年 12 月，钱学森参加美国火箭学会在纽约希尔顿饭店举行的会议时，在报告中绘制了洲际高速飞机的蓝图。他大胆预言，将来从纽约飞到洛杉矶将不到一个小时。而这在当时看起来是难以想象的。这个报告使他的学术声望进一步提高，报刊纷纷予以报道。

钱学森事业发展顺利，但同时也关注着国内时局。周培源[1]写信给钱学森，讲述了人民解放军解放北平西郊时纪律严明的事迹。芝加哥大学金属研究所副教授研究员、留美中国科学工作者协会美国中区负责人葛庭燧写信，并附上共产党员、香港大学教授曹日昌写给钱学森的信。曹日昌在信

---

1 周培源（1902—1993），著名流体力学家、理论物理学家，中国近代力学奠基人和理论物理奠基人之一，曾任教清华大学。

中转达了中共中央领导人希望钱学森尽快回国，一起建设新中国的殷切期盼。1949年10月1日，中国共产党领导人民在取得解放战争胜利后，向世界庄严宣告中华人民共和国成立了！钱学森和蒋英从收音机上听到这一消息，难掩内心的喜悦。钱学森跟蒋英商量："祖国已经解放，等我把这学期的课上完，正好孩子也出生了，我们就一起回国。"

营救钱学森

然而，国际形势又发生重大变化。1950年6月25日，朝鲜战争爆发。美国因一个名叫麦卡锡的美国国会议员而变得风声鹤唳。1948年开始，麦卡锡操纵美国参议院常设调查小组委员会，叫嚣要警惕和防范共产党的威胁，由此引发的一系列意识形态浪潮和运动被称为"麦卡锡主义"。麦卡锡以"共产党人渗透"为借口，与时任美国联邦调查局局长的胡佛里应外合，掀起一场非法调查、审讯和迫害进步人士的运动。

1950年2月9日，麦卡锡声称掌握了一份"隐藏在政府中的共产党间谍名单"，上面多达205人。这份名单上有早期的美国共产党书记E.白劳德和加州理工学院马列主义学习小组书记S.威因鲍姆。威因鲍姆是乌克兰人，1922年转到美国，1924年在加州理工学院取得科学学士学位，1929年再次进入加州理工学院读研究生，后获药物学博士学位。名单上还有另外一个人，那就是钱学森的好友弗兰克·J.马林纳。威因鲍姆与马林纳关系密切，且都喜欢音乐。钱学森求学期间与这两个人是好友。1950年3月，联邦调查局加紧了对钱学森的调查，派人秘密询问钱学森身边的同事、租房的房东等相关人士。但没有人认为钱学森是共产党员。后来，他们在调查材料中发现了一份专门从事安全调查的政府机关档案，该档案称钱学森是一名共产党员，且使用"约翰·M.戴克"的名字，定期参加在帕萨迪纳的共产党会议。

当时，正值中国抗战时期，钱学森身在异乡却心系故土，他痛恨日本法西斯的侵略行径，关心国家命运。马林纳也同样痛恨法西斯。因此，钱学森和马林纳经常讨论中国的时局。在马林纳的介绍下，钱学森结识了威因鲍姆，并参加了当时加州理工学院的马列主义学习小组。小组书记就是威因鲍姆，当时任加州理工学院化学物理助理研究员。小组每星期例会常讨论时事，谈论苏联的形势和反法西斯行动，具有正义感的朋友对中国人民遭受日本法西斯侵略的痛苦十分同情，使得钱学森倍感欣慰和温暖。他觉得每次参加小组的活动都能感觉到真切的友谊，因此他积极地参与小组的集体学习活动，学习恩格斯的《自然辩证法》和《反杜林论》，并且听过美国共产党书记白劳德的几次讲演会。除此以外，因同样爱好音乐，钱学森经常与他们相约去洛杉矶音乐厅听洛杉矶交响乐团的演奏。他还受邀到威因鲍姆家做客，一起欣赏音乐，外加谈论时政。后来钱学森还推荐威因鲍姆来自己主持的加州理工学院喷气推进实验室工作，做助理研究员。

1949 年，美国政府开始对共产党员大肆搜捕，马林纳逃到了法国，威因鲍姆被捕入狱，钱学森也被列为怀疑对象。威因鲍姆被确认为共产党员后，联邦调查局便推定经常到他家做客的钱学森也是共产党员。1938 年至1939 年期间，美国联邦调查局打进共产党内部的奸细比尔·坎柏曾向当局提供了一个名叫约翰·M. 戴克的中共党员记录。由于查不到此人的下落，他们怀疑这是钱学森的化名。

1950 年 6 月 6 日，美国陆海空三军签署通知，禁止钱学森接触涉密研究，并吊销他的涉密研究许可证。钱学森收到通知后受到很大震动，他认为美国政府的不信任极大伤害了他的自尊心和感情，更加坚定了尽快回国的决心。6 月 22 日，威因鲍姆在家中被捕。这一消息再次给钱学森以极大打击。于是，他们加快了回国的进程。6 月 26 日，蒋英和钱学森的第二个孩子——女儿钱永真降生。女儿的降生让家里多了不少欢乐。

钱学森一方面向加州理工学院提出辞职，另一方面，与蒋英一起购买回国的票，打包行李办理托运。最终钱学森辗转预订了 8 月 28 日加拿大太平洋航空公司的机票飞往香港，并与货运公司约定 7 月 25 日到家中打包行李。

然而，在等待回国的两个月里却事有变化。为了自证清白，钱学森同意参加华盛顿于 8 月 23 日为他举行的听证会。到达波士顿后，钱学森拜访了时任美国海军部副部长的丹·A. 金波尔，向他道明了事情原委，并控诉被无故吊销从事机密研究许可证的事情。金波尔一边安抚钱学森，一边在他离开后立刻打电话给美国司法部："以钱学森所具备的学识，无论如何也不能让他离开美国。"

钱学森对这一切却毫不知情。8月23日，钱学森到达洛杉矶国际机场时，早已等候在那里的美国移民归化局人员向他出示了一份文件，即司法部开具的命令——禁止他离开美国。钱学森回家后将此事告诉了蒋英，并同她商量："我们的机票还是退了吧。或者，你先带着两个孩子回国。我一个人留下。"蒋英对所发生的一切深感气愤，但却毫无办法。考虑再三，蒋英起初同意先带孩子回国。但很快，她便改变了想法，决定留下陪钱学森一起面对眼前的困难，等问题解决后再一起回国。

8月25日，蒋英致电加拿大太平洋航空公司，取消她和孩子的机票，但要求保留香港的过境签证，以待行程确定后使用。然而，就在同一天，《洛杉矶时报》上刊登了一篇文章——《在驶往中国的船上查获秘密资料 加州理工学院教授的财产被海关扣留》。文章称：

> 在船上装有秘密和机密科学资料的八个大箱子被加州理工学院的著名科学家之一运送到共产党的中国，政府官员昨天对他进行了指控。
>
> 据联邦官员说，美国法官 Ben Harrison 签署了一项扣押这些箱子的政府令，并断言这些箱子里面有保密和非保密资料。
>
> 这个到上海的托运是由住在 Altadena 360 Buena Loma 附近的钱学森教授发出的，也是加州理工学院丹尼尔和古根海姆喷气推进中心的主任（办理的）。

已经计划行程

> 海关收集办公室的官员说，采取的行动是民事案件，并对箱子里面的内容进行进一步的调查。
>
> 在钱学森的家里，被公认为世界上航空动力和喷气推进领域的领导人物的钱学森告诉时代周刊，他计划回到中国。

"这是我的私人财产。"他说,"我正计划回到中国,现在我不能。我被移民局告知不能回去。我不知道他们为什么要审查我的箱子。我不知道整个事情是怎样。"

钱学森博士说,据他所知,在被扣押的箱子里没有机密资料。

被(要求)提供宣誓书

宣誓书由海关收集处的署理助理 Leo P.Pogre 交到法院。他说,这个学者想在 8 月 21 日把箱子托运到上海,自己也一起返回上海。

箱子首先到香港然后再通过代理运到红色中国。Pogre 说(托运的)箱子不符合"出口管制法""中立法""间谍法"的相关规定。

同时,发布财产拘留令的助理 Atty Max Deutz 说,箱子重达 1800 磅,包括大量的有关航空飞行和导弹的先进技术的资料。

列出清单

海关的官员说,这些资料是文档、密码本、符号书、提纲、照片、底片、蓝图、计划、笔记和其他形式的技术资料。

为海关收集处 William Jennings 负责出口部的 Roy M. Gorin 发布了以下观点:

"经过检查,我们发现了钱学森的要船运到上海的私人箱子,包括各种形式的技术资料,有些是秘密、机密和受限制的。"

彻底调查

"因为这个原因扣押了所有托运行李,彻底调查也将展开。"

加州理工学院的 Clark B. Millikan 教授说:"钱学森在学校的喷气推进工作完全是学术行为。"

"我们知道他打算9月回到中国，" Millikan 博士说，"他的父母在那里。在中国他有家庭问题需要解决。"

　　钱学森博士跟正在进行秘密研究的加州理工学院喷气推进试验室没有关系，Millikan 博士说。

Millikan 称赞钱学森

　　"我确定在整个事件中存在误会和混淆。" Millikan 博士补充说。"我确信这些托运的都是他自己的资料。钱学森博士是一个非常有价值、诚实和忠诚的人。他在这个国家待了很多年，跟我们理想完全一致。"

　　现年40岁的钱学森是麻省理工学院的空气动力学教授。1948年来到加州理工学院建立古根海姆中心。1939年在加州理工学院取得了博士学位。

　　蒋英从报纸上看到报道后非常生气，打电话给货运公司，要求对此事作出解释。货运公司辩称他们被告知在海关宣布前，不能对任何人提起钱学森行李的事。然而，接下来发生的事情显然更让蒋英震惊和愤慨。

　　一方面，美国政府各部门开始各自审查钱学森行李中的所有资料。另一方面，联邦调查局派人在钱学森家门口监视他的一举一动。钱学森或许已有不祥的预感，自从行李被查扣，始终未离开家中半步。

　　1950年9月6日下午，蒋英正怀抱着两个多月大的永真，突然听到一阵急促的敲门声，一打开门看到门外站着两个彪形大汉。这两人自称是美国移民归化局派来的，要找钱学森。蒋英见来者不善，就让他们在门外等候，转身回到屋里告诉钱学森。钱学森缓步走到门口。接着，这两人盘问了钱学森一系列的问题，包括个人信息、参加过的社会组织、1938年—1940年间与威因鲍姆和马林纳交往的情况，以及是否参与过共产党的组织和回国动机等。钱学森一一作答。对于共产党员身份问题，钱学森则一再声明他从来都不是共产党员，也未参加过共产党的正式会议。然而，移民归化局的人员并不关心钱学森的回答，还是坚持要将他带走做进一步调查。

钱学森除了予以配合别无选择，他回到房间简单收拾了一下，然后缓缓地对蒋英说："他们让我跟他们一块去，我走了。"如此，钱学森被移民局的人押到车上带走了。

蒋英眼看着钱学森被带走，心里非常着急，赶紧给加州理工学院打电话，告之钱学森被移民局带走的消息，希望他们能够帮忙营救。加州理工学院校长杜布里奇听说这一消息后大为震惊。校方决定通过法律程序营救钱学森，并聘请了曾经担任加州理工学院法律顾问的律师库柏为他做辩护。

钱学森后来被遣送到特米诺岛上。特米诺岛位于加利福尼亚州洛杉矶县，四面环海。那里关押的大多数是墨西哥偷渡客。钱学森被单独关押在一个小房间里。举目无亲的蒋英除了等待校方营救的消息，别无他法。这时候，曾经受到钱家照顾的中国友人不时地送上关切，但蒋英却从不表露内心的无助，而是表现得乐观和积极。唐有祺特地前来探望蒋英，问家里有没有需要帮忙的。蒋英不仅没有提困难，反而表扬他一番说："你的博士老师鲍林，在你拿博士学位的时候，一大堆人都在那里。他夸你啊。"[1]

加州理工学院积极营救钱学森。一方面，律师库柏向联邦法院递交保释钱学森的申请书，另一方面，加州理工学院校长杜布里奇与海军副部长金波尔沟通协调释放钱学森。金波尔向有关部门表明其真实企图仅是禁止钱学森离开美国而非囚禁他，随后，美国司法部作出同意释放钱学森的决定，但附加了一个苛刻的条件，那就是：必须购买15 000美金的债券作为保释金。

在家中焦急等待的蒋英，终于等到这一好消息。然而，15 000美金对他们来说却是一笔巨款。因为当时普通教授每月工资才三四百美金。钱学森是知名教授，这笔钱也相当于他一年半的工资收入。更何况，同类案件的保释金多数不超过2000美金。不过即使如此，蒋英看到了希望，她积极筹集保释金。正在此时，一个陌生人向她伸出援手。原来，钱学森被捕的消息震惊加州理工学院。很多人为他鸣不平，并给予极大同情。其中有一位是钱学森的学生，名叫马克·米勒斯。他的未婚妻波琳·里德贝格·米勒斯家境优渥，主动提出愿意提供这笔保释金。然而，这位女士行事低调，故特别提出：希望不要向大众透露是她提供的，以免让别人知道她的丈夫

<hr>

1　朱晶,叶青.唐有祺传——根深方叶茂[M].北京:科学普及出版社,2017:57.

娶了一位富太太而尴尬。为了营救钱学森，蒋英接受了这位女士的善意，且一直对她心存感激："我一直都记得那位捐赠这笔现金的朋友，我很感谢她。"9月22日，蒋英与波琳一起前往银行，取出15 000美金，并交给了加州理工学院工程系主任林德瓦尔，用于购买债券，保释钱学森出狱。

林德瓦尔收到钱后，按照要求购买了面值15 000美金的美国债券，其中约有200美金的差额由他本人补齐。林德瓦尔将购买的债券交给美国当局。美国当局同意释放钱学森。在钱学森被关押的第十天，蒋英才终于被允许到特米诺岛看望他。到了那里，蒋英环顾四周，那里是地地道道的监狱，高高的围墙，警卫森严，到处都是通电的铁丝网。蒋英被带到一间房间，四面都是持枪的哨兵。两个侍卫将钱学森带出来。钱学森踉跄地走了出来。蒋英担心地望着他，仅仅相隔十天未见，钱学森看起来一下子消瘦了好多，差点认不出他来。尽管蒋英有很多关心的话要说，可是旁边有四个卫兵看守，不允许她与钱学森接触。于是，蒋英挺起胸脯，告诉钱学森说："该办的事情都办妥了。还有两三天工夫就可以接你回家了。"钱学森一言不发，只点了点头。蒋英刚说完，卫兵示意时间已到。

钱学森被关押16天后，终于获释回家。回到家后，蒋英关切地询问他是否一切都好。钱学森却始终一言不发。蒋英后来回忆说："钱学森回家后失声了，问他什么他点点头、摇摇头，15天内体重掉了15公斤。"原来，在被监禁的十几天里，钱学森受到身体和精神的双重打击。钱学森缓过来后才告诉蒋英："我被关押在单独的牢房里，不准跟任何人说话。强大的探照灯24小时地对准我，不让我休息，每隔十分钟就有一个士兵打开笨重的铁门伸进头来看看我有没有逃。大铁门很重，声音很响很刺耳。"蒋英听了愤恨不已，她深深觉得美国特务折磨人的手段既野蛮又残酷，杀人不见血。这段经历给钱学森带来了刻骨铭心的痛苦和屈辱。目睹这一切的蒋英也感同身受，以至于二十多年后再回忆起仍历历在目、心有余悸。

看到钱学森遭受的折磨，蒋英非常心痛。她唯一能做的只有让钱学森身体尽快恢复，精神上重新振作起来。为此，蒋英细致入微地照顾钱学森的生活，为他补充营养，通过家庭的温馨和爱来化解他所受的苦楚。

钱学森被捕的消息由美国媒体披露后，引起一片哗然。中国国内更是掀起抗议浪潮。1950年9月23日《人民日报》专门撰文声援，并于9月

1997 年 3 月 6 日蒋英回忆钱学森在美国的遭遇的手迹

25 日致电世界和平大会委员会，抗议美国政府非法拘禁钱学森并阻挠其回国的行为。然而，钱学森虽被释放，案件并未终结：他的行李仍在被审查；美国司法部还要举行听证会。

困境中筑造爱的港湾

　　1951 年 1 月，美国联邦调查局和美国移民归化局对美国海关扣押的钱学森八大箱行李进行审查后，并未发现机密文件。而美国军事部门对钱学森的行李进行全面评估后收回了极少数他们认为属于美国政府的文件。其他行李仍被美国海关扣押。直到 1954 年底，钱学森才被允许赎回其他行李。

　　从 1950 年 11 月 15 日到 1951 年 4 月 16 日，美国司法部就钱学森案件共举行了四次听证会。尽管钱学森本人一再否认共产党员身份，听证会引用的证人证词也不能充分证明他的党员身份，美国司法部还是作出驱逐钱学森的判决，但同时附加一句"命令的执行可以暂缓一段时间，等待进一步的指示"。钱学森对此判决非常不满，因为，他通过参加听证会已经感受到美国司法部明显是有罪推定。欲加之罪，何患无辞？后来，钱学森通过律师提交了上诉申请，但还是被美国司法部驳回。最终，美国司法部维持驱逐钱学森的判决，但暂缓执行，并批准假释。从1953年3月10日起，钱学森每月都要到移民归化局进行报到和登记。钱学森还被严格限制行动范围，只能在洛杉矶活动。不仅如此，联邦调查局还会派人不定时上门查看钱学森是否在家，有时候甚至半夜敲门。钱学森家中的电话受到监听，邮件被一一审查。与钱学森保持交往的朋友和同事也遭受牵连，并因此受到联邦调查局的盘查和审问。

钱学森在外承受不公正的待遇，而家成为他的避风港。蒋英陪伴钱学森度过了那段艰难的时光。多年后，蒋英回忆起那段时光时对钱学森的堂妹钱学敏说："那些日子，我真像个'变色龙'，在家里我是个温顺的小绵羊，在敌人面前我就变成一只凶狠的母老虎啦！"蒋英辞掉所有帮佣，独自承担起全部家务，确保钱学森心无旁骛地继续他的研究。她回忆说："为了不使学森和孩子们发生意外，也不敢雇用保姆，一切家务事，包括照料孩子、买菜烧饭，都不得不由我自己来动手。永真从零岁到五岁，没有一顿饭不是我喂的，没有一件衣服不是我缝制和挑选的。那时候，完全没有条件考虑自己在音乐方面的钻研了。"

有时候夜深人静，孩子们睡下了，蒋英弹奏吉他，钱学森吹奏竖笛，用音乐暂时忘却外界的烦扰。蒋英也会利用节日营造温馨的氛围，让钱学森调节心情，也为孩子们增加乐趣。每年圣诞节，她都要装饰圣诞树。到孩子们大一些了，蒋英就与他们一起装饰。圣诞树上挂上手套、小南瓜、水果或皮鞋等小饰品，当然最不可少的还有亮晶晶的灯。一闪一闪的圣诞树让家里充满节日气息。蒋英还为孩子们精心准备圣诞礼物，永刚跟其他男孩子一样偏爱玩具车，永真则更喜欢玩偶。蒋英有时也会送给他们新衣服作为礼物。

住所旁边的小花园成了永刚和永真童年的乐园。蒋英经常带他们在那里玩耍。两人荡秋千、爬攀爬架。蒋英还专注于孩子们的启蒙教育，为他们讲述自己最喜爱的音乐家莫扎特的故事，还为他们播放莫扎特等音乐家的作品。很快，永刚和永真到了读幼儿园的年龄。钱学森偶尔会去开家长会，或者为幼儿园修玩具，这是他擅长的。

钱学森在加州理工学院的教职得以保留，每天照例去上班。钱学森不再从事涉密和航空研究，转向技术科学，一边教学一边研究。为了让钱学森免受美国联邦调查局、美国司法部移民局探员的干扰，可以安静地进行研究，蒋英心生一计，把书房的沙发挪到卫生间。到了晚上，蒋英把其他房间的灯都关了，让监视人员以为钱学森早早地睡觉了。其实钱学森仍在卫生间做学问呢。在两年多的时间里钱学森著成了《工程控制论》这一经典著作。在这一书的扉页上，钱学森特地写了这样一句话："To Tsiang Yin"（献给蒋英），作为送给蒋英的礼物，也以此表达对她的感谢。1953年，钱学森还发表了一篇论文，题为《物理力学，一个工程科学的新领域》（*Physical mechanics, a new field in engineering science*），正式提出物理力学作为工程科学和力学的分支。

患难见真情，风雨同舟路。正是蒋英从生活上和精神上给予钱学森莫大的支持，才能让他在逆境中重生并不断攀登学术高峰。钱学森取得的一系列学术突破也是对蒋英辛勤付出最好的回报。多年以后，钱学森再次深情地感谢蒋英："在 1950 年到 1955 年美国政府对我进行迫害的这 5 年间她

蒋英给永刚、永真听的莫扎特音乐作品唱片

1950 年，蒋英与两个孩子

管家，蒋英同志是做出了巨大牺牲的，这一点，我绝不能忘。"

在被软禁的时间里，为了不给朋友们带来麻烦，钱学森和蒋英仅与为数不多的挚友保持交往和联系。马勃一家便是其中之一。他们给困境中的钱学森和蒋英以莫大的安慰和鼓励。每到周末或假期，马勃夫妇就驾车载着蒋英和两家的孩子到附近游玩。

此间到访的还有挚友郭永怀、李佩夫妇。1953年冬，郭永怀因在康奈尔大学任教满七年，可以享受半年的带薪休假。原本，郭永怀计划赴英国讲学，但因美国联邦调查局限制中国学者离开美国而未能成行。于是，郭永怀接受钱学森的邀请，携夫人李佩和孩子来到帕萨迪纳，在加州理工学院附近住下。挚友的到来让钱学森感到莫大的安慰。钱学森当时心情愤懑，他毫无避讳地向这位多年的知己倾诉。郭永怀自然与钱学森感同身受，但他安慰钱学森不能性急，要耐心等待机会。这期间，钱学森与郭永怀一起讨论学术，相互激励和促进科研。在周末或节日，两家人经常带着孩子聚会或出游。

1953年，钱学森为郭永怀拍摄的全家福

钱学森的第二位博士生郑哲敏也是经常到访的客人之一。郑哲敏回忆说，他经常到钱学森家中蹭饭，有时候还会帮忙照看永刚和永真，带他们去附近游玩。1955年，郑哲敏先回国，后又在钱学森的指导下从事爆炸力学研究，成为中国科学院力学研究所的继钱学森之后的第二任所长。

当时身在欧洲的冯·卡门也关心着蒋英和钱学森一家，每次从欧洲返回帕萨迪纳，必定与他们聚会。而钱学森和蒋英都会盛情招待他，有时候在家中举行欢迎餐会，有时在洛杉矶唐人街的中餐馆预订一桌中餐招待他。

异国他乡的真挚友谊对逆境中的钱学森和蒋英越发珍贵，让他们在黑白颠倒的美国政府控制之下感受到少有的温情，使他们度过那段最为艰难的时光。钱学森、蒋英还感受到了祖国的关心。1953 年 5 月，他们收到了中华全国音乐工作者协会寄赠的马思聪的作品《思乡曲》，更加勾起了对祖国的思念。

机智寄出求援信

钱学森和蒋英原本每隔一个月就要去洛杉矶中国城买菜，如大白菜、豆芽、酱油等。久而久之，他们与那里的华人老板熟识了。后来因行动受限，钱学森和蒋英无法再去那里买菜，便改为打电话预订，并请老板送菜上门。得知他们的遭遇，那位老板同意每隔两三周给他们送一次菜。1955 年 5 月的一天，蒋英收到菜后，看到菜盒下面垫了一张《人民画报》，打开仔细一看，上面有一张新中国领导人五一劳动节在天安门城楼检阅群众游行队伍的照片。这张照片上还有一位熟悉的面孔——陈叔通，是陈汉弟的弟弟，曾经担任杭州求是书院副监院（即副校长）。钱学森的父亲钱均夫和蒋英的父亲蒋百里都算是他的学生。因此，钱学森和蒋英都称他为太老师。1947 年钱学森与蒋英结婚时，陈叔通受邀参加了他们的婚礼。新中国成立后，陈叔通被选为中央人民政府委员，后历任全国人大常委会副委员长、中国人民政治协商会议全国委员会副主席等职。1955 年为庆祝五一劳动节，天安门广场举行盛大的群众游行活动。毛主席、周总理等国家领导人纷纷登上天安门城楼检阅游行队伍。陈叔通受邀参加并站在主席台上。看到陈叔通，钱学森和蒋英看到希望，他们觉得可以写信给陈叔通，告知他们的困境和美国的阴谋，并请求国家出手援救。于是，1955 年 6 月 15 日，钱学森提笔写下了求援信：

叔通太老师先生：

自一九四七年九月拜别后久未通信，然自报章期刊上见到老先生为人民服务及努力的精神，使我们感动佩服！学森数年前认识错误，以致被美政府拘留，今已五年。无一日、一时、一刻不思归国参加伟大的建设高潮。然而世界情势上有更重要更迫急的问题等待解决，学森等个人的处境是不能用来诉苦的。学森这几年中惟一在可能范围内努力思考学问，以备他日归国之用。但是现在报纸上说中美有交换被拘留人之可能，而美方又说谎谓中国学生愿意回国者皆已放回，我们不免焦急。我政府千万不可信他们的话，除去学森外，尚有多少同胞，欲归不得者。从学森所知者，即有郭永怀一家（Prof. Yong-huai Kuo, Cornell University, lthaca, N.Y.），其他尚不知道确实姓名。这些人不回来，美国人是不能释放的。当然我政府是明白的，美政府的说谎是骗不了的。然我们在长期等待解放，心急如焚，唯恐错过机会，请老先生原谅，请政府原谅！附上纽约时报旧闻一节，为学森五年来在美之处境。

在无限期望中祝您康健。

钱学森谨上

一九五五年六月十五日

信写完了，可是如何摆脱特务监视将信寄出呢？几年来，他们的四周都是日夜监视的特务。他们的一举一动都在监视之下。为了避免特务起疑心，蒋英心生一计，用左手模仿儿童的笔迹书写信封，而且信封上的地址是比利时，收信人是四妹蒋华，想以此躲过信件审查。接下来，蒋英寻找寄信的机会。他们开车到黑人居多的超市，假装去购物，因为特务一般不会检查那里。到了超市，蒋英无心购物，一直在寻找邮筒，发现邮筒后把信悄悄地放了进去。

蒋英成功把信寄出了。身在比利时的蒋华顺利收到信，展信阅后感觉到事情的紧迫性，知道需尽快把信寄给陈叔通。可是，蒋华并无陈叔通的联系方式，只好先将信寄给钱学森的父亲钱均夫。钱均夫收到信后，另书信一封详述情形，并一并寄给了陈叔通。陈叔通见信后转到中科院副院长竺可桢处。后来，中科院报给陈毅副总理，最终让国家获知他们的回国意愿和被困实情。陈毅副总理指示外交部设法营救。

蒋英和钱学森焦急地等待着回音。幸运的是，美国国内和国际形势发生了很大变化，这些变化都对钱学森的归国产生正面影响。1954 年 4 月，朝鲜战争停战后，根据苏联的提议，中、美、苏、英、法在日内瓦召开会议，商讨朝鲜问题和印度支那问题。而中美代表团在会议期间还就侨民归国问题进行谈判。当时中国拘押的美国人，有违反中国法律的犯人，也有在朝鲜战争期间俘虏的士兵和空军。迫于国内压力，美国急于赎回这些人。而中国则需争取被美国滞留的中国留学生回国。这些留学生是新中国建设不可或缺的人才。日内瓦会议后，在美国的中国留学生向美国媒体公开他们被限制回国的遭遇。当时的美国总统艾森豪威尔迫于压力，开始亲自过问这些中国留学生的背景并评估是否可以允许他们离境。最终，美方基本同意允许他们全部离开。钱学森也是美国重点关注的对象。经美国国防部对钱学森的情况重新评估并上报艾森豪威尔，艾森豪威尔做出"钱学森的知识已经过时，不会再对美国造成威胁，同意其离开美国"的基本定调。美国移民归化局洛杉矶分局于 8 月 4 日签署了准许钱学森归国的通知。蒋英也曾说过："我还记得 8 月 5 日那天，我们接到了美国移民局的通知，可以回国了。"

然而，另一边中美大使级会谈仍然在日内瓦举行。自 1955 年 8 月 1 日至 8 日，中美大使级会谈共举行了四次会谈。在此之前，中方首先释放了十一名美方被俘人员以示诚意。8 月 8 日第四次会谈时，钱学森已获准回国，但中方代表团却不知道这一消息，因此仍按既定计划实施。王炳南大使拿出了钱学森的那封求援信，指出美方违背其本人意愿阻止他回国，应立即予以释放。美方这才告知钱学森已被准许回国的消息。由此可见，钱学森之所以能够回国，既有美国基于自身国内形势的最新研判，也有中国政府不懈的外交努力。

钱学森和蒋英开始准备回国事宜。蒋英说："可真是高兴啊！我们以最快的速度收拾行李。一共有几十件行李，大多是珍贵的资料。"除了资料，他们特地将在美国使用的冰箱、洗衣机等当时国内稀有的家电打包运回。蒋英将行李分门别类地装好，并一一在外面做上标记。她将被褥装到樟木箱里；在餐具等物品的包装上标上"易碎"字样，提醒轻拿轻放。临行前，钱学森还用加州理工学院补发的一笔钱给蒋英买了收录机和话筒等，还有一台当时的"奢侈品"钢丝录音机。行李中自然也少不了那台施坦威大三角钢琴。这些后来都成为蒋英教学和练唱的重要工具。

行李托运完毕后，8月16日，钱学森前往美国总统号邮轮公司购买了9月17日驶往香港的船票。然而，蒋英后来介绍，买票的过程中有个插曲："美国还耍了一个小动作，说一等舱没有票了，要坐就坐三等舱，他们认为我们不会坐三等舱，能拖就拖，坐后面的船。我们说，我们就坐三等舱，然后买了三等舱的票。"对他们来说，只要能回国，舱位是其次的了。

回国前，蒋英与钱学森退掉之前租的房子，暂时住到好友马勃家里，静待归国之期。马勃夫妇也给予钱学森与蒋英极大的帮助和支持。美国政府的所作所为让钱学森甚为痛恨和鄙视，但美国友人在逆境中给予他们的无私帮助让他们心怀感恩。因此，即使钱学森一家离开了美国，两家依然保持真挚的友谊。

启程前，蒋英和两个孩子陪钱学森去同恩师冯·卡门道别。钱学森将新出版的《工程控制论》和一大本《物理力学讲义》送到老师手里。冯·卡门翻了翻感慨地说："你现在在学术上已经超过了我。"临别前，这位力学大师流露出不舍之情，他送了钱学森一张签名照片，上面写着："希望我们不久再见！"蒋英后来接受采访时回忆说："冯·卡门一个人住着一套大房子，没有结婚，很孤独，相依为命的妹妹也早已过世。当我们全家离开时，冯·卡门把我们送到门口，然后站在那里，静静地看着我们的汽车渐渐远去。我们心里也难过极了。"

充满艰险的归国之路

1955年9月15日，"克利夫兰总统号"邮轮从美国旧金山始发。胡聿贤、戴月棣夫妇，王祖耆、沈学均夫妇等二十位中国留学人员率先登船。17日，"克利夫兰总统号"邮轮停靠洛杉矶码头。马勃夫妇驱车送钱学森、蒋英一家来到码头。巧合的是，这一天也是蒋英与钱学森的结婚纪念日。八年前的 9 月 17 日，钱学森与蒋英在上海举行了婚礼。八年间，他们在美国尝遍了酸甜苦辣，得到过前所未有的尊重，也受到过屈辱。八年后，他们终于踏上归国航程，这是庆祝他们结婚纪念日的最好方式。

下车后，蒋英牵着永真的手、护着永刚走在前面。紧随其后的钱学森瞬间被蜂拥而至的媒体包围。钱学森案件在美国国内以及国际上引起广泛关注。美国媒体得知钱学森一家即将离美后，早早地等候在码头，争先恐后地采访钱学森。第二天的报纸刊登了钱学森的受访实录。钱学森说："我不会再回来了。我没有理由再回来。我想过很长时间了。我打算尽我最大的努力来帮助中国人民建设国家，让他们过上有尊严和幸福的生活。"钱学森还要求媒体纠正他是一个火箭专家的观点。"我不是一个火箭专家"，他声称，"我是一个帮助工程师解决问题的应用科学家。火箭方面的科学只是这个领域的一小部分。"钱学森还告诉记者："我被人为延迟回国。我建议你们应该问美国政府原因。这种情形下，你们政府比我更尴尬。""我对美国人民没有任何怨恨。我主要目标是和平和追求幸福。"记者还问蒋英的感觉如何。钱学森回答说他的妻子跟他有一样的感觉。

美国联邦调查局派人在码头监视钱学森一家登船，并警告他整个旅途中不要离船上岸，否则不负责他的人身安全。李正武、孙湘夫妇等 4 人也登上了该船。

终于，"克利夫兰总统号"邮轮在洛杉矶起锚了，这意味着他们离祖国越来越近。同船上的很多人得知钱学森一家也乘此船回国的消息。其中同住在三等舱的王祖耆回忆说："钱老和我们一起住在三等舱，这让我们感到非常的惊讶和意外。三等舱主要是一些穷华侨和在美国打工的华侨旅途居住的地方，和学生宿舍一样，分上下铺，四个床八个人。吃饭也是分开的，三等舱符合亚洲人的口味，一等舱是西式的，餐厅也很讲究，还有服务人员服侍。"

邮轮没开多久，一位住在一等舱的女权运动领导人在得知钱学森一家住在三等舱时，便去找船长，说："你们怎么让这么有名的教授住三等舱？"蒋英后来回忆说："船长没有办法，到夏威夷时，把我们请到了一等舱。"9 月 19 日，在补缴 291 美元的差价后，钱学森一家换到一等舱。

换舱第二天，在钱学森的倡导下，24 位中国留学人员成立了一个"同学会"，他们的 6 位未成年子女也以成员身份加入进来，形成了一张 30 人的名单。王祖耆负责刻版并油印了几十份，分发给大家。30 人名单如下：

> 王祖耆、何国柱（携子女何乃君、何乃知）、沈学均、李整[1]武（携子李启平）、洪用林、胡聿贤（携子胡传朔）、陈炳兆、孙湘、陆孝颐、许国志、许顺生、张士铎、张发慧、冯启德、疏松桂、钱学森、钱蒋英（携子女钱永刚、钱永真）、蒋丽金、刘豫麒、刘尔雄、刘骊生、戴月棣、肖伦、肖蓉春。

钱学森在船上不时地与同胞交流，了解他们的专业，畅想回国后的工作。蒋英则在一旁照顾孩子。

1955 年 10 月 1 日是新中国成立六周年的国庆日。"克利夫兰总统号"邮轮上的中国同胞决定共庆国庆。10 月 1 日一大早，蒋英与一双儿女精心打扮后，一起来到邮轮的餐厅。餐厅里挤满了一起归国的同胞。钱学森受邀做了简短的讲话。接下来是文艺演出活动时间。蒋英和何国柱夫人刘豫麒[2]登台演出。随后，孩子们轮番登场，永刚、永真也上台演唱了自己拿手的歌曲。蒋英为他们担任钢琴伴奏，场面温馨快乐。蒋英还发挥她的优势，教大家一起合唱革命歌曲。同胞们发自内心地唱呀、跳呀，满怀期待回到新中国。

10 月 5 日，"克利夫兰总统号"

蒋英弹钢琴，永刚和永真表演唱歌

1　应为"正"。
2　刘豫麒归国后先在中央音乐学院声乐系任教，后在南开大学图书馆外文部工作。

邮轮抵达菲律宾。其他人在菲律宾情报人员的监督下，可以上岸游览观光和购物。为了安全起见，钱学森、蒋英一家一直待在船上。而同船的同胞也形成共识，要一起保护钱学森的人身安全。

经过二十多天的航行，10月8日，"克利夫兰总统号"邮轮终于驶抵香港九龙港湾。钱学森、蒋英一家与同船40多位中国同胞换乘小船在尖沙咀警察码头登岸。在警察的护卫下，他们来到九广车站警察分驻所。随后，他们又到九龙车站等候北上的火车入关。11时25分，火车开动，并于下午1时许抵达罗湖桥火车站。当时，乘客均需要在罗湖车站下车，然后沿罗湖桥步行约300米才能到达通往内地的罗湖海关。

短短300米的路程却暗藏凶险。罗湖海关还有一边是通往香港。当时香港仍是英国的殖民地，因此，那边有几个荷枪实弹的英国士兵巡逻把守。从管辖地来讲，这300米既不属于内地，也不属于香港，属于安全空白区。因为钱学森的特殊身份，在"克利夫兰总统号"邮轮航行途中，美国监视并负责他的安全。但船到达香港后美国便不再负责。因此，为了保证钱学森的安全，蒋英与同船人员商量了应急方案：两个孩子交由他们照顾，一旦听到枪响，她则趴在钱学森身上一起就地卧倒。幸运的是，应急方案没有发生。蒋英一手拎着吉他、一手牵着永真阔步走在前面，钱学森与永刚紧随其后，快速行过罗湖桥，顺利抵达通往内地的海关。虽然没有发生意外，但蒋英英勇无畏的女侠气度让人钦佩。自此，他们才真正安全了。蒋英回忆说："我们搭乘'克利夫兰总统号'轮船，于9月17日离开美国，漂洋过海，终于在10月8日回到了魂牵梦绕的祖国。"

中国科学院特派员朱兆祥和广东省人民政府派的人早早守候在罗湖桥头迎接钱学森、蒋英一家。同在洛杉矶登船的李正武、孙湘一家也一起接到。随后，他们一起去深圳火车站接待室休息，等候前往广州的火车。当天下午四点，钱学森、蒋英一家随中科院特派员朱兆祥登上火车。

在火车上，钱学森向朱兆祥讲述了他被滞留美国的遭遇。蒋英也补充说："我最讨厌的就是那些美国特务，他们平白无故地闯到我家来，在客厅里一声不响地坐上半天，他们以此来恐吓我们，在精神上折磨我们。为了避免牵累朋友们，我们和他们都很少来往，过着孤独的生活，学森也变得沉默寡言了。今天是他五年来说话最多的一天了，回到了祖国，可以自由地说话了。"当晚八点多，他们到达广州。

第二天，在广东省人民委员会的安排下，钱学森、蒋英一家与李正武、孙湘一家游览了越秀山、黄花岗等景点，还参观了农民运动讲习所以及苏联经济及文化建设成就展览会。当天晚上，钱学森、蒋英一家参加了中华全国自然科学专门学会联合会广州分会的招待宴。一系列细致入微的安排让钱学森和蒋英感受到久违的热情。回到祖国的他们，无处安放的心才真正落地。

10月10日上午8时45分，钱学森、蒋英一家在朱兆祥的陪同下乘火车离开广州，二十多小时后抵达上海火车站。提前得知消息的钱均夫特地赶到火车站迎接。另外还有中科院上海办事处及各研究所的负责人等也前来欢迎。

一家人团聚后一起回到了钱均夫居住的愚园路的家。为了庆祝这一天，钱均夫特地买了一套"中国古代名画"仿真件送给钱学森。永刚、永真围绕在爷爷身边。一家人有说不完的话。久受胃病折磨的钱均夫终于盼到阖家团圆，精神也好了很多。

10月13日是一个特殊的日子——永刚的7岁生日，这也是他回国后的第一个生日。当天晚上，钱均夫特地交代义女钱月华煮了面，既庆祝孙子生日，也庆贺阖家团圆。

10月15日—20日，钱学森、蒋英一家四口与钱均夫回杭州探亲。他们探望了卧病在床的大伯父钱泽夫（他的儿子就是诺贝尔化学奖的获得者钱永健的父亲钱学榘）。此行他们还专程为钱学森的母亲扫墓，闲暇时顺便重游西湖。时隔八年，西湖风景依旧，中国已然重生，他们的心情格外明朗。其间，蒋英还陪同钱学森参观了浙江大学。

10月26日，钱学森、蒋英一家暂时告别父亲钱均夫，在朱兆祥的陪同下离沪赴京，并于10月28日抵达北京火车站。中国科学院副院长吴有训和华罗庚、周培源、钱伟长、赵忠尧等科学家和工作人员在车站迎接，欢迎他们的归来。随后钱学森、蒋英一家被安排至北京饭店256、257号房间暂住。10月29日，钱学森、蒋英一家四口早早地来到天安门广场，观看升国旗仪式。看着鲜艳的五星红旗冉冉升起，他们的心情无比激动。

感受祖国的热情

1955 年 11 月 1 日晚 7 时，中国科学院院长郭沫若在北京饭店七楼为钱学森举行欢迎晚宴。蒋英应邀参加。蒋英特地选择了一套中式服装赴宴，大方得体。说起郭沫若，蒋英还曾经讲述过一段不为人知的往事，那就是她的父亲蒋百里与郭沫若的莫逆之交：

> 抗日战争时期两人都到了重庆。郭沫若当时还很年轻，有一次他在街头演讲，宣传爱国抗日，发动群众团结奋战，不料，受到国民党特务和一些坏人的围攻。他们用砖头、石块猛力砸向郭沫若，并且气势汹汹地拥上去抓捕他，要把他置于死地。蒋百里见此情景立即冲上前去，拼命把他救了出来，然后悄悄地把郭沫若藏到自己的公馆里，住了好些日子，事态平息以后，郭沫若才走了出来，算是躲过了这次危难……所以他俩的关系特别好。

这次受邀参加晚宴的还有帮助他们回国的"太老师"陈叔通，以及吴有训、钱伟长、周培源、叶企孙、饶树人、江泽涵、曾昭抡、华罗庚、竺可桢、茅以升、严慕光、秦力生、郁文等。席间郭沫若致欢迎词，钱学森致答谢词。蒋英兴之所及接受邀请清唱了一支德语歌。[1]

郭沫若邀请钱学森、蒋英赴宴的请帖

---

1 樊洪业. 竺可桢全集（第 14 卷）[M]. 上海：上海科技教育出版社, 2008:207.

蒋英在晚宴上演唱德语歌

席间，郭沫若提议大家干杯。郭沫若虽为文人，但性格直爽，酒量也不差。他举杯向钱学森敬酒。钱学森表示感谢但说自己不胜酒力。郭沫若接着向蒋英敬酒。蒋英与郭沫若碰杯后端起酒杯一饮而尽。郭沫若一看蒋英虽为女性，酒力却不弱，有些许惊讶，接着又向她敬酒。蒋英又连干了几杯。几杯喝完，郭沫若直呼喝醉不能再喝。原来，蒋英的父亲蒋百里生前爱好喝酒，且每天必喝。蒋英遗传了父亲，酒量不错，在国外时时常小酌几杯。自此以后，蒋英与郭沫若比酒量成为中科院坊间的一段趣事，而且都说她"喝倒了郭沫若"。

11月4日，受时任外交部副部长章汉夫的邀请，钱学森与蒋英参加了在外交部大礼堂举行的留美中国学者欢迎座谈会。11月5日晚，钱学森与蒋英又出席了中国科学院在西四人民剧场举行的庆祝十月社会主义革命三十八周年纪念会。

1956年2月8日，钱学森与蒋

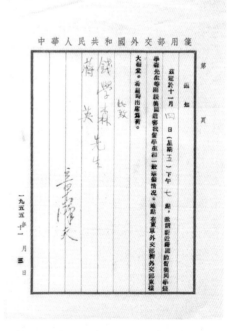

时任外交部副部长的章汉夫致钱学森、蒋英的邀请函

英受邀参加了全国政协第二届第二次会议。

　　1956 年 2 月 11 日，钱学森、蒋英一家四口还受邀参加"春节大联欢"，度过了他们在新中国的第一个春节。在很多人的印象里，春晚始于 20 世纪 80 年代。其实，1956 年的"春节大联欢"才是新中国最早的春节联欢会。为了庆祝 1955 年新中国建设取得的成就，1956 年春节，由人民日报社、新华社等几大新闻媒体联合主办，中央新闻纪录电影制片厂邀请社会各界人士参加录制春节大联欢。除了钱学森、蒋英一家受邀参加，还有著名文学家老舍、巴金、周立波、郭沫若，著名表演艺术家梅兰芳、周信芳、袁雪芬、侯宝林，著名科学家华罗庚、赵忠尧，历史学家范文澜以及其他各个领域的杰出人物，节目精彩纷呈。在录制现场，报告员特别介绍了钱学森、蒋英一家。这也是他们回国后的第一次公开亮相。

Chapter 5

第五章

重归舞台　绽放光彩

回到心之所向的舞台

1956 年 1 月初，中国科学院决定成立力学研究所并报中央批准。钱学森担任首任所长。1956 年 2 月，蒋英的工作也有了着落。文化部根据她填写的回国留学生工作意愿，把她分配到中央实验歌剧院工作。中央实验歌剧院根据蒋英所学的专业背景，安排她担任歌唱演员和声乐教员。

关于中央实验歌剧院的历史，要从新中国成立前说起。延安管弦乐团和延安鲁艺文工团曾经是解放区的著名文艺团体，后分别发展成为华北人民文工团和华北大学文工一团。新中国成立后，华北人民文工团改为北京人民艺术剧院。为了建设一支专业化的音乐表演队伍，1951 年 6 月，文化部召开了全国文工团工作会议，对全国文艺团体重新做出调整与部署。会议明确了各级院团的分工，并决定在中央和大城市设立专业剧院和剧团。据此，1952 年春，北京人民艺术剧院的歌剧部分与华北大学文工一团合并后成立了中央戏剧学院附属歌舞剧院。同年 12 月，文化部发出《关于整顿和加强全国剧团工作的指示》，提出"逐步建设剧场艺术"的目标。1953 年，文化部将歌舞剧院独立出来，成立专业化、正规化、国家级的歌剧团体。时任文化部艺术局副局长的周巍峙因对歌剧的浓厚兴趣，辞去职务，申请到新成立的歌剧院主持工作。在此之前，他谱曲的《中国人民志愿军战歌》被全国人民争相传唱。他认为创建歌剧院是为"开展更多的探索和实验，在原有歌剧的基础上，不断创造水平更高、形式更多样的歌剧"，以满足新时期观众的精神需求。因此，他建议将歌剧院名称定为"中央实验歌剧院"，这一建议得到采纳。

蒋英进入中央实验歌剧院无疑是最合适的安排，因为舞台始终是她心之所向。时隔 9 年，终于回归挚爱的歌唱事业，蒋英倍感珍惜。阔别祖国多年，又是首次回到新中国，她满怀热情，满腔热血地要为祖国的同胞放声歌唱。然而，蒋英又有些许担心和忐忑，于是到歌剧院报到时问负责接待的工作人员："像我这样的演唱方法在你们剧院能够适应吗？你们剧院的工作条件怎样呀？"工作人员回答说："现在剧院里已经有相当一批在国内外学习美声唱法的歌唱家，在这里既担任演员又担任教员。另外还有一个比较完整的交响乐队，可以演奏世界各国的名曲。"工作人员所说的一批歌唱家，包括留学欧美归国的张权[1]、邹德华[2]、李维渤[3]等，还有国内院校培养的楼乾贵[4]、邓绍琪、李晋玮、殷韵含，以及新中国成立后派往苏联学习归来的李德伦、韩中杰、仲伟等。

以上歌唱演员都是在蒋英之前进入中央实验歌剧院的，另外还有钢琴伴奏刘祖祥（1950年加入）和周佳丽（1952年加入）等。蒋英在中央实验歌剧院工作期间，还有李光羲、潘英峰、郑兴丽（留苏回国，1956年加入）等专业歌唱演员加入。

听了回答后，蒋英的顾虑有所打消。为了培养艺术人才，周巍峙院长提出"半日办学校，半日办剧院"的口号。因此，歌剧院的歌唱演员除了演出，还要教授二到四名年轻演员，为他们上声乐课，或合唱训练等。蒋英也不例外，一方面要担任独唱，另一方面也承担一定的教学任务。值得一提的是，著名表演艺术家于是之的夫人李曼宜当时也在歌剧院工作，还被分配成为蒋英的学员，每周学习一次。后来，她回忆起这段经历仍记忆犹新：

> 她（蒋英）很热情，有时叫我们到她家里去上课，在那儿总能欣赏到很多歌唱家优美的录音。
>
> 一次，正巧遇见钱先生下班回来了，这是我们第一次见到这

1　张权（1919—1992），女高音歌唱家，1952年加入中央实验歌剧院。

2　邹德华（1926—2016），女高音歌唱家，1950年毕业于美国茱莉亚音乐学院歌剧系，同年回国后加入北京人艺剧团，后被并入中央实验歌剧院。

3　李维渤（1924—2007），男高音歌唱家，1952年学成归国后于1954年加入中央实验歌剧院担任独唱演员兼声乐教员。

4　楼乾贵（1923—2014），男高音歌唱家，曾同时就学于震旦大学医学院和上海国立音专，1955年入中央实验歌剧院。

位大科学家，大家都有些紧张。

其实钱先生是非常平易近人的，他让我们都坐下，还跟我们很随便地聊起来了。他用最通俗的语言给我们讲导弹是怎么回事……给我留下很深的印象。[1]

蒋英工作不久，歌剧院给她分配了钢琴伴奏，并提供开小型音乐会的机会。教学上，蒋英既要教本院的学生，也要辅导其他兄弟团体的学员。1956 年，文化部选派中央音乐学院的苏凤娟、丁善德赴民主德国参加舒曼艺术歌曲比赛及音乐会演出。蒋英领了一个新任务：对苏凤娟进行辅导。1955 年，苏凤娟从中央音乐学院毕业并留校任教，在此之前从未接触过德国艺术歌曲。蒋英接到任务后，热情地教她德文歌词及歌曲的艺术风格。在蒋英的精心辅导下，苏凤娟用不到一个月的时间，突击学习了《月夜》《奉献》等十首舒曼艺术歌曲，便赴德参加比赛和演出。苏凤娟虽然最终没能入围复赛，但后来在莱比锡音乐学院礼堂的演出获得好评，尤其是她演唱的《月夜》被莱比锡音乐学院的老师评价为"使大家的灵魂真的要飞走了"。为此，苏凤娟对蒋英非常感激。[2]

鲜为人知的陪同访苏之行

蒋英刚工作不久后，有一次陪同钱学森访苏的行程。因当时行程保密，故过程鲜为人知。1956 年 6 月 20 日至 7 月 21 日，应苏联科学院的邀请，中国科学院批准钱学森、蒋英夫妇前去莫斯科进行学术访问。为了便于与苏联沟通，钱学森还申请了一位俄语翻译同行。苏联科学院之所以盛情邀

1 李曼宜. 我和于是之这一生 [M]. 北京：作家出版社，2019:124.

2 天津市政协文史资料委员会天津市口述史研究会. 天津文史资料选辑（影印本）[M]. 天津：天津人民出版社，2014:166.

请钱学森夫妇，一方面是因为钱学森在美国时在航空领域取得的成就，尤其是他新出版的《工程控制论》在世界科技界引起广泛关注，还被翻译为俄文在苏联出版，另一方面，苏联科学界也想通过钱学森了解美国乃至世界航空的发展进程。

6月19日上午8时许，钱学森、蒋英与翻译吴鸿庆从北京西郊军用机场搭乘飞机起飞，当天傍晚抵达苏联的伊尔库茨克机场休息。休息6个多小时后，次日凌晨飞机再次起飞，于20日下午1时左右抵达莫斯科机场，全程飞行时间近24个小时。苏联科学院对外联络局以及中国驻苏联大使馆派人到机场迎接他们。

随后，钱学森、蒋英一行被安排在位于莫斯科市中心的列宁格勒饭店。虽然蒋英是陪同出访，但苏联考虑周到，得知她是音乐家，便安排了莫斯科东方语言学院大四的学生谢洛娃为蒋英担任翻译兼向导，还专门为她单独配了一辆车。这样一来，白天钱学森忙于学术活动时，蒋英也可以单独行动，由俄语翻译带她参观各大音乐学院和大剧院。谢洛娃也被蒋英的人格魅力和艺术造诣所感染，回忆道："和这位充满魅力的中国女士度过的几天，让我明确了方向。"受蒋英影响，谢洛娃读研究生时将研究方向由原来的语言学研究转为中国戏剧。

蒋英与吴鸿庆（钱学森摄）

到了晚上，苏联科学院安排钱学森与蒋英一起观看一些文艺演出，例如去莫斯科大剧院看芭蕾舞。苏联的芭蕾舞水平世界闻名，而莫斯科大剧院上演的芭蕾舞又代表苏联的最高水平，因此令蒋英和钱学森印象深刻。钱学森看后评价道："苏联芭蕾舞的水平是全世界第一流的。"除此以外，苏联科学家还自掏腰包举办私人宴会，宴请钱学森、蒋英夫妇，显示苏方对两人的重视。

到了周末，钱学森没有学术活动时，苏联方面安排钱学森、蒋英一起去参观了红场的列宁墓、斯大林墓，还驱车一两百公里，去图拉参观托尔斯泰的故居。[1]另外，在苏方的安排下，他们还参观了莫斯科的展览馆、博物馆、美术馆等。

钱学森与蒋英一行参观红场

钱学森在莫斯科（蒋英摄）

1 熊卫民.吴鸿庆教授访谈录——忆1956年钱学森首次访苏[J].科学文化评论,2017,14（1）:74-81.

由于当时美苏对抗的国际环境以及钱学森的特殊身份，中国科学院对外联络局特别叮嘱吴鸿庆，此次访苏不见报、不宣传。苏联方面对于所有的访问和学术活动都没有报道和拍照，甚至苏联科学家私人宴请他们时都没有合影留念。因此，虽然钱学森和蒋英随身带着相机，但拍的照片非常少，仅有几张非正式活动照，对外公开的更少之又少。

7月21日，钱学森、蒋英、吴鸿庆一行三人结束访苏行程，乘飞机返国。当飞机在蒙古乌兰巴托飞机场转机时，蒋英看到广袤的草原上分散着的蒙古包，非常兴奋。行程即将结束，心情随之放松的钱学森拿出相机，为蒋英拍照留念。

蒋英在乘坐的飞机旁（钱学森摄）

此次苏联之行，蒋英虽然是陪同出访，但通过参观莫斯科的展览馆、艺术馆等，以及观看歌剧、芭蕾舞剧及音乐剧，领略了苏联的艺术水平，也是一次业务考察。在此之前，蒋英了解更多的是欧美音乐，在中央实验歌剧院工作后通过参加苏联专家的声乐培训班，才开始逐渐了解苏联声乐技术和歌剧的发展。

20世纪50年代，由于中苏关系友好，中国的社会主义建设全面学习苏联，如科学技术、文化艺术和教育等都学习苏联模式。当时的声乐教学也受到苏联声乐专家讲学的影响。

1954 年冬，苏联莫斯科音乐剧院受邀来北京演出，让国人感受到苏联音乐艺术的高超水准，在现场观看演出的周恩来总理表示希望中国也能有如此高的声乐水平。因此，文化部决定邀请歌剧舞台实践经验丰富的苏联声乐专家来华授课。1955 年，文化部从莫斯科聘请了男中音歌唱家梅德维杰夫和花腔女高音歌唱家瓦·阿·吉明采娃到中国来授课。他们都曾经是莫斯科大剧院的演员，在许多经典歌剧中扮演过主要角色。吉明采娃曾经扮演了意大利著名歌剧《茶花女》和俄罗斯著名歌剧《雪姑娘》的女主角。后来，他们退出舞台后开始在莫斯科音乐学院任教。1955 年，他们受聘到中国开设声乐训练班，辅导中国声乐教员的教学，历时一年。其中，梅德维杰夫在中央音乐学院（当时院址在天津）授课，吉明采娃在中央实验歌剧院讲学。这两位音乐家对新中国的音乐人才培养和师资队伍建设有很大帮助。

苏联专家声乐训练班的名额有限，学员的选拔也是有条件的，分为正式学员和旁听生。正式学员由北京及地方的歌舞团、剧院推荐。梅德维杰夫专家班的学员从天津、上海等艺术院校选拔。吉明采娃专家班的学员则由中央实验歌剧院和各地方剧院、歌舞团推荐。中央实验歌剧院推荐的正式学员有张权、李光羲、李波、管林、王琴舫、刘克、吴道苓等。总政歌舞团推荐的有徐有光等。后来成为著名电影表演艺术家的谢芳曾作为中南区唯一保送的旁听学员参加了该培训班。她回忆起吉明彩娃授课时的情形时说：

> 吉明采娃五十多岁，头发花白，身材矮胖，喜欢穿花色衣裙，一双炯炯有神的眼睛在近视镜的后面闪闪发光。她性格活泼、热情，如果对哪位学生表示得意，便喜形于色。她是花腔女高音，偶尔也示范几句，她声音洪亮清脆，气息通畅丰满。在讲课中，她强调声音要靠前，胸腔和腹部、腰部、横膈膜、要饱满、扩张，使气息打在前腭上，用"o"进行音阶练习。

吉明采娃还以参加教学观摩课的方式，对中国声乐教员的教学进行辅导，即中国声乐教员上课时，亲临现场听课并指导。蒋英曾参加过几节这样的教学观摩课。结束后，她总结道："苏联专家能把意大利、德国、法国学派的优点都吸收进来、归纳起来、融会贯通，并及时运用到教学中去。"

吉明采娃的声乐训练班结束后，中央实验歌剧院将她的授课记录编印成册，分发给院内及其他歌舞团体供内部学习之用，这样即使没有机会成为学员的也可以学习。通过授课记录，蒋英又对吉明采娃的授课内容进行深入学习和研究。而且，通过与苏联专家的交流，蒋英也学会了演唱一些苏联歌曲。

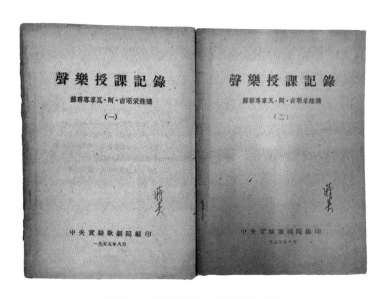

蒋英收藏的苏联专家吉明采娃授课记录

当吉明采娃在中央实验歌剧院任教满一年后，剧院领导希望由她指导声乐训练班学员，排演一出完整的欧洲经典歌剧作为学员的结业汇报。吉明采娃根据班上学员的声部、音色和形象，建议排演中文版的《茶花女》，这也是她最熟悉的作品。为了提高教学成效，中央实验歌剧院认为，该剧不能仅仅作为专家班学员的汇报表演，还应扩展为剧院的公演剧目，并由此推向中国的歌剧舞台。因此，除了专家班学员，中央实验歌剧院还挑选了一些演员如沈湘、李维渤等参加排演。这样，同一个剧的一个角色有多人饰演。蒋英因进入中央实验歌剧院的时间较短，未能出演该剧。

周恩来总理非常关心此次声乐专家训练班的教学成果，为此，他与时任文化部副部长夏衍亲临结业评试。周总理不仅观看了专家班学员《茶花女》的汇报表演，还希望听一听专家班学员的汇报。因张权在外演出，剧院安排蒋英做汇报。蒋英演唱了德语歌《夏日里最后的玫瑰》。

亮相首届"全国音乐周"

蒋英工作后不久，就迎来了新中国成立后首次全国性的音乐艺术盛会——第一届"全国音乐周"。无论从主办单位的规格、活动规模还是参与人数来看，都称得上新中国成立后史无前例的音乐盛事。受中央实验歌剧院的派遣，蒋英参加了这届音乐周，不仅做了一场学术讲座，还在闭幕式上自弹自唱。这是她在新中国专业舞台上的初次亮相。

说起第一届"全国音乐周"，不得不提新中国的文艺方针。新中国成立后，毛主席先后在不同场合发表对艺术发展的倡议。1951年，他为中国戏曲研究院题词时提出艺术创造要"推陈出新、百花齐放"；1953年毛主席对历史研究提出要"百家争鸣"。

20世纪50年代初，新中国对外交流推动了艺术的发展。1955年，国家派遣歌剧、舞剧的考察小组，赴苏联学习交流，观摩歌舞剧演出，并将歌剧演出资料引进国内。1956年4月28日毛主席在中央政治局扩大会议上，正式完整地提出："艺术问题上的百花齐放，学术问题上的百家争鸣，我看应该成为我们的方针。"[1]5月2日，毛主席在最高国务会议第七次会议上正式宣布将"百花齐放、百家争鸣"（简称"双百"）作为党发展科学、繁荣文学艺术的指导方针。5月26日，时任中共中央宣传部部长的陆定一向知识界作了题为《百花齐放、百家争鸣》的讲话，他说：

要使文学艺术和科学工作得到繁荣和发展，必须采取"双

---

1 中共中央文献研究室. 毛泽东文艺论集 [M]. 北京：中央文献出版社, 2002:143.

百"的政策……我们所主张的"百花齐放、百家争鸣"是提倡在文学艺术工作和科学研究工作中有独立思考的自由，有辩论的自由，有创作和批评的自由，有发表自己的意见、坚持自己的意见和保留自己的意见的自由……中共中央指出，必须坚持这样的原则：在学术讨论中，任何人都不能有什么特权……学术批评和讨论应当是说理的、实事求是的。

在新中国正确的文艺工作方针指导下，音乐工作者的热情高涨，大大激发了积极性和创作力，使音乐艺术事业迎来一段黄金发展期。为了推动音乐创作，选拔优秀作品，反映新中国成立以来的创作现状，满足广大人民群众精神文化需求，文化部和中国音乐家协会（以下简称"中国音协"）决定联合举办第一届"全国音乐周"，并于 1956 年 2 月 21 日向全国各省、自治区、直辖市文化局及各地音协发出通知和计划草案。通知中强调："必须注意民族、民间音乐作品，选择其中经过加工整理或改编的节目……个别特别优秀的业余民间音乐独唱独奏者，其演唱作品虽未经整理加工，亦可参加演出，但应是具有特点的个别节目。"计划草案要求各地于 5 月底前将参演作品目录以及乐谱交送音乐周筹备委员会，于 6 月 20 日确定最后参演作品和人数。

3 月 15 日，文化部和中国音协召集 23 个省市的 30 余名代表举行音乐周筹备会议，着重讨论音乐周的性质、内容和作品范围等问题，以及组织工作、参演人数、是否评奖等，还对演出时间、经费、场数、宣传等事宜逐项讨论，讨论结果以书面通知正式下发相关部门。[1] 第一届"全国音乐周"通过《人民音乐》1956 年 3 月刊向全国发布征集新作品的通知。

6 月 14 日，第一届全国音乐周筹委会在北京成立。在筹委会工作部署下，文化部门和地方音协等有关单位建立了以省、自治区、直辖市为单位的音乐周筹备工作组。北京地区的筹备工作小组由中央乐团、中央实验歌剧院、电台广播乐团和北京群众艺术馆等五家单位组成。[2] 工作组负责音乐

1　萧舒文 .20 世纪中国笛乐 [M]. 北京 : 文化艺术出版社 , 2013：42.
2　本刊编辑部 . 各地积极筹备音乐周工作 [J]. 人民音乐 , 1956,6（7）：1-2.

周演出前的所有计划和准备工作，包括作品征集、挑选、审核和后期节目演出指导等。

作为北京筹委会的成员单位，中央实验歌剧院派出了重要阵容参加，其中包括蒋英、李波[1]等。蒋英还通过订阅的《人民音乐》实时关注音乐周的筹备工作和进展。

为了迎接"全国音乐周"的到来，中央人民广播电台与北京人民广播电台开设"迎接音乐周"特别节目，以录音形式报道各地艺术团体、音乐家创作、排练情况，以及各地音乐界人士和优秀演员座谈等等。

1956年8月1日傍晚，第一届"全国音乐周"在中山公园音乐堂盛大开幕。刘芝明在开幕式上发表讲话：

> 这次音乐周是个"百花齐放"的音乐周。音乐周演出的节目很丰富、很多彩，各个时代、各种题材、各种形式和风格的音乐作品，在音乐周都得到了比较充分的反映。这样丰富多彩、规模宏大和具有广泛代表性的音乐会演，在中国历史上还是空前的。

音乐周的参演节目既有专题性音乐会，也有综合性演出；既有反映现实生活的新作品，也有流传已久的民族民间音乐；既有社会主义同盟国（如苏联）作曲家的作品，也有其他外国古典作曲家的经典作品。

1956年8月，蒋英从苏联回来后参加了音乐周的活动，并做了一场报告，还在闭幕联欢会上现场演唱。蒋英后来这样回忆参加音乐周的情景：

> 1956年全国第一届音乐周时，我不但参加了独唱音乐会，做了关于西欧声乐发展史的报告，最难忘的是闭幕联欢会上，我自弹自唱了几首莫扎特和舒伯特的歌曲。节目演完后，敬爱的周总理向我们坐的地方走来，李波将我介绍给总理，并说："她唱得多

---

1 李波（1918—1996），女高音歌唱家、歌剧演员，长于演唱陕北及山西等地的民歌。因出演新歌剧《白毛女》的黄母广受好评。新中国成立后在拍摄电影《白毛女》时，仍扮演黄母。1949年在第二届世界青年与学生联欢节上获演唱银质奖章。

好啊！"周总理回答："好！好！但是我听不懂呀！"回家的路上我一直在琢磨这句话的意思，终于悟出了其中的含义，用外文唱外国歌，有多少人能听得懂呢？

音乐周自 8 月 1 日开幕，到 8 月 24 日闭幕，历时 24 天，共有 34 个单位参加会演与观摩；来自全国的作曲家、歌唱家、演奏家、古乐家、歌剧演员、民间艺人、音乐理论家、诗人等近 4500 人参与，其中有十几个民族的代表，堪称"音乐全运会"。

与钱学森共论民族音乐发展

新中国的成立以及音乐工作的需要，使得一些在不同音乐文化环境中成长起来，特别是来自曾经国统区和解放区的音乐家们能够面对面地展示与交流彼此的音乐才能，但由于教育背景以及音乐观念等的不同，彼此间在不少音乐问题上的分歧也开始比较尖锐地凸显出来。1949 年底，中华全国音乐工作者协会（中国音协前身）和中央音乐学院为帮助大批在战争环境中投身革命、缺乏音乐学习条件的音乐工作者解决工作和学习中的困难，并帮助他们研究一些亟待解决的问题和交流艺术实践经验，设立了音乐问题通讯部，这个通讯部根据当时声乐界面临的情况，发动了一场关于"土唱法"和"洋唱法"的讨论。此后，引发中国声乐史上至今最激烈的一场争论——"土洋之争"。[1]

"土洋之争"在 20 世纪 50 年代集中爆发出来。"双百"方针确立后，文艺界深受鼓舞，开始了关于音乐舞蹈的民族风格问题的又一次大讨论。加之政府组织的参与和全国性会议的召开，使得"土唱法"与"洋唱法"

1　吉佳佳.声乐艺术史与教学实践研究（上册）——声乐艺术史研究 [M]. 哈尔滨：哈尔滨地图出版社，2012:150.

的大讨论也随之展开。《人民日报》《光明日报》《解放军文艺》《人民音乐》等纷纷刊登讨论文章，发表不同意见和看法。

蒋英和钱学森也参与了大讨论，且为此合作撰写了一篇题为《对发展音乐事业的一些意见》的文章，发表在 1956 年 9 月 29 日的《光明日报》上。蒋英和钱学森在文中发挥各自所长，对民族音乐的发展提出可行的建议。

文章的前半段是蒋英从艺术专业的角度分析为何要学习西洋音乐。文中写道：

> 我们现在已经肯定了文艺的方针是"百花齐放，推陈出新"。关于这个方针的讨论也已经很多，而且也非常透彻，也许可以说是够多的了。方针讨论得太久，而不想一想具体执行的方法和步骤，那就容易流于说空话，绕圈子。

因此，她提出了两个具体的问题，第一个问题是"如何吸收西洋音乐的长处"。蒋英认为西洋音乐虽不是最先进的，也有不如民族音乐的地方，比如中国的横笛比西洋横笛有优势，可以吹滑音。但还是应该学习西洋音乐先进的地方，取长补短，为民族音乐所用。

蒋英提到的第二个问题是"如何继承我国民族音乐的遗产"。她认为国内并未真正重视民族音乐的传承。例如中国优秀的乐器古琴等就有后继无人的情况。另外，民乐中优于西洋乐先进的发声方法也未好好总结，应该多向民间老艺人学习。

文章的后半段则是钱学森用科学的分析和数学统计来说明，虽然社会主义建设用钱的地方多，但仍有必要扩大投资，建设一支与社会主义建设相匹配的专业音乐队伍。

蒋英、钱学森在文中认为当时音乐界值得焦虑的是不重视民族传统音乐的现象，这一见解得到作曲家、指挥家、音乐理论家李焕之的认同。[1]

1　梁茂春.梁茂春音乐评论选 [M].上海：上海音乐学院出版社，2017:73.

1956 年 9 月 29 日《光明日报》刊载的蒋英、钱学森的文章

这篇文章还引起武侠小说作家金庸的注意，他专门就此文写了一篇《钱学森夫妇的文章》，发表在香港《大公报》的"三剑楼随笔"专栏上。这是《大公报》专门为他、梁羽生和陈凡（百剑堂主）三人开辟的。前文所提的金庸对蒋英演唱会最为人熟知的那段评价，也是出自这篇文章。

金庸首先回忆了 1947 年听蒋英演唱会的情形：

> 十年之前的秋天，那时我在杭州。表姐[1] 蒋英从上海到杭州来，这天是杭州笕桥国民党空军军官学校一班毕业生举行毕业礼，那个姓胡的教育长邀她在晚会中表演独唱，我也去了笕桥。
>
> 蒋英是军事学家蒋百里先生的女儿，当时国民党军人有许多是蒋百里先生的学生，所以在航空学校里，听到许多高级军官叫她为"师妹"。那晚她唱了很多歌，记得有《卡门》《曼侬·郎摄戈》等歌剧中的曲子。不是捧自己亲戚的场，我觉得她的歌声实在精彩之极。她是在比利时与法国学的歌[2]，曾在瑞士得过国际歌唱比赛的首奖，因为她在国外的日子多，所以在本国反而没有什

---

1 金庸原名查良镛，与蒋百里的原配夫人查品珍是近亲，故与蒋英是亲戚。
2 金庸回忆有误，蒋英主要是在德国、瑞士、意大利等地学习唱歌。

么名气。她的歌唱音量很大，一发音声震屋瓦，完全是在歌剧院中唱大歌剧的派头，这在我国女高音中确是极为少有的。

随后，金庸提到蒋英与钱学森结婚后的变化：

她后来与我国著名的火箭学家钱学森结婚。当钱学森从美国回内地经过香港时，有些报上登了他们的照片。比之十年前，蒋英是胖了好多，我想她的音量一定更加大了。

接着，金庸点评了蒋英与钱学森文章中的观点：

最近在内地的报纸上看到他们夫妇合写的一篇文章，题目是《对发展音乐事业的一些意见》，署名是蒋英在前而钱学森在后。我想这倒不一定是"女人第一"的关系，因为音乐究竟是蒋英的专长。

这篇文章中谈的是怎样吸收西洋音乐的长处和怎样继承我国民族音乐遗产的问题。他们认为我国固有的音乐有很多好处，例如横笛的表演能力，就远胜西洋的横笛（西洋横笛用机械化的键，不直接用手按孔，所以不能吹滑音），但西洋音乐也有很多优点，要学习人家的长处，就必须先达到西洋音乐的世界水平。

目前，我们离这水平还很远。他们觉得目前对民族音乐重视不够，像古琴的演奏就大有后继无人的危险。我国歌剧的歌唱法与外国歌剧是完全不同的，而我们对所谓"土嗓子"的唱法还没有好好地加以研究。

金庸认为文中有关数学统计分析的部分是钱学森提出的：

火箭学家对数学当然很有兴趣，所以这篇文章有很多统计数字。他们假定，一个人平均每四个星期听一次音乐节目（歌剧、管弦乐、器乐或声乐）决（绝）不算多，假如每个演员每星期演出三次，每次演奏包括所有的演奏者在内平均二十人，每次演出听众平均二千人，我国城市里的人口约为一亿人。火箭学家一拉算尺，算出来为了供给这一亿人的音乐生活，需要有八万三千位音乐演奏者。再估计每个演奏者的平均演出期间为三十五年，那么每年音乐学校就必须毕业出二三八六人来代替退休的老艺人。再把乡村人口包括在内，每年至少得有五千名音乐学校的毕业生。

如果学习的平均年限假定为六年，那么在校的音乐学生就得有三万人以上，假定一个音乐老师带十个学生，就得有三千位音乐教师。他们认为这是一个最低限度的要求，但目前具体的情况与这目标相差甚远。他们谈到最近举行的第一届全国音乐周，认为一般说来还只是业余的音乐水平。这对科学家夫妇又用科学来相比："业余音乐是重要的，但正如谁也不会想把一国的科学技术发展寄托在业余科学家们身上一样，要发展我国的音乐事业也不能靠一些业余音乐家们。"

最后，金庸巧妙地总结到这篇文章是科艺结合的成果：

我觉得这篇文章很有趣味，正如他们这对夫妻是科学家与艺术家结合一样，这篇文章中也包括了科学与艺术。

在自然科学、艺术（西洋部分）、体育等方面，我国过去一切落后。现在，在自然科学上，有钱学森、华罗庚等等出来了。

事实上，这场讨论最初的目的是探讨民族传统声乐演唱方法与西洋传统演唱方法的融合与创新，从而提高中国民族声乐艺术的发展。可是，由于种种原因，原本单纯的争论变成了两种唱法的支持者之间相互对立、相互排斥、相互诋毁，甚至是相互残害。例如，许多音乐工作者简单地把它理解为"洋嗓子"和"土嗓子"，将两者完全对立起来。其中一些人片面强调西洋唱法理论体系完整，贬低民族唱法、"戏歌唱法"（戏曲与民歌唱法）不科学，而另一些人则指责西洋唱法声音颤抖、咬字不清，认为学习洋唱法就是"崇洋媚外"等。但难得的是，还有一些像蒋英一样的歌唱家，提倡不要一味地争论，而要全面地分析和研究问题，透过现象抓住问题的实质，倡导辩证地认识和处理"土唱法"和"洋唱法"。

在"全国声乐教学会议"上倡"洋为中用"

1956 年 8 月 4 日，时值第一届"全国音乐周"召开之际，文化部正式发出了将于 1957 年初召开全国声乐教学会议的通知。通知指出："几年来各音乐院校和部分专业团体的声乐教学工作虽已取得了比较显著的成绩，但也存在着不少问题。鉴于声乐艺术和广大群众有着非常密切的联系，声乐干部的培养又是提高声乐艺术的一个重要环节，因此决定召开这次全国性声乐教学会议。"蒋英受邀参加了这次全国声乐教学会议。

这次全国声乐教学会议的召开也是因为音乐领域的"土""洋"之争。从 1949 年冬到 1950 年初，中国音协和中央音乐学院共同举行了唱法问题的座谈会，对"土""洋"之争的片面性提出批评，且澄清了很多对唱法问题的看法，但有很多问题仍未得到解决。党的第八次全国代表大会向全国文艺工作者提出创造社会主义的民族新文化的任务。因此，解决制约声乐艺术发展的重大问题显得尤为迫切。在此背景下，文化部决定召开全国声乐教学会议。

1956 年 5 月 21 日—24 日，文化部首先在位于天津的中央音乐学院召开了全国声乐教学会议的预备会。来自全国各音乐院校、专业团体的声乐教学负责人及声乐专家共 23 人参加了会议。会议一致认为，通过召开一次全国性声乐教学会议来解决声乐教学中的许多重大问题、明确声乐教学的方针将具有非常重要的意义。

1957 年 2 月 13 日，全国声乐教学会议在新建成的文化部大楼正式举行，历时 9 天。共 150 余人受邀参加，规模空前，既有应尚能、黄友葵等老一辈音乐家，也有来自全国各地音乐院校、师范学院音乐系科和各专业艺术团体的代表；既有擅长西洋或中国传统唱法的声乐教师、学生、歌唱演员和戏曲名家，也有来自苏联和罗马尼亚等社会主义国家的部分在华声乐专家。在"双百"方针的鼓舞下，大会围绕声乐教学会议的主旨，就如何继承中外声乐遗产、如何做好民族歌唱班的教学等诸多问题进行了热烈讨论。

蒋英参与了主题发言环节，发言的题目为《西欧声乐技术和它的历史发展》。

在发言的第一部分中，蒋英从西欧的"民歌"谈起，介绍了法国"游唱歌手"和德国的"恋爱诗人"，接着介绍了教堂乐，然后详细介绍了文艺复兴后歌剧的创立和在意大利、法国、英国和德国的发展，随后又介绍了德国艺术歌曲和代表艺术家马勒以及他根据中国唐诗写成的《大地之歌》。通过对西欧声乐发展历程的分析，蒋英认为，西欧声乐艺术之所以有突飞猛进的发展，得益于欧洲资本主义的经济发展。

在发言的第二部分，蒋英介绍了西欧声乐的古典唱法和现代唱法。蒋英谈到，古典唱法即"美唱"，有三个特点：（1）歌声的纯和美；（2）控制呼吸的技巧；（3）有表情的道白。蒋英还分别介绍了古典唱法的名师，如F.比斯多契、皮尔·弗朗西斯科·多西、N.A.包尔布拉等各自的声乐教学特色。对于现代唱法，蒋英通过介绍具有代表性的现代声乐家，分析了西欧声乐方法取得的进步。例如，F.朗拜尔提和G.B.朗拜尔提父子通过研究呼吸方法来控制声音；德国著名歌唱家利里·雷曼（Lilli Lehmann）通过分析歌唱与生理的关系，教学生学会头腔共鸣；英国歌唱家亨利·J.伍德提出了1470个发声练习；西班牙音乐家曼努埃尔·格尔西亚是首位从科学的立场来研究发声器的构造与应用的。

然后，蒋英提出了自己的看法：（1）可以通过学习和吸收"美唱"的技术，结合本国的语言和民族风格，创立自己的派别；（2）歌唱家只要具备悦耳的声音、自然的呼吸和深厚的艺术修养，都会被各地各国的人民所喜爱；（3）在百花齐放、百家争鸣的社会主义中国，可以通过取各人所长、各国所长共同进步。

蒋英还特别指出了西方声乐存在的问题，并结合个人所学介绍了一些声乐技术，她提出，唱歌的基本机理分为三部：（1）歌唱的动力，即呼吸；（2）音源，即歌喉；（3）歌唱的共鸣，即咽颚、口腔、鼻道、头部、胸部及整个身体的共鸣。

随后，蒋英对声乐教育提出了自己的看法：（1）应该将西欧声乐的长处与民族音乐相结合，推陈出新；（2）发扬民族唱法和丰富的色彩等技巧；（3）可以通过习练气功训练呼吸，练太极拳放松和控制全身肌肉；（4）将许多优秀的民族乐器形成有效组合，使得伴奏更多彩。

在发言的最后一部分，蒋英特别指出西洋发声法并非完全科学的方法，应该充分利用我国民间艺人的经验和传统创造出真正的科学声乐发声法；对欧洲声乐应该批判地吸收，继承优点，摒弃缺点，从而发展民族声乐。

除了蒋英，喻宜萱、程砚秋、李少春、郭兰英、白凤鸣、傅雪漪和莫斯科音乐学院发音学实验室主任彼得罗夫等，分别就中国戏曲、说唱等传统声乐唱法中的训练方法和嗓音科学等问题进行了专题发言。

此次全国声乐教育会议讨论通过了声乐教学大纲的总则，即："教学要在继承和发扬五四以来的传统声乐唱法上吸取民族声乐艺术的优秀传统……同时学习苏联和西欧声乐艺术和声乐教学的优秀成果和经验，使西欧传统的唱法和中国的实际相结合，以逐步建立中国民族的声乐教学体系。"[1]

全国声乐教学会议结束后，为了贯彻会议精神，上海音乐学院于9月份开始试办民间演唱专业，1958年下学期，上海音乐学院大学部声乐系及附中都正式成立了民间演唱专业。而东北音乐专科学校已于1956年设立了民间演唱专业。民间演唱专业在音乐院校的开办，标志着"土唱法"开始进入体制教育，声乐民族化探索逐步深入。[2]

加入全国巡演，为工人献唱

虽然国内倡导"百花齐放、百家争鸣"的文艺方针，但普通观众对国外歌曲知之甚少，更谈不上懂得欣赏。蒋英所学的欧洲艺术歌曲遭遇冷遇。从那以后，蒋英下决心学中国歌曲。起初她认为这事难不倒她，可是她第

---

1 记者.记全国声乐教学会议 [J].人民音乐，1957，3:23.

2 冯长春.历史的批判与批判的历史——冯长春音乐史学文集 [M].北京：文化艺术出版社，2012:388.

一次表演时并不受欢迎。与蒋英有同样感受的还有从国外回来的张权、邹德华等。邹德华从美国学成归国后发现自己演唱中国歌曲时存在吐字不清的问题。在她第一次演出后，人们的评价是："像个外国人唱中国歌！光有母音，没有子音等。"

蒋英为此变得不自信，内心很苦闷，于是跟上级汇报说先加强学习再上舞台。歌剧院的领导鼓励她，说学习与舞台实践相结合才能更快地提升。于是蒋英接受领导的建议，边学边演出。刚开始，蒋英不懂汉语的四声，不懂诗词的音韵，更无法表现作品的风格。在歌剧院同事的帮助下，蒋英拜老艺人为师，先学京韵大鼓、单弦，后来还学唱京剧、昆曲，从而更好地掌握汉语吐字和发声技巧，领会民乐的精髓。除了跟老艺人学习，蒋英还被歌剧院安排担任大型歌剧《赤叶河》的声乐指导。[1] 此剧创作并首演于1947年。1957年，该剧由剧作者改动后，由中央实验歌剧院与天津人民艺术剧院演出。该歌剧的音乐以山西武乡、左权、襄垣等地的秧歌曲牌和民歌音调为主要素材，并吸收上党梆子和山西民间说唱音乐的某些成分，加以糅合和戏剧化的创编。这些民乐类型对蒋英来说是很大的挑战，但通过学习，她逐渐领会了其中蕴含的朴实而动人的真挚情感。

功夫不负有心人，经过一年的学习，蒋英的水平有了很大进步，领导

蒋英（右）在演唱《玛丽诺之歌》，钢琴伴奏为刘祖祥（左）

听后告诉她可以上台演唱中国歌曲了。蒋英非常兴奋。1957年，蒋英开始随团到全国各地巡回演出。3月17日—28日，应中国音协西安分会、陕西省文化局的邀请，中央实验歌剧院派团赴西安演出。团员包括蒋英、张权、楼乾贵、郑兴丽、李维渤、潘英锋、李光羲，共举行了10场音乐会。蒋英演唱了苏联经典电影《蜻蜓之歌》插曲《玛丽诺之歌》等。

1　陈浩. 尺素海宁——当代信札展作品集 [M]. 杭州：西泠印社出版社，2016:72.

因演出反响热烈，1957 年 3 月 29 日—4 月 3 日，中央实验歌剧院又派蒋英、张权、李光羲、郑兴丽、楼乾贵、李维渤、潘英锋组成的七人演出小分队赴成都四川剧院举行独唱音乐会，[1] 接下来又去重庆、武汉举办音乐会，再次大获成功。他们演唱的曲目内容广泛，古今中外的民歌、革命歌曲、艺术歌曲、歌剧咏叹调等无所不包。七个演员每场要唱五十首左右的歌曲。虽然演出现场只用一架钢琴伴奏，没有电子扩音设备，但丝毫不影响他们的演出水准。他们每到一处均受到热烈欢迎。蒋英一行用精彩的演唱征服了观众，连能容纳 3500 名观众的重庆大礼堂，也场场客满。这次巡演既开国内"独唱音乐会巡回演出"的先河，又向新中国的广大普通观众介绍了世界发达国家的音乐艺术，在今天看来仍是形式新颖、盛况空前。蒋英回忆起重庆的那场巡演时说：

> 我出去巡回唱，有一次在重庆还唱了一次"返六场"。多少年以后，我们的领队给我们寄个贺年卡还会提到，还记着你当时在重庆歌唱时唱"返六场"吗？我很骄傲，我热爱舞台。我有我的家庭，但是我还要我的舞台。

1957 年，蒋英在院内的一次会议上，阐述了自己在中央实验歌剧院工作以来的感受：

> 我是留德的。1955 年底从美国回来，1956 年参加歌剧院工作，领导上不久就给我分配伴奏，要我给同学们开小型音乐会，节目完全由我自己选择。接着天津中央音乐院邀请我演唱，第一届"全国音乐周"的独唱会我亦被邀请参加，以后还担任过歌剧院歌舞晚会、独唱音乐会及其他联欢性质的晚会等的节目。今年春天我又参加去西北巡回演出，领导上还给我请老师让我向民间艺人学习，使我更好地掌握汉语吐字的技术。在教学方面除分配我本院的同学外，还要我担任其他兄弟团体的辅导工作。在今年

1　四川省地方志编纂委员会.四川省志·文化艺术志 [M].成都：四川人民出版社，2000:168.

春天在北京召开的声乐教学会议上，由我负责作了有关西欧声乐发展史的报告。这一系列的任务都是说明党重视我。在工作中我是有困难的，例如在我第一次以中国民歌同广大群众见面的时候，不受欢迎，心里感到痛苦，曾经向领导表示一时不愿再上演，先加工学习。领导一方面表示同意，一方面却劝我不要把学习同舞台实践分开。这样使我感到党的温暖，党对我有力的教育，让我体会了党的关怀，在工作中我有了依靠，我乐意地要求自己把个人的利益服从集体的利益以至于进一步达到把个人利益和集体利益完全统一起来，我很愉快地工作，也看到光明的前途。[1]

演出非常成功，观众们的热烈反应对蒋英和同事们是极大的鼓舞。1958 年夏，中央实验歌剧院又派蒋英与吴书媛、黄晓芬、邹德华和殷韵含一起组团赴山西太原演出。多年后，蒋英对当时的演出场景仍记忆犹新：

一次，歌剧院巡回演出到阳泉为煤矿工人演出，舞台就是在广场上垒起的几块大木板，没有多少照明，更没有扩音器。我踩着"咔吱"作响的木板奔向台口，眼前是一眼望不到边的工人，山丘上、土坡上都站满了人。那天只有三分明月，我看不清观众的表情，但我能感觉到台下沸腾的气氛，我激动地拉开嗓门，用上全身的"功夫"，高声歌唱我们临时编的歌唱矿工英雄的歌。我感到自己的声音从来没有这样响亮、这么流畅过，我的声音确定是从心里涌出来的。当我的歌声刚落，一股热流从台下向我冲来，我只有再三地、深深地向劳动人民鞠躬，以遮掩我回敬的眼泪和那颗感动的心。回到后台，同志们紧紧握着我的手，领导也从远处向我会心地微笑……[2]

---

1 钱学森图书馆藏。
2 甘家馨.海外二十载归国四十春——记女高音歌唱家、声乐教育家蒋英教授[J].人民音乐,1994（8）:15.

1958 年夏，蒋英（右三）与同事吴书媛（右一）、黄晓芬（右二）、
邹德华（左二）、殷韵含（左一）赴太原演出时合影

20 世纪 50 年代，由于新中国的声乐工作者对声乐唱法一直有着"洋唱法"和"土唱法"之争。蒋英等有留学经历的声乐歌唱家虽然遭遇转型痛苦期，但也逐渐探索出一条将西方美声唱法的长处同中国声乐优秀的艺术传统、语言特点有机结合之路，形成具有民族特色的中国声乐学派。然而，1957 年反右派斗争扩大化后，中央实验歌剧院也难以幸免，多位优秀的声乐歌唱家被错划为右派分子，例如张权和楼乾贵等，给中国声乐的发展带来了巨大损失。[1]

引介世界优秀声乐歌唱家

在繁忙的演出和工作间隙，蒋英还勤于写作，向国内介绍世界优秀的声乐歌唱家，如意大利歌唱家恩里科·卡鲁梭和美国黑人天才歌唱家保

1　向延生.中国近现代音乐家传（第 3 卷）[M].沈阳：春风文艺出版社，1994：592.

罗·罗伯逊。蒋英在《人民音乐》1958年第2期上发表了《意大利歌唱家卡鲁梭》一文。当时，卡鲁梭被誉为世界十大男高音之首，也是世界上第一个把歌唱节目录制成唱片的歌唱家。卡鲁梭的成功引起广泛研究。专修西欧音乐的蒋英自然也不例外，她想将卡鲁梭的成功经验介绍给同胞。

蒋英在文中首先介绍了卡鲁梭辉煌而又曲折的一生，然后分析了卡鲁梭成功的原因是"他不断的实践同钻研"。蒋英特别总结了卡鲁梭歌唱艺术的特点即他杰出而又独特的呼吸技术。蒋英提到，卡鲁梭自述如何成为一个歌唱家："一个歌唱家要有很宽的胸，大嘴，90%的记忆力，10%的智慧，经久刻苦的锻炼，和一分心。"蒋英认为卡鲁梭所说的"一分心"是指"歌唱家在处理歌曲的时候要从内心的感染出发"。文中转述卡鲁梭演唱歌剧时用的技巧："我唱的时候从来不想歌唱技术；我的舌头，我的嘴等等，我完全集中于歌词的意义。"最后，蒋英为卡鲁梭因为身处资本主义社会而得不到应有的爱护而感到惋惜，而为身处在社会主义新中国的歌唱家们能为人民歌唱、受人民爱戴而感到幸运。

蒋英向国内同行介绍的另外一位杰出的歌唱家，是美国黑人天才歌唱家保罗·罗伯逊。她以《我们要求听到罗伯逊的歌声》为题撰文并发表在1958年4月9日的《光明日报》上。1925年春，罗伯逊举办了美国有史以来的第一次黑人音乐会。从此以后，他便以歌唱家的身份在世界各地演出。他对音乐的理解力，一次次地震撼着听众。渐渐地，他成长为了一个职业歌唱家、一个为自由而奋战的勇士。

蒋英之所以介绍罗伯逊，不仅因为他是一位杰出的歌唱家，还因为他有着特殊的中国情结。1940年夏，我国著名指挥家刘良模因受国民党迫害，去到美国。在那里，他继续宣传中国人民的抗日斗争，并把国内广泛流传的抗战歌曲唱给华侨和美国人听。刘良模还组织纽约唐人街的爱国华侨成立青年合唱团，演唱抗战歌曲。后来经朋友介绍，刘良模认识了保罗·罗伯逊，便把中国的歌曲都唱给他听，还把歌曲的涵义讲给他听。身为黑人，罗伯逊饱受种族歧视。因此，他非常有同理心。当他听说中国人民因受到日本帝国主义侵略而饱受苦难时，他表示非常同情。罗伯逊最喜欢的中国歌曲是聂耳的《义勇军进行曲》。他很快学会用中文演唱这首歌，并经常在自己的音乐会上演唱。1941年，刘良模组织华侨青年合唱团，邀请罗伯逊一起录制了一套中国抗战歌曲和中国民歌歌曲的唱片，取名《起来：新中国之歌》（*Cheelai: Songs of New China*）。这是历史上第一张由外国人演唱的中文歌曲专辑唱片。宋庆龄还亲自为这张唱片作序。这张唱片出售所得均用于支援中国国内抗战。

在美国时，蒋英和钱学森特地购买了这张唱片以支持国内抗战事业，并一直收藏。不仅如此，蒋英还曾冒着被打伤的危险去听罗伯逊的现场演唱会。蒋英冒险去听罗伯逊的演唱，不仅是欣赏他高超的演唱造诣，更钦佩他是"一位为人类进步事业奋斗的、最杰出的歌唱家同舞台演员"，认为他的歌声，就是为和平斗争的号角"。蒋英认为，意大利歌唱家卡鲁梭"被资本主义国家的金钱所引诱，没有对人民做出什么贡献"，而"罗伯逊这位艺术家，把他的艺术作为争取自由、争取和平的武器"。追求进步、争取自由的罗伯逊被美国政府视为眼中钉："美国政府想尽了办法停止这位艺术家的舞台生活。他们想堵死他一切收入的路径，想让他在贫穷、饥饿的逼迫下屈服于统治者。他们为了不让他安静地过日子，随时都要他到法庭去受审问。美国联邦政府的调查员，也就是特务，可以整天坐在他家中，盘问一件芝麻大的事。他的居所前前后后都暗伏着特务，监视他的一举一动。在标榜着'自由''民主'的美国，他们可以不用刀子杀人，他们具有整套的办法去折磨人的神经。"但"精神上的刺激，身体上的痛苦，生活上的困难，都不能使他低头，期待着，斗争着，直到今天他六十岁的诞辰"。

罗伯逊遭遇的一切与钱学森在美国受到的非人折磨如出一辙，这让蒋英更加痛恨美国政府的卑劣行径，支持罗伯逊的抗争。蒋英对这位黑人歌唱家不屈服的态度格外钦佩，因此，在他六十寿辰时特地撰文表示祝贺，并号召："今天让全世界仰慕他，祝贺他，支持他的声音，凝成一个和平大合唱。让这个大合唱的力量能压倒层层的堡垒，粉碎加在罗伯逊身上的枷锁，使得他的歌声更宏（洪）亮地传遍全世界。"

入住中关村的"特楼"

在蒋英的工作逐渐步入正轨的同时，她与钱学森和孩子们终于有了新家。为了集中力量加快发展，中科院在北京西郊进行大规模建设，此地即现在位于四环北路以北被人们所熟知的"中关村"。在兴建科研楼的同时，为了解决科学家住宿问题，中科院还新建了几座三四层的宿舍楼。其中有三栋编号分别为 8 号（后来改为 15 号）、13 号和 14 号的住宅楼被称为"特楼"。许多在中科院工作的享誉中外的科学大师和耳熟能详的学界泰斗都曾经在"特楼"住过，如钱学森、钱三强、何泽慧、赵忠尧、童第周、熊庆来、秉志、王淦昌、汪德昭、郭永怀、张文裕等。由于 14 号楼率先完工，很多原中央研究院的院士和海外归来的科学家均入住该楼。蒋英、钱学森一家分到了 14 号楼 201 的一套三居室。这里成为他们回国后的第一个家。新家的住宿条件虽然比不上在美国租住的独栋别墅，但回到新中国对他们而言，犹如漂泊在大海上的孤舟返航，让他们内心真正找到归宿。

入住新家后，蒋英和钱学森进行了简单布置。墙上挂着中科院院长郭沫若题赠给钱学森的一幅字画，这是郭沫若为感谢钱学森参与制订《1956—1967 年科学技术发展远景规划纲要（修正草案）》并作出重要贡献特地创作和赠送给他的。上面写着："大火无心云外流，登楼几见月当头，太平洋上风涛险，西子湖中景色幽，突破藩篱归故国，参加规划献宏猷，从兹十二年间事，跨箭相期星际游。"客厅里摆放着钱学森送给蒋英的新婚礼物——施坦威三角钢琴。这架钢琴曾被美国无理扣押。后来蒋英费了一番波折才将其要回，又从美国漂洋过海运回来，在中关村也是独一个，成为她练习唱歌的伴奏乐器。经过 14 号楼的路人，有时能听到蒋英动人的歌声和优美的琴声。家里还有一间钱学森的书房。书房对钱学森犹如钢琴对蒋英一样必不可少。钱学森在这里思考、著述和研究等。书房里靠墙摆放着三个书架。书架旁的玻璃橱内摆放着画轴、乐谱和他们从美国带回来的唱片。墙角边还有两个钢丝录音机。这在当时属于稀缺家电。蒋英用来转录歌唱磁带，用于学习、练唱等。走廊的一头放着小书架，上面摆满了永刚和永真的儿童书和玩具，这里也是他们玩乐的小天地。安顿好后，钱学森的父亲钱均夫和蒋英的母亲蒋左梅和奶妈也分别迁到北京居住。

中关村距离中央实验歌剧院路途遥远。蒋英除了每周两天在家里教学生外，其他时间都要乘32路公交车进城上班，每天路上来回要三个小时。但为了热爱的事业，她毫无怨言。蒋英还要参加歌剧院的歌舞晚会、独唱音乐会及其他联欢性质的晚会，有时候忙到夜里很晚才回家。当时钱学森还不用频繁出差。每次蒋英有表演，钱学森尽量会去现场当听众。如果钱学森没时间去，蒋英就用录音机录下来，放给他听，请他提意见。有时候，钱学森还让蒋英在演出前先唱给他听，并给予中肯的建议。蒋英还经常与钱学森讨论交流音乐专业问题。

由于蒋英与钱学森工作繁忙，他们请了一位保姆帮忙照顾两个孩子。到了周末，蒋英有时候与钱学森一起带永刚、永真进城探望钱均夫和蒋左梅。如果不去探望老人，蒋英则在客厅里弹琴练唱；钱学森在书房里工作。闲暇时，蒋英、钱学森经常去附近的北京大学散步。天气好的时候，他们还会带永刚、永真郊游。北京西山就曾留下他们的足迹。[1]

1956年3月16日，《新观察》[2]第6期记录了蒋英、钱学森一家定居新家后的工作和生活。1956年，钱学森在美国出版的《工程控制论》获得中国科学院科学奖金一等奖。因此，《新观察》的记者约钱学森做访问谈一谈他对科学技术研究的看法。1957年春节一大早，记者按照约定来到他们位于中关村的家中采访、拍照。永刚和永真进城陪外婆蒋左梅过年去了。蒋英、钱学森正忙着招待前来拜年的朋友们。记者先为

1955年，蒋英、钱学森一家在中关村的家中

1　钱定平．千古风流浪淘沙——纵横古今中外品评俊彦精英[M]．上海：上海交通大学出版社，2011:138．
2　《新观察》创刊于1950年，是面向知识界的综合性期刊。

钱学森在书房中拍了一张照片作为封面照，又访问了蒋英关于滞留美国时的情形。蒋英回忆道：

> 1950年，我们就准备回国。当我们把一切都准备妥，甚至连行李都装上驳船，准备交给轮船公司的时候，全部行李忽然被非法扣押，并且限制了我们离境的自由。以后这几年的生活里，精神上是很紧张的，为了不使钱先生和孩子们发生意外，也不敢雇用保姆，一切家庭事务，包括照料孩子、买菜烧饭，都不得不由我自己来动手。那时候，完全没有条件考虑自己在音乐方面的钻研了，只是，为了不致荒废所学，仍然在家里坚持声乐方面的锻炼而已……那几年，我们家里就摆好了三只轻便的小箱子，天天准备随时可以搭飞机动身回国。

采访间隙，不时地有客人来家中拜年。蒋英拿出糖果招待他们，并与他们热情交谈。

令蒋英和钱学森高兴的还有一对挚友的回国，那就是郭永怀、李佩夫妇。1956年11月，郭永怀和李佩终于也回到祖国。在此之前，钱学森不仅多次写信表达期盼之心，还早早地为挚友的工作和住所做好筹划："请你到中国科学院的力学研究所来工作，我们已经为你在所里准备好了你的'办公室'，是一间朝南的在二层楼的房间，淡绿色的窗帘，望出去是一排松树。希望你能满意。你的住房也已经准备了，离办公室只五分钟的步行，离我们也很近，算是近邻。"

郭永怀归国后在中科院力学所任副所长，他的办公室与钱学森的办公室比邻。他们一家人入住13号楼。钱学森与郭永怀经常一起步行上下班，路上探讨学问。郭永怀的夫人李佩，原本被安排到中科院外事局工作，但为了就近照顾家庭，后被安排在中科院行政管理局西郊办公室任副主任。闲暇时，两家人经常聚会或一起出游。

随着入住人数的增多，中关村的配套设施逐渐完善，生活更加便利。其中有一座（现为中关村北一条18楼）被称为"福利楼"。福利楼里开了一个餐厅，里面的松鼠鱼、松针煎饺和豆沙包大受欢迎。在这里经常看到

1960 年，钱学森（左一）和蒋英（前排左二）与同住在
中关村的好友郭永怀（右二）和李佩（后排左二）夫妇、
汪德昭（右一）在颐和园留影

一些著名科学家与家人的身影。考虑到许多海外归国的专家、教授以及一些外国专家的生活需求，李佩向时任中国科学院院长的郭沫若提议，建议应供应一些西点。于是，郭沫若采纳了这一建议，向北京市政府申请特批，开设了一个茶点部。1957 年 4 月，二楼的茶点部开始营业，售卖各式精致西点、冷热饮，并设有茶座。为了确保口味正宗，茶点部特地聘请了天津起士林西餐厅的高级西点技师景德旺，他擅长制作德、法、日、意、俄等多国风格的蛋糕、点心和面包。另外，"福利楼"的一楼还临街开设西点部，出售各类自制西点。各式西点在选料和配方上十分考究，而且是前店后厂、自产自销、口味纯正、新鲜。其中最受好评的有蝴蝶酥和奶油咸条等。有人曾记述："香甜的味道隔着几百米就能闻到。"

在"福利楼"对面的宿舍楼中，还有一座"服务楼"（即中关村 88 楼，现已被拆除），设有副食店、百货店、理发店、浴池、储蓄所等服务设施，基本满足居民日常生活需要。当时普通住宅内没有洗浴设备，人们洗浴只能去单位或公共浴池。

1958 年 2 月 20 日是大年初三。这天中午，竺可桢特设家宴，邀请蒋英与其母亲蒋左梅、五妹蒋和以及钱学森到家中用餐。蒋和回国后就读并毕业于重庆的中央大学外文系英国文学专业。1949 年新中国成立后，蒋和在石油工业部做翻译。蒋和虽然大学学的是英文，但做的是德文翻译。她精通德文自然得益于早年随父留德的经历。[1]

竺可桢与蒋英的父亲蒋百里生前素有交往，且敬重他的为人。1936 年起，竺可桢担任浙江大学校长。浙江大学的前身即蒋百里就读过的求是书院。1938 年 11 月 4 日，蒋百里与竺可桢在广西宜山的浙大校长办公室晤谈一个多小时，令人意外的是几个小时后突然去世。竺可桢听闻悲痛至极，深感惋惜，特前去吊唁，并向蒋左梅与蒋和表示慰问。蒋百里起初被葬在广西宜山鹤岭。抗战胜利后，浙江省政府于 1948 年 11 月 30 日呈准由南京中央政府公葬，将蒋百里遗体由广西宜山迁葬至浙江杭州西湖以南的凤凰山万松岭。据竺可桢在 1948 年 11 月 20 日的日记中记述："十点半偕步青、晓峰、晓沧、允敏赴凤凰山敷文书院参加蒋百里下葬典礼。到时百里太太、杜时霞等已早在。坟墓在花台中间。入穴后浙大同人设祭……"在宜山起棺时，在场的人发现十年后蒋百里依然尸身未朽，在场的竺可桢见此情景，大哭说："百里，百里，有所待乎？我告你，我国战胜矣！"这一哭声令在场的众人全都泣不成声。竺可桢在敷文书院参加下葬典礼时，见到了蒋左梅。当天，蒋左梅在楼外楼设宴招待参加典礼的人，竺可桢受邀前往参加。他在日记中写道："十二点与允敏、晓峰等至楼外楼应百里太太之招中膳……席间百里夫人饮酒过多，颇有酒意。渠亦以其夫已安葬，极为快乐云。"

回国初期，蒋英还陪同钱学森参加了一些社会活动。为了增进了解、联络感情，时任中科院院长的郭沫若有时会组织小范围的"团建"活动。有一次，他组织钱学森全家、副院长裴丽生一家、范长江一家和院长助理张劲夫游览西山。中午郭沫若自掏腰包请客，其乐融融。大家都知道蒋英是歌唱家，于是在轻松活泼的氛围下，纷纷请她表演节目。蒋英即兴演唱了一支陕北民歌《南泥湾》，赢得了大家的掌声。饭后他们又乘火车游览了官厅水库。

正当蒋英通过努力终于学会演唱中国歌曲，与同事们相处越来越融洽、

---

1 樊洪业. 竺可桢全集（第 15 卷）[M]. 上海：上海科技教育出版社，2008:37.

配合越来越默契，并随团到处演出享受着舞台、享受着艺术自由的时候，1959年，中央实验歌剧院的领导找她谈话说："钱学森不在家，家里既有老人又有小孩，你到处演出不适合，建议你去中央音乐学院教书。"蒋英不想离开舞台，她认为只有当演员，才能实现对音乐的爱。于是，她不解地说："我在美国最困难的时候就是想着回新中国，在新中国的舞台上唱中国歌，这才是报效祖国。现在终于实现了，为什么要拿走这一切？"于是她拒绝了领导的好意。没过多久，蒋英偶然间听说为她调动工作的其实是周恩来总理。因为周总理考虑到钱学森工作繁忙，无暇顾及家里。而蒋英到处出差演出，无法照顾老人和照料孩子。为了消除钱学森的后顾之忧，让他全身心投入到工作中，周总理特地关照中央实验歌剧院的领导，为蒋英调动工作。蒋英领会了周总理的深切用意，最终接受了这一安排。

蒋英虽然在中央实验歌剧院工作时间短暂，但她凭借人格魅力和专业能力赢得了同事们的认可。同事李光羲回忆说："蒋英是我所敬佩的一位女高音歌唱家，最熟悉德国音乐，对舒曼、舒伯特有着精湛的研究，为我讲解过《春之梦》，对海涅的原诗理解非常透彻。蒋英家学渊源，是一位真正的德国室内乐专家，更是一位具有全面修养及教养的中国知识精英。"[1]

1 邱玉璞，胡献廷．舞台是我的天堂——李光羲艺术生活五十年[M]．南宁：广西民族出版社，2002:294.

Chapter

第六章

放弃舞台　专心从教

任教中央音乐学院

钱学森越来越忙，经常不在家，且行踪不定。因出于保密，钱学森从未向蒋英透露半字他的工作内容和行程。蒋英只能从钱学森的穿着上猜测他的行程：穿着皮靴、皮大衣回来，肯定不在北京，是从外地回来。钱学森工作繁忙，频繁出差，自然无法顾及家庭，家里的事情只能由蒋英负责。1959年9月，蒋英接受工作调动的安排，放弃热爱的舞台，再次转换人生频道，由一名歌剧演员转为中央音乐学院的老师。

中央音乐学院于1949年秋在天津开始筹建，1950年6月17日建成。当时根据中央指示，以南京国立音乐院、华北大学文艺学院音乐系、东北鲁迅文艺学院音乐系为基础成立国立音乐院，由中央人民政府文化部直辖。后来，中华音乐院、国立北平艺术专科学校音乐系亦被并入，学院于1949年12月正式定名为"中央音乐学院"。著名音乐人士吕骥、李焕之、李元庆、李凌等都参加了筹建工作。学院成立初期，仅设作曲、声乐、键盘（后改为钢琴）、管弦四个系。1952年全国院系调整时，燕京大学音乐系也并入中央音乐学院。1959年迁到北京，校址为醇亲王府旧址。蒋英进入中央音乐学院时，学院刚刚完成搬迁。当时中央音乐学院已经集中了全国具有深厚造诣的著名音乐专家，如小提琴家、作曲家马思聪，音乐家吕骥，音乐教育家赵沨，音乐学家张洪岛、廖辅叔、汪毓和，钢琴家易开基、朱工一、周广仁等。周广仁就是当年受邀在蒋英婚礼上弹奏婚礼进行曲的那位少女。在蒋英的影响下，周广仁走上了弹奏声乐伴奏的专业之路。蒋英结婚赴美后，周广仁继续学习钢琴，并在中央歌舞团、中央乐团担任独奏演员。1957年，周广仁调入中央音乐学院钢琴系任教研室副主任。

在进入中央音乐学院之前，蒋英也有短暂的授课经历，例如1957年曾经受邀到学院（院址在天津时）演出，辅导过该校学生苏凤娟，与喻宜萱等学院里的老师一起参加全国声乐教学会议等，但这些工作毕竟是暂时的，而这次她要彻底放弃舞台，弃演从教。从未教过学的蒋英，不知道怎么教学，不知道如何爱学生。带着矛盾的心情，蒋英来到中央音乐学院报到。

蒋英所在的声乐系当时的系主任是喻宜萱，教师则有沈湘、王福增、李维渤、尚家襄等，后来还有毕业留校任教的周美玉、叶佩英、王秉锐、郭淑珍、黎信昌、吴天球等。刚开始的几个月里，学院安排蒋英先在图书馆工作，从翻译音乐文献做起。学院还提供 3 号楼一楼一间向阳的约 20 平方米的宿舍，供蒋英与当时在图书馆工作的一位同事共用，方便中午休息。

几个月后，中央音乐学院为蒋英分配了四个学生。蒋英边学边教，没有教学经验，就回想自己的老师是如何教的。在国外留学时，蒋英的老师与学生们的关系亦师亦友。这让她印象深刻、受益匪浅。于是，蒋英决定学习这一方法。一天，她在中央音乐学院 1 号楼的大教室召集这四位学生，对他们说："现在面前虽然是先生和学生，但我们首先是朋友，而且要做好朋友，在好朋友面前不要拘谨，有问题尽管提。我们的教学是研究式的，绝不是只能听我一个人的。我们通过交流，才能真正意义上地互相理解，这才是我最理想的教学。"这一番话非常有效，瞬间拉近了她与学生的距离，让学生们倍感亲切。凭借多年的音乐造诣，蒋英练就了一双识人的慧眼。通过短暂接触，她便能发现每个学生身上的特质和优缺点，并记住每位学生的特点，从而因材施教。例如，蒋英第一次见到吴雁泽，通过他的站姿便能看出他具有舞台气质，适合学唱；通过与他简单对话，发现他的律感不错，而且他把唱歌当成快乐的事，有很强的唱歌欲望。有了这些特质，蒋英认为他适合学唱歌。而语言、口音和听力这些小问题都可以通过训练改进和提高。

蒋英进入中央音乐学院时，因 1958 年全国掀起的"大跃进"运动、1959 年全党的"反右倾"斗争以及全国上下"大炼钢铁"等，学校办学受到很大冲击和影响，正常的教学秩序被扰乱。后来，党中央认真总结"大跃进"和"反右倾"所造成的不利后果，提出"调整、巩固、充实、提高"的八字方针后，教育部及文化部也及时制订了"高教六十条"和"文艺八条"等政策，成为学校稳定秩序、改进工作的指导方针。

1960年6月，文化部与北京市委决定成立"北京市艺术教育小组"，中央音乐学院院长赵沨被指定为该组的负责人之一，并与文化部教育司司长王子成起草了《关于北京各艺术院校方针任务的规定》。彭真亲自主持讨论了这个文件，对恢复到1958年以前的教学秩序起了重大作用。

从1960年起，中央音乐学院重新调整工作思路，通过多方面举措恢复教学秩序：第一，重新拟订各本科各专业及附中各专业学科的新的教学方案草案，并由院领导负责主抓，从而为文化部在整个音乐教育战线确定系统性、规范性教学新体制提供参考；第二，组织编写新的教材，并落实到教研室和个人。这些教材在很长一段时间里被国内大多数音乐院校所使用。在此大背景下，蒋英的从教事业很快步入正轨。

1960年，中央音乐学院、解放军艺术学院、北京艺术学院等几所艺术院校联合招生。蒋英作为考官参加了招生面试。这一年报考的学生特别多，考试非常严格。其中一个考生名叫陆雅君，进门后局促地站到钢琴旁向考官深深地鞠了个躬，便干站在那里半天不吭声。考官们看着这个紧张的男孩轻声地笑起来。一位考官便催促他说："你快唱吧。"于是陆雅君唱起了电影《金玲传》中的插曲《一天赛过二十年》。这是一首男高音的歌曲，音调很高。陆雅君刚唱了两句就被一位女考官打断了。起初他以为自己被淘汰了。没想到，这位女考官用悦耳的声音亲切地对他说："你靠着钢琴前再把这首歌重唱一下。"陆雅君照做后，瞬间不紧张了，他充满激情地演唱完整首歌曲。这时候，这位考官又说："陆雅君，再唱一首好吗？"陆雅君更加有信心了，接连唱了《牧马之歌》和《在那遥远的地方》两首歌。比起其他考生仅有一首歌的机会，陆雅君不仅一连唱了三首，还同时表演了美声和民族唱法。

不久后，陆雅君收到中央音乐学院的录取通知书。而且，幸运的是，他的指导老师就是当时那位女考官——蒋英。陆雅君虽然考上大学，学费也是免收的，但因家境困难无法支付每月12.5元的伙食费，不得已要退学去工厂当学徒。蒋英得知后鼓励他："这个大学你一定要上，有困难咱们想办法，实在不行我可以资助。"蒋英的话令陆雅君十分感动，他决心克服困难坚持学业。陆雅君入学后，蒋英向学校申请了每月 8.5 元的助学金，为他解决了后顾之忧。

致力于培养真善美的艺术家

一度没有教学经验的蒋英，除了学校的规定动作外，逐渐摸索出一套教学方法。这套教学方法源于她对艺术的理解。蒋英希望所教授的学生未来能够成为真正的艺术家，而非单纯的歌者。早在 1947 年蒋英回国后接受报纸访问时阐述过何为艺术家："真正的艺术家离不开真善美三个字。不真即不善，不善即不美，不美即不真，说起来只是一个字。"因此，蒋英将自己对艺术的认知也传授给学生，她不仅严格训练学生的发声技巧，更注重塑造学生的思想和内心。这一教学理念贯穿蒋英声乐教育的一生。

多年后，蒋英的学生张汝钧回忆起她的教学方法时说，蒋英老师从一开始就告诉学生，做一个好的歌唱家，就先要做一个好人。一个好的人，一个善良的人，一个真诚的人，再发自内心来歌唱，就一定能感动听众。她常常教导学生："不要光用嗓子练，更要多用脑子练。"蒋英还告诉张汝钧："一个歌唱家的台风，就是他本人的写照。"

除此以外，蒋英还将自己学生时代的学习方法传授给学生，那就是多听、多看。得益于父亲的引导，蒋英求学时，不拘泥于专业书籍，而是广泛地阅读历史、文学、地理、音乐家传记等书籍，了解音乐作品的创作背景，走到音乐家的内心去领会音乐作品的灵魂。因此，她教学生时经常给学生讲解作品的风格、歌词内涵、时代背景和地理环境等。她要求学生不仅要多听音乐，还要广泛阅读文学作品，多看艺术展览。她告诉学生："井要打得深，井面就必须开得宽。"上课时，蒋英为学生们创造轻松活泼的氛围，她会陪学生们聊天、讲故事、欣赏字画，由此开拓学生的眼界，提高对作品的领会力。蒋英还要求学生写声乐笔记，以此培养和锻炼他们对作品思想的洞察力。蒋英还会定期查看和逐一批改学生们的笔记，对学生好的见解给予充分肯定，对不足之处提出建议。长此以往，学生们不断进步。

　　蒋英对学生随和，但对唱歌却一丝不苟，耳朵里不容一点瑕疵。她要求学生对每一句歌词的每一个字、每一个音调、每一个节奏仔细琢磨。因为她认为，音乐作品的每个标记都必不可少，稍有疏忽便影响作品的表达。有一次，学生张汝钧演唱舒伯特的一首作品时，因疏忽大意漏掉了一个八分音符的附点，蒋英严肃地告诉他说："每一个附点都是有它的用意的。你以为舒伯特是写困了，在这里不小心掉了一滴墨水吗？"她还说："对艺术的要求要力求完美。不是以为几百个音当中只有一个音唱得不好不要紧。试想如果你的白衬衣点了一滴墨水，也许只占整件衣服的千分之一，你这件衬衫还能穿吗？"蒋英用幽默风趣的语言和事例让学生明白身为艺术家要有对艺术一丝不苟的态度，要做完美主义者。这些话影响了学生们一辈子。

　　蒋英还针对学生的特点因材施教。她注重启发学生寻找自己声音的特质，并将优点发挥出来。例如，她训练学生的发声技巧，并不生搬硬套所谓的发声原理，而是用她敏锐的耳朵，以声音美为要求，启发学生的想象力，逐步帮助学生建立起自己的发声技巧。这种方式虽然让学生训练得很艰苦，但又让学生觉得十分有趣，充分训练学生的艺术品位、想象力和音乐素养，让每位学生在精准表现音乐作品的精髓之外又有自己独特的风格和韵味。

　　吴雁泽多年后回忆起蒋英教授他的情景时说："1959年我来到中央音乐学院时，是个土里土气的乡下孩子，山东人，普通话都不会讲，在班里年龄最小基础最差。看到别的同学把钢琴弹得'哗哗'的，我上去却是'崩崩'的，有自卑感。可蒋英老师没有抛弃我，把我这么一个'土老帽'当成'宝贝蛋'，额外给我开小灶。她培养我的音乐感觉。说实话，农村孩子有什么音乐感觉，山上放牛鞭子一赶，喊声'呦呵……'，就这感觉。蒋先生为了鼓励我这样的后进生，每次讲评都不以成绩好坏论，而以态度好坏论，我逐渐克服了由自卑产生的学习困难，开始用功往正道上走。如果今天我吴雁泽还懂点音乐的话，那么我的知识首先来源于她，是蒋先生把我领进音乐艺术的大门。"蒋英还教会吴雁泽练哼鸣，这种呼吸方法为他后来的气息打下了良好的基础。蒋英告诉他说："歌唱发声就是当你的声音面对观众给观众送过去的时候，一定要像天鹅绒一样柔美。"为了让吴雁泽感知什么是天鹅绒般的声音，蒋英想到让他触摸绒面的大衣，然后告诉他说："你是抒情男高音，你的声音条件不错，但音色不够美。你的声音里要透着一种像你手中抚摸的那件绒面大衣一样，首先是柔和，但柔和中又有'立'，也即柔中有'立'，'立'中有柔。抒情男高音的音色要像天鹅绒一样，轻松地从你的脑海上空飘过来，让人听觉上感受到既有穿透力又很飘逸——这才是你未来歌唱在声音上的追求。"这次点拨成为吴雁泽在声乐道路上始终的追求。蒋英对吴雁泽的表现非常满意。遗憾的是，吴雁泽师从蒋英一年后便转学民族音乐了。不过，蒋英还是给予他较高评价，认为他"在民族唱法上有很多创造和发现"。

陆雅君回忆蒋英上课时的情景："蒋英老师上课时话不多，爱思考，总是用手势来纠正学生的发声，对学生很严格。我们一月一小考，谁唱得好她就拿出糖果奖励。"当蒋英教唱爱情歌曲时，年轻的陆雅君还没有爱情体验，唱不出歌曲的意境。蒋英灵机一动，便将年轻漂亮的女同学叫来给他担任钢琴伴奏，让他对着抒发心声，以致他差点对女同学动心。

蒋英在教学中对学生非常严格，但在生活中却非常关爱他们。三年困难时期，学生们常常食不饱腹。有一次，蒋英为陆雅君一对一上课时，听到他的肚子饿得咕咕叫，唱高音也唱不上去，猜到他是没吃饱饭。第二天，蒋英特地给他带了块巧克力，看着他吃完，还让他喝点热水再唱。陆雅君非常感动。

令学生们惊喜又期待的事情，还有每学期结束后的大餐。每学期结束后，蒋英会把学生们接到莫斯科餐厅，请他们吃面包片夹黄油和炸鸡。蒋英还幽默地对他们说："请你们吃饭不是贿赂你们，而是为了你们的身体好，唱好歌。"这些食物在今天看来是非常普通的，但在那个食物靠供给的年代，能吃饱都成问题，对那些家境并不优越的学生们来说，能有机会吃到这么"高级"的大餐更感到幸福。然而，平时的蒋英却穿着简朴、省吃俭用，她请学生吃大餐的钱都是省出来的，为的是让他们补充营养好好学习。一顿饭对学生们而言，不只是填饱肚子，更多的是寄托着蒋英对他们全心的付出和无私的爱，甚至影响和激励他们一辈子。学生们暗暗下定决心要刻苦学习，不辜负蒋英老师的一片苦心。几十年后，蒋英早已不记得这些细节，但已成为著名声乐歌唱家的吴雁泽回想起来仍感动不已。

除了蒋英自己带的学生，其他老师的学生也可以听她的课。1959年，考入中央音乐学院声乐系的李双江虽师从喻宜萱，但也常去听蒋英的课，学习德国、法国等国的艺术歌曲。这些课程拓宽了他的视野，让他受益终生。

在教学工作之余，蒋英还开始"补课"。她广泛阅读专业书籍，涉及内容既有中国的地域民歌，如蒙古歌曲、苗族歌曲、僮族歌曲以及我国云南、新疆、山西等地的民歌，也有世界歌曲，如俄罗斯、德国、蒙古、保加利亚、捷克斯洛伐克、波兰、朝鲜、古巴、亚非拉美国家的歌曲以及美国黑人歌曲等，还有京剧、西洋古典歌剧的选曲等音乐专业书籍。而且，蒋英延续和保持了她在欧洲留学时的学习方法，即不拘泥于专业书籍，广泛阅读国内外知名作家的文学作品，如《聊斋志异》《海涅诗选》《彭斯诗选》《郭沫若诗选》等，从而深入了解文化背景，理解歌曲创作意图和歌曲内涵。除此以外，蒋英回国后开始阅读和涉猎马列毛选等政治理论书籍，边阅读边认真做批注和笔记。1958年钱学森提出入党申请时，蒋英也向往加入党组织，遗憾的是在当时的政治环境下，她并不具备入党条件，所以没有提出入党申请，但这一直是她的心愿。

充满活力的新生活

1959年，新中国走过了十年不平凡的历程。为了庆祝新中国成立十周年，举国上下举行了一系列的庆祝活动。

10月1日，天安门广场举行了盛大的阅兵仪式和群众庆祝游行活动。钱学森、蒋英一家受邀登上天安门城楼观看活动。

当晚，还有一场隆重的官方庆祝活动，那就是人民大会堂里举行的国宴。在新建成的人民大会堂里，有来自几十个国家的党政代表团成员、各国大使以及帮助中国建设的外国专家，还有中国的社会名流、军队将帅等受邀出席。以赫鲁晓夫为首的苏联党政代表团也前来祝贺。

钱学森和蒋英受邀出席国宴。蒋英非常注重社交礼仪。为了出席国宴，她选择了一套黑色长裙，庄重不失典雅；胸前别着一枝鲜艳的红色郁金香，肩上披着一条洁白如玉的印度乔其纱纱巾，显得十分高雅，光彩照人。蒋英的不俗装扮和典雅气质吸引了各位苏联朋友的目光。

国宴共计 150 桌。钱学森、蒋英夫妇被安排在前排中央的第六桌。钱学森和司令员刘亚楼作为这一桌的"东道主"，负责招待援华的苏联专家，如当时担任中国政务院（后改国务院）经济总顾问的阿尔希波夫及其夫人，以及空军首席顾问比比可夫及其夫人、五院导弹专家索拉维约夫教授及其夫人。祝酒词过后，阿尔希波夫举杯祝酒："我为中国人民十年建设的辉煌成就干杯！"钱学森在刘司令员和比比可夫之后举杯祝酒。他幽默地说："让我们开怀畅饮这种特殊的燃料，启动我们心灵的发动机，伴随我们的激情，腾上万里高空！"苏联导弹专家索拉维约夫紧随其后，像钱学森一样将火箭元素放到祝酒词里："希望伟大的中国像多级火箭一样更快更高地升腾，到达广袤的宇宙，与日月争辉！"接着又说："我还要祝：中国的发展一日千里，远远胜过核的裂变，威力无穷……"随后，他提议为在座的夫人们干杯。他幽默地对钱学森说："我今天发现了一个秘密：你那样乐观、豁达、充满朝气，可能和有这样一位才貌双全的夫人分不开。天天能听到她那动人的歌声，会使你心灵升华。相信，这歌声是最好的助燃剂。"[1]钱学森微笑着接受了他的赞誉。国宴一直持续到午夜才结束。

1960 年 2 月 26 日，蒋英在《中国新闻》上发表了《欣逢佳节话今昔》一文。这篇文章写在三八国际妇女节前夕，因此，蒋英首先用亲身经历，比较了女性在新中国成立前后受教育权利的变化：

去年，中华人民共和国建国十周年的时候，我们检阅了中国妇女在解放十年来在各方面所获得的辉煌无比的成绩，使我们今天更振奋地来迎接"三八"国际劳动妇女节的五十周年。作为一个从旧社会出身的知识分子的我，亲身经历了这十年的巨大变迁，

---

1 孙维韬，温家琦．跋涉者的足迹 [M]．成都：西南交通大学出版社，2000:73.

跨入了历史上的一个新时代。在这个伟大节日的前夕，不免要抚今追昔地回顾一番过去的日子。

在旧社会，绝大多数的妇女是没有权利受教育的。而出身于官僚家庭所谓特殊阶级的我，所受的又是什么教育呢？那是帝国主义文化侵略的奴化教育，完全脱离我们国家的传统和实际。我小时候爱唱歌，父亲愿意我学音乐，就在家里给我请了一位德国教师教我弹琴，再大一点，就干脆把我送到德国去了。我爱好音乐，就学音乐，但是为什么学？学了以后有什么用？在思想上是模糊的。主要是抓点专业能力，将来能在社会上站得住脚，金钱、名利就在望了。看！我们现在音乐学院学生学习的动力，同自己当年一比，怎能不感到惭愧呢！我们现在的学生都是来自广大的人民群众，不像从前那样，没有一个作官的爸爸，拿不出钱就休想进学校的门。而现在国家不但全部负责学生专业的培养，并且还照顾学生的吃、住。参加各种形式的观摩会是学习中的一部分。现在的学生们为了社会主义建设，为了人民，他们千方百计地、不知疲劳地进行学习。[1]

然后，蒋英介绍了她成为中央音乐学院老师后是如何培养学生的：

在学习过程中，学生们充分地发挥了集体智慧，互相辅导、交流经验，共同讨论。教师们亦是同样的，教研组集体讨论、制订教学大纲，每个学生的问题都在教研组共同研究以后再由个别老师教导，学生的成绩经常通过集体课来检查。教师与学生之间组织座谈会，在会上各舒（抒）所见，作到师生完全打成一片。文艺工作者是"人类灵魂的工程师"，所以我们的口号是教书亦教人。我们在帮助学生攀登技术高峰的同时，并着重地注意培养学生新时代的道德和品格。

我们经常以演出的方式同听众见面，请他们对我们的演出提

1　蒋英.欣逢佳节话今昔[J].中国新闻,1960-2-26（2174）.

意见，来改进我们的学习。例如国庆十周年献礼的节目中，有音乐学院学生的大型作品《人民公社大合唱》和《钢琴协奏曲》等等，在万人的人民大会堂所举行的国家音乐会上演出，受到国内外听众的好评。再如作曲系一部分同学集体创作了一部歌剧《青春之歌》，由声乐系的同学们担任演员，管乐系的同学担任伴奏，"五一"即将在北京上演。我们还经常到建设工地、公社和城市茶馆等地区作小型演出。所以学生的学习是全面的，他们水平的提高是迅速的。在研究工作方面，我们全体同志都在辛勤地学习，并发扬祖国音乐的传统；另一方面有学习西洋的音乐文化，通过分析去吸取它里面的精华。就这样，我们推陈出新地创作出一种新的、独特的中国声系学派。

最后，蒋英说，生活在新中国的妇女是无比幸福的。妇女不再受家庭琐事所累，而是走上不同的舞台，撑起半边天。蒋英用自己的经历述说社会主义妇女的幸福生活，她说：

> 作为一个教师、作为一个妇女的我，生活在今日的中国是无比幸福的。我成了人民群众中的一员……
>
> 在我们的社会里，人与人的关系非常亲密，从小家庭逐渐发展到社会主义的大家庭。帝国主义的代言人硬说我们的家庭遭到破坏；我们说，我们破坏的是旧家庭里那些束缚妇女的坏东西，而家庭成员之间的天伦之乐只有得到加强。所以我们不但没有破坏家庭，而是巩固了家庭。这个变化是代表了社会的进步和妇女的彻底的解放。

从这篇文章中可以略见蒋英从教后的心路转变，以及回国后在新中国生活和工作的感受，也从侧面反映了当时中央音乐学院一系列的工作举措。

迁居航天大院

1956 年 10 月 8 日，钱学森、蒋英回国一周年之际，我国导弹研究机构——国防部第五研究院成立。受中央指派，聂荣臻具体负责五院的筹建工作。钱学森被任命为国防部五院院长。为了对外保密，1957 年 3 月，中央军委批准国防部五院为兵团级军队编制，代号为"中国人民解放军 0038 部队"。由于当时的国际环境，钱学森成为敌对情报机构的监视对象。为了确保他的人身安全，国防部五院专门派警卫到他家中予以保护。

1960 年 10 月，聂荣臻元帅安排钱学森一家搬到国防部五院的专家楼，即现在阜成路 8 号的航天机关大院。从此以后，他们一直居住在这里，从未搬家。

这个大院位于北京玉渊潭公园北边，东门外是白堆子，曾经是清朝皇族的坟茔之地，故称黄岱子坟 7 号；北门地点在清代是供当时东来西往的脚夫歇脚、给马神上香的地方，故称马神庙。此处在新中国成立后曾经被用作原总参谋部 106 疗养院。国防部五院成立后改建为职工住房。其中有几栋红色砖墙的苏式建筑被称为专家楼，是专为援华的苏联专家而建。后来由于中苏关系破裂，苏联专家全部撤回。这些专家楼便空了出来，提供给五院职工居住。

考虑到钱学森除了妻小三人，还要与他的父亲钱均夫、岳母蒋左梅一起同住，另外，还要派警卫人员保卫他的安全，聂荣臻指示为钱学森一家分配了一个单元的三套房，也即四单元二、三、四号房。二号房位于一楼，供年迈的钱均夫、蒋左梅和蒋英的奶妈居住，方便他们出入；三号房供永刚和永真居住；四号房住着钱学森、蒋英夫妇。此外，为了让钱学森不为家庭琐事操心、心无旁骛地工作，五院还为钱学森家配备了炊事员、管理员、保姆，甚至还配了化验员以确保钱学森不被特务攻击等。家中的家具如写字台、三屉桌、二屉桌、课桌、方饭桌、大圆桌、床头柜、木椅、方凳、弹簧椅、转椅、衣架以及两节碗柜、藤躺椅、地毯、玻璃橱柜等也一并配发。

因职务需要，国防部五院还为钱学森配备专车。钱学森自我要求非常严格，告诫家人："车是给我工作的，家人无权乘用。"蒋英当然遵从，从不享受特权，从未因私事乘坐配车。蒋英平时骑车（一开始时骑自行车，后来更换为小摩托车）去上班。好在搬到阜成路的新居后，蒋英上班的路程比之前缩短了一半。化身"摩托女侠"的蒋英令同院的孩子陈丽霞印象深刻：

> 春季的早晨，我的身后响起了一阵摩托车的声音，低沉的声音由远及近，还未等我反应过来，摩托车已经呼啸而过，一位女郎的背影，头裹白色纱巾，身着青灰色的风衣。那身影像速滑运动员在前方向右拐去大院的东门，一缕乌黑的鬓发和风衣的下摆随风飘扬。那个年代，摩托车只在电影里看到过，再就是见过警察和军人骑摩托车，很少在生活中见到什么人骑摩托车，更何况还是个女子，而且那摩托的声音是低沉的，那车是大型的，是给男人骑的。一阵风掠过的她是谁？她是干什么的？用北京话说，她简直是太飞儿啦！……她那身体右倾拐弯的侧影，在三月的春天甩出一道美丽的弧线，闪耀着神秘的金光，令我无比好奇、羡慕……
>
> 初夏的中午，从倒数第二栋楼前的路上闪出一辆摩托车，黑色的墨镜遮不住车上女子娇美的脸庞和高傲的气质，一头浓密的大波浪的秀发在夏日的风中飞扬，青灰色的风衣，腰间的系带彰显苗条身段，白色的手套平添英气。深灰色的摩托车体宽前灯大，驾车的女子腰身直立、挺胸、下颌微微上扬，神情和姿态犹如骑着一匹高头骏马优雅帅气。[1]

　　每天早上七点半左右，中央音乐学院的师生经常看到骑车到校的蒋英，无论什么天气从不迟到。本科生赵登营看到过"帅极了"的蒋英："一辆橘红色的铃木摩托车，头盔一扎，墨镜一戴，'嗡'一脚油门……"[2]

1　陈丽霞.蒋英阿姨印象.钱学森图书馆藏。
2　卢美慧.落英绝代 余音犹在[N].新京报,2012-02-11（A11）.

1961年的春节，蒋英邀请陆雅君等几位学生到家中做客。多年后，陆雅君回忆说："一走进宽敞明亮的客厅，就看见一架德国产三角钢琴，旁边是一把小提琴。蒋老师带学生们参观各个房间。男孩钱永刚的房间一排书架上全是小人书；女孩钱永真的房间有许多布娃娃，散发着淡淡的花香。"钱学森恰好也在家。他特地从房内拿出世界著名歌唱家和作曲家的原版唱片，让大家欣赏。钱学森播放柏辽兹、门德尔松的音乐作品时，还跟他们互动起来。他问学生们从这首作品中听出了怎样的情感表达？学生们各抒己见，但都没能说完全。钱学森补充说："压抑混浊的乐段是天空出现乌云，暴风雨要来了，暴风雨过后是舒展优美的乐段，那是彩虹出现，天空晴朗，几只海鸥在自由飞翔……"钱学森对古典音乐的精通，令几个大学生十分佩服。蒋英也在一旁赞许地点头。

　　学生们在平易近人的蒋英和钱学森面前不再拘束。蒋英先后端上七道特意准备的茶点供学生们享用，每上来一盘很快就被他们一扫而光。这些点心对于难以饱腹的学生更显珍贵。学生们离开时，蒋英把他们送到很远才回家。[1]

收获的喜悦

　　蒋英进入中央音乐学院后积极参与学院各项工作，例如参与教材编写，讨论制订教学大纲，培养越南进修生等，还被评为副教授，并入选院学术委员会等，初尝收获的喜悦。

　　新中国成立后的一段时间里，高等院校有的学科使用外国教材，有的学科甚至无教材可用。为了改变这一状况，1961年2月，中共中央指示教育部会同国务院各有关部门抓紧解决高等学校、中等专业学校教材问题。

1　尚洪涛.蒋英学生陆雅君忆恩师几度落泪 她高尚的情操一直激励着我 [N].西安晚报,2012-02-09（16）。

同年 4 月，中共中央宣传部会同教育部、文化部在北京召开全国高等学校文科和艺术院校教材编选计划会议。会议总结了文科教学的状况和经验，讨论了文科教学中的若干根本方针性的问题，如红专关系，教学、劳动和科研三者的正确结合，各种课程的比例和相互联系，以及贯彻"双百"方针等。会议强调要坚决贯彻教学为主的方针，正确处理"论和史""古与今""中与外"等关系。会议还拟订了包括艺术院校在内的七类专业的教学方案，以及课程的教材编选计划（其中艺术一百七十一种）。会议期间，中央音乐学院的院长和系主任被召集在香山饭店举行教材会议预备会，讨论了赵沨负责起草的高等音乐学校教学方案。

根据教材会议精神，中央音乐学院制订了各专业的课程及体系，修订了各门课程的教学大纲，并着手教材的编选工作。1962 年，文化部在上海锦江饭店召开音乐院校教学方案讨论会。会议根据 1961 年召开的文科教材会议的精神和"文艺八条"，将中央音乐学院提出的《高等音乐学校教学方案（草案）》修订为《高等、中等音乐院校暂行教学方案》。同年 9 月，文件定稿为《音乐学校暂订教学方案》，由文化部学校司正式发布。

1960 年—1963 年，在文化部音乐教材编写领导小组成员赵沨和李元庆[1]组织领导下，中央音乐学院完成了一大批教材的编选工作，基本上确保各门课程都有教材或讲义，并确定教学曲目。其中，有不少教材公开出版，为其他音乐院校教学所采用。这批教材包括吴祖强编著的《曲式与作品分析》、李重光编的《音乐理论基础》、张洪岛主编的《外国音乐史·欧洲部分》、廖辅叔编著的《中国古代音乐简史》、汪毓和编的《中国现代音乐史纲》等。蒋英也担当重任，主编了《德国艺术歌曲选》。通过参与教材编写，蒋英不仅对德国艺术歌曲重新做了深入研究，系统梳理了德国艺术歌曲经典代表并编辑成册，还学习了以马列主义、毛泽东思想的观点和方法指导工作。

为了促进教学，中央音乐学院还采取了一系列措施。例如对教师职称

---

1 李元庆（1914—1979），音乐家。笔名袁里、李健，浙江杭州人，钱学森的表哥。新中国成立后，他历任中央音乐学院研究室主任，中央音乐研究所副所长、所长，中国音协书记处书记、民族音乐委员会副主任，中国曲协理事长，北京乐器学会会长以及中朝及中非友协理事等职，为发掘、整理中国民族民间音乐遗产，开展中国音乐史的研究，改革民族乐器做了许多工作。

进行评定，将一批中青年教学骨干分别提升为教授、副教授和讲师；在部分学科扩大接收外国留学生来院进修学习，先后接收捷克、越南、东德、蒙古和柬埔寨等国的 27 名留学进修生；举办定期的"双周音乐会"，组织师生参加各种重要演出和国内外的音乐比赛等。

　　根据学校的工作安排，蒋英参与了越南进修生的培养工作。中央音乐学院接收的越南进修生有梅卿、黄云、范庭六、陈玉昌、阮庭迹、黄原、辉游、黄乔、文勤、吴士显、黄檀、卢青等。他们都听过蒋英的课，回国后在越南音乐界推动中越文化交流。

1961 年，蒋英（左五）、喻宜萱（左六）与越南进修生合影

　　1961 年 9 月 25 日，经北京市教育局批准，蒋英晋升为中央音乐学院副教授。尽管蒋英的音乐专业素养早已达到甚至超过副教授所要求的水平，但这次晋升是国内音乐学术体系对蒋英专业水平的正式认证。虽然从年龄上来讲，"副教授"对于 42 岁的蒋英来说有点姗姗来迟，但从任教时间来讲，她能够在较短的时间里得到晋升是对她辛勤工作和付出的认可。

　　1962 年 9 月，中央音乐学院学术委员会改选，马思聪当选主任委员，江定仙、汤雪耕当选副主任委员。蒋英首次被选为委员。另外，委员还有王震亚、刘光业、朱上一、李元庆、李莪荪、吴景略、吴祖强、萧淑娴、易开基、周广仁、赵沨、张洪岛、姚锦新、夏之秋、夏国琼、章彦、黄源澧、黄飞立、黄国栋、喻宜萱、郭淑珍、杨荫浏、褚耀武、廖辅叔、韩里。

教学上，蒋英认真学习，与歌剧专业的老师们一起讨论编写教学大纲。经集体讨论，确定了统一的声乐系歌剧音乐专业声乐主科的教学大纲。其中指出课程任务是："通过西欧传统声乐的学习，掌握基本的发声方法和声乐技巧，并掌握大量外国作家的典范声乐作品和一定数量的中国民歌，创作歌曲和歌剧选曲。"同时指出："在掌握西欧传统的声乐方法和外国声乐作品的同时，必须唱好中国歌曲，在演唱中国歌曲时，应注意民族语言和民族风格的掌握。"这也体现了取西方声乐发声方法和声乐技巧之所长来演唱中国民歌的教学理念和目标。关于演唱风格，教学大纲中强调"应自然、淳朴、感情真实，有艺术表现力，反对矫揉造作和虚饰"。大纲中还提出"循序渐进、因材施教"的教学方法，指出"选择教材（包括练声、练习曲和歌曲）要适应学生的声乐技术音乐演唱的水平，并应根据学生的嗓音和演唱风格的特点进行教学"。大纲中明确该学科的学制是五年，并对每一学年的教学要求、教学内容和教学目标做出规定（见表1）。三年为一阶段举行阶段考试。五年级期终举行毕业考试。课时总数为510小时，每周上课3小时。其中2小时由主科教师授课，1小时由钢琴伴奏教师授课。同时，大纲还规定了每一年级具体的教学要求、教学内容和教学目标。

表1　蒋英参与编写的声乐主科教学大纲部分内容

年级	教学要求	教学内容	教学目标
一年级	着重观察和研究学生的业务条件、艺术才能。引导学生艺术、音调和技术的发展，并帮助学生克服其唱法上的不良习惯。	练习曲每学期至少唱4首。歌曲每学期8首，其中必须包括中国民歌。	中声区的声音自如、均匀、有呼吸基础、发音圆润、靠前。在正确呼吸基础上掌握正确的咬字、吐字的方法。掌握正确的音准和节奏。正确地理解歌曲的内容，能有乐感地表现较简易的声乐作品。应确定学生的声部。

年级	教学要求	教学内容	教学目标
二年级	继续发展学生的声乐技巧，扩大其音域，并培养学生的艺术表现力。	练声曲每学期至少唱 4 首。歌曲每学期 10 首。其中必须包括简易的歌剧咏叹调。	在升入三年级的考试中应唱练习曲 1 首，歌曲 3 首。
三年级	继续指导学生深入发展声乐技巧、扩大音域，并使各声区的韵调统一，在艺术表现方面继续深入提高。	发声练习及练声曲。练声曲每学期至少唱 4 首。歌曲每学期 12 首。其中必须包括歌剧咏叹调。	阶段考试，考试后决定学生能否升入四年级继续学习。凡是认为不能深造者，由学校分配工作，作为专修生毕业。
四年级	继续引导学生钻研技术，扩大学生演唱节目及艺术表现的能力。	歌曲每学期 16 首。选材注意歌曲音乐风格体裁的多样性。其中必须包括 2—3 首歌剧咏叹调，并加入现代作家的作品。	升入五年级的考试中应唱歌曲 5 首（2 首中国歌曲、3 首外国歌曲），包括艺术歌曲及歌剧咏叹调。在歌剧表演课中担任歌剧角色的排演。
五年级	继续帮助学生锻炼技术，掌握熟练的声乐技巧，使其在掌握多种音乐风格的基础上，发展独立创作的能力。	歌曲每学期 16 首。为培养学生独立作业的能力，视学生的能力，给以适量的课外作业，教师应定期检查其完成作业的情况。	在歌剧表演课中必须担任主要角色的排演。毕业考试应演唱歌曲 8 首：3 首中国歌曲，其中 1 首民歌，2 首创作歌曲；5 首外国歌曲，其中 2 首歌剧咏叹调、艺术歌曲。考试的节目中必须包括最高技巧的作品。

从教后，蒋英仍然保持着著述的习惯。1962 年，中央乐团的第一百次音乐会特别排演了亚、非、拉丁美洲的一些歌曲。蒋英亦去现场聆听了这场音乐会，并将所思所感写成《中央乐团的亚、非、拉丁美洲音乐会》一文，发表在当年的《人民音乐》第 3 期上。

说起这次音乐会举办的背景，不得不提非洲独立运动。20 世纪 60 年代，非洲的民族解放运动蓬勃发展。新中国的诞生和 1955 年万隆会议（即首届亚非会议）的成功召开，使得非洲各地的民族解放运动受到极大鼓舞。1960 年堪称非洲独立年，许多非洲国家纷纷脱离列强统治，非洲殖民时代宣告结束。由于有着同样饱受帝国主义列强欺侮的经历，中国和非洲、拉美国家同病相怜，互帮互助。1960 年，来自拉丁美洲和非洲共 14 个国家和地区的工会和妇女代表团及代表受邀访问中国，并受到毛泽东的接见。在此背景下，中央乐团举办了"亚、非、拉丁美洲音乐会"，由中国歌唱家向国内观众介绍这些国家的歌曲。

蒋英在文中对每位演出者及其演唱的作品逐一点评，并提出了一些专业意见：

当舞台上以高昂的大合唱响起强有力的《"七·二六"颂歌》时，我们感到浑身是力量。我们为古巴人民所获得的胜利感到欢庆，感到骄傲。然后我们听到《跨上千里马飞跃前进》这首充满朝鲜民族风格特色的歌曲，坚强有力的节奏象征着人民奋勇前进的精神。《万岁，阿尔及利亚！》是充满同样精神的一支歌曲，表达了阿尔及利亚人民斗志昂扬的决心。

……

小提琴家杨秉孙演奏了李焕之的《春节序曲》，引起了听众的共鸣。幽静的《墨西哥小夜曲》演得很流畅动听。但是在萨拉萨蒂的作品中我们希望演奏家能大胆地使用弓法，来达到声音力度的集中。这样更能发择演奏家的激情。

男声小合唱是一支精干的队伍，他们的发展应当是无限灿烂的。他们演唱古巴歌曲《芒此》时声音多么脆、多么亮！这使我们仿佛听到了古巴人民沸腾的笑声！他们还唱了一首巴西歌曲，那是黑人面对着"干旱的土地"用叹息的节奏诉述他们的痛苦；小合唱以沉重的气息，拖延的旋律，淳厚的色彩刻划（画）了他们的悲痛，给听众以深刻的影响。

刘淑芳在这次音乐会中大胆地演出了较为广泛的曲目，这里包括热情洋溢的爱情歌曲（巴西歌曲《在路旁》、古巴歌曲《西波涅》等），亦有抒情幽静的催眠曲（印度尼西亚的《宝贝》）。她用她热情的歌喉，时而高歌，时而低吟，自如地表达了不同歌曲的特有风格，难怪听众以热情的掌声欢迎她唱了 10 支歌！我们希望她在继续锻炼的时候，能珍视她高音的圆润。……[1]

从文中可见，蒋英不仅对欧洲音乐了然于心，对于亚、非、拉美音乐风格和特点也甚为了解，因此才能够于细微处听出中国歌唱家演唱的优点和需要提升的地方。

1962 年 3 月，中国对外文化委员会邀请古巴歌唱家伊格纳西奥·维亚来华访问演出。3 月 27 日，中央音乐学院邀请其到校演出。伊格纳西奥·维亚出生于 1911 年，艺名雪球，8 岁起在一所音乐学院学习，后赴哈瓦那学音乐。1933 年，雪球在墨西哥演出，演唱自己创作的曲子，后来到世界许多国家巡演，能用英、法、意、葡等国语言演唱。1962 年，雪球来华期间还受到毛泽东的接见。

蒋英与其他师生一起欣赏了雪球的演唱会。这位黑人歌唱家的演唱令蒋英印象深刻。蒋英为此还写了一篇听后感《一切是一个谐调[2]的整体》，发表在《人民音乐》第 5—6 期上。蒋英观察细致，听觉敏锐，用生动活泼的语言详细介绍了雪球音乐会，令人仿佛置身于现场。蒋英这样形容此次音乐会："伊·维亚先生是一位来自民间的歌吟诗人，为了表现诗歌的内容，他的歌声，他的笑容和他在键盘上飞舞的双手，甚至于他富有节奏性的双肩，都形成了一个谐调的整体。接着，一幅又一幅生动的，充满生活气息的诗景画意，随着动人的歌声'有声有色'地展现在我们的眼前。"[3]

蒋英在文中赞扬了这位歌唱家的说唱技术："在运用'绕口令'式的、激情的赞扬词中，我们领会到演唱家的说唱技术是多么高超，它令我们惊奇，令我们钦佩。"

1　蒋英 . 中央乐团的亚、非、拉丁美洲音乐会 [J]. 人民音乐 , 1962（3）: 21.

2　即"协调"。

3　蒋英 . 一切是一个谐调的整体 [J]. 人民音乐 , 1962（5—6）:32.

蒋英认为雪球的演唱与西方歌剧有异曲同工之妙，即"诗中有歌，歌中有诗"。她在文中指出："维亚先生高度的艺术修养在于在一定的音量之内，创造出细腻的色彩变化。这里歌唱性的旋律永远是服从于朗诵性的韵律的。……真挚的感情，朴实的歌吟声，简练的动作所描绘的这一幅幽静的画境，使我们陶醉在民歌的魅力中，念念难忘。"

蒋英通过雪球的演唱会领略到了拉丁民族音乐的特点即"激情的节奏"，认为"以音乐语言表达奔腾的情感，为的是诉说对生活的喜悦"。

最后蒋英总结道："维亚先生精心雕琢的曲目和它微妙的安排给我们带来莫大的艺术享受。通过他独特的风格和新颖的形式，这些丰富多彩的民歌中的珍品在我们脑海里留下的印象是难忘的。"

虽然蒋英此文中的用语有那个时代的印记，但专业的点评和独到见解反映了她较高的音乐造诣和音乐鉴赏力。

20世纪60年代，蒋英还编辑出版了舒伯特、舒曼、勃拉姆斯艺术歌曲集。1963年，蒋英教的第一批学生也顺利毕业。其中，张汝钧毕业后被分配到华侨大学艺术系任主科声乐教师，担任外国留学生声乐主科导师，并于1972年定居香港。

蒋英与学生张汝钧合影

正当中央音乐学院的教学逐渐恢复如常、蒋英初尝收获的喜悦时，国内政治环境又发生重大变化。为了解决在音乐工作中长期存在的所谓"土""洋"之争，1963 年冬，文化部决定将中央音乐学院有关民族音乐的专业与原北京艺术学院合并成"中国音乐学院"，从而将民族音乐的师资集中在一起，全力培养发展民族音乐的人才。为贯彻这一决定，1964 年中央音乐学院又一次改组。根据上级决定，中央音乐学院将本科的民族作曲、民族声乐、民族音乐理论各专业和附属中学的民乐学科、民族声乐班以及附属的民族音乐研究所全部划归新成立的"中国音乐学院"，包括领导干部、教师、研究人员、学生以及部分职工在内的 100 人被调出。那段时间，北京市委领导组织大批师生参加三次农村的"四清"运动，并组织部分师生到太舟坞教学基地作"半农半读"的试点。

1963 年 9 月到 11 月，中央音乐学院组织全体师生去四季青公社参加"四清"运动，蒋英也参与其中。蒋英虽然从未有过农村劳动经历，但干起活来却从不叫苦叫累，与其他同事完全一样。同行的吴雁泽回忆道："她戴个棉帽子，像小伙子一样干，晚上住在农村非常简陋、八面透风的大屋里，（如果）不了解她的身世，会以为她是个普普通通的人。她并没有因自己是钱夫人就坐汽车回家了。"

用爱温暖孩子的心

在"文化大革命"时期，蒋英也未幸免，被卷入其中。蒋英的父亲蒋百里曾是国民党军官，母亲蒋左梅是日本人。这些都成为被攻击的理由。她被人贴大字报，各种捏造之词和恶语向她涌来，这些犹如一把把利剑刺向她的心。与蒋英共事多年的大多数教师员工尽管都清楚她的为人，也了解她爱国、爱党、热爱音乐事业的本心，知道给她所扣的帽子都是诬陷，但迫于当时的政治环境，为求自保不得不选择站队，甚至疏远她。蒋英为此深受打击，心绪不宁。她盯着办公室的窗帘，怎么也想不通自己历尽千辛万苦回国，只想为国家奉献一切，却被如此对待。那一刻，她形容自己为"脆弱的知识分子"，不堪其辱，甚至想到了结生命，以便保全身在基地的钱学森。多年后，蒋英回想起这一幕仍黯然神伤，心有余悸。幸好，黑暗中仍有正义之人用自己的方式给蒋英送来温暖。毕业后留校任教不久的青年声乐教师、党小组成员之一的吴天球悄悄地到蒋英办公室看望她。吴天球虽然与蒋英共事时间不长，但他知道她与钱学森排除万难回国就是对一切污蔑的最好回击。而且，蒋英的学识和人品所有人有目共睹。看到蒋英受到如此对待，吴天球内心虽愤愤不平，但在那种环境下却也帮不上什么忙，只能悄悄地送上安慰。吴天球轻轻地敲了敲蒋英办公室的门走进去，然后用关切的眼神看着蒋老师。虽然彼此之间没有言语，但这已经给蒋英莫大的安慰，让她知道还是有人心怀正义，而且相信和关心她的。因为此事，吴天球与蒋英成了忘年交。

吴天球离开后不久，蒋英办公室的电话响起，是钱学森的秘书打来的，告诉她钱学森要从外地出差回来了。沉浸在悲痛中的蒋英被拉回现实，跌落谷底的心情也得以缓和。蒋英左思右想，终于卸下心理包袱，她仍然相信"清者自清"，邪不压正。可是，看到很多人家被抄家，蒋英心里仍然忐忑不安，她甚至撕掉了她与钱学森结婚婚书上有宾客签名的那一页。因为当时参加婚礼的有蒋百里的学生，他们很多都成为国民党的军官。如果造反派未经允许搜查家里并发现了，必定大做文章，后果严重。

钱学森所在的七机部也大受干扰。一些领导干部和科技专家纷纷被打倒。七机部还出现了派系斗争，严重影响正常工作。身负国防科技重任的钱学森也成为被攻击对象。更有甚者，造反派还跑到钱学森家敲门闹事、在楼下贴大字报。蒋英曾向钱学森的堂妹钱学敏透露，内乱时期，她和钱学森也时时面临着被批斗、被打倒的厄运。她和钱学森的警卫秘书刁九勃几乎每天都要用尽全身的力气去顶着楼下那两扇大门，不让"红卫兵"、造反派和一些所谓的"记者"闯进来揪斗钱学森。蒋英还说："他们人多、年轻、力量大，我们每天和他们斗争下来，几乎瘫倒在地了，但是为了保卫学森，我只好拼命了。幸亏就在我们性命难保的时候，周恩来总理知道了，他大为震怒，指示有关部门开列一张有重要贡献的科学家名单，对我们加以保护，必要时可以动用武力保护。这才最终解了围。"[1]

为了确保研制工作的正常进行，周总理遵照毛主席的指示，对七机部实行军管。周总理要求军管会每周向他汇报一次，而且提出需要重点保护的科技人员的名单。周总理还在会上宣布："部里由钱学森同志挂帅，杨国宇同志（当时是军管会的副主任）为政委，你们两个负责。"周总理对杨国宇严肃地说："你是政治保证，他（指钱学森）和其他专家要是被人抓走了，不能正常工作，我拿你是问！"杨国宇遵照周总理的指示，亲自检查工作、监督和落实，确保万无一失。当两派闹事的时候，杨国宇便召集两派的头头谈判，说这是国家、毛主席交代的任务，必须完成。如此，两派才不敢闹得太凶。为了切实保护钱学森及其家人的安全，杨国宇负责的军管会还住到钱学森家的楼上，再加上住在一楼的警卫秘书刁九勃，为钱学森家构筑了双重安全保障。每当刁九勃听到造反派敲门，便推说没有周总理的指示不能开门，要想进去就给周总理打电话，得到批准后才能开门。造反派见无法得逞便灰溜溜地离开了。正是受到这样的保护，钱学森、蒋英和家人才安然度过那段时期。

1966 年，18 岁的钱永刚原本到了参加高考的年纪。但因学校停学，学生们都无学可上。面对迷茫的前途，钱永刚选择应召入伍。作出决定后，他向父亲钱学森征求意见。在那个混乱的政治环境下，钱学森也给不了其他建议，只说了一句："你如果真的想去，你就去吧！闯一闯，好好干！"钱学森虽然身为第七机械部副部长，但钱永刚也没让父亲打招呼，因为他知道父亲不是这样的人。于是，钱永刚登上新兵车去到江南某部服役。而妹妹钱永真的高中学业也被迫中断，后来到国防科委的兴城疗养院[2]做了一名医护人员。永刚和永真的命运成为那个年代普通年轻人的缩影。蒋英的五妹蒋和因父亲蒋百里和母亲蒋左梅的身份问题，也饱受牵连。

1970 年 5 月 19 日，按照国务院的指示，中央音乐学院的员工都要下放到河北保定地区清风店 4893 部队劳动锻炼。1973 年，中央音乐学院和中

1　中央音乐学院. 怀念蒋英老师 [M]. 北京：中央音乐学院出版社，2015:167.
2　原为东北军区八一疗养院，1959 年改名海军兴城疗养院，1968 年 2 月归属国防科委，改名为国防科委兴城疗养院。

国音乐学院合并为"中央五七艺术大学音乐学院"（以下简称"五七艺大音乐学院"），恢复了所谓的教学活动，实行由"工人宣传队"与学院干部"结合"、"党政一体"的院系（处）领导体制，以及以招收"工农兵学员"和实行"开门办学"为主要内容的所谓"教学改革"。从1974年至1976年，"五七艺大音乐学院"先后组织了12批师生分别到北京红星公社、山西大寨大队、房山县、北京石油化工总厂、首都钢铁公司、中国人民解放军38军等地设点办学，每批办学大多为期一到四个月，个别地区（如房山县及山西大寨大队）的教学则为期将近2年。

蒋英服从安排，准备跟随"五七艺大音乐学院"去外地办学。比起之前短暂离开北京，这次要去的时间较长。蒋英提前整理好行李，准备与学校其他老师的行李一起统一运送到目的地。临启程那一天，蒋英早早地起床，准备赶赴学校与其他老师、同学会合，可还没出门就接到通知说让她留守北京。与此同时，远在兴城疗养院工作的永真也回到了家。蒋英看到突然归来的永真，惊讶地问她："你怎么回来了？"永真便把事情的经过告诉了妈妈。原来，几天前医院领导找她谈话，说："接到上级命令，你明晨启程回京，调国防科工委北京医院工作。"永真感到既惊喜又突然，不知道发生了什么事情，唯有服从组织的安排。她整理好简单的行李，一夜未眠。第二天一早就启程回京了。后来他们才知道，这又是周总理的悉心安排。周总理得知钱学森一家四口分处四地：钱学森要到基地出差，蒋英要离京，永刚在外地服役，永真则在兴城，就关切地说，"学森身边不能没有家人"，于是做出了如上安排。晚上，钱学森回家后得知这一切，心里一股暖流涌遍全身。他们对周总理充满无限感激。钱学森常常对家人说："周总理对科学家关爱有加、关心细微，对我们的关怀照顾一定要永志不忘。"

蒋英虽然留在了北京，但学校已经没人，只剩工作人员的孩子们，无法从事正常的教学工作。蒋英原本可以舒服地待在家里，但她担心这些孩子没人照顾，主动报名当保育员，这一当就是三年。蒋英每天都要到3号楼的"托管班"照看四十多个孩子。其他三位同事柳玲娣、刘玉花和马淑娥主要负责孩子们的安全、监督作业和开家长会。而蒋英负责教书、培养孩子们的兴趣。为了看护好孩子们，蒋英自掏腰包购买军棋、跳棋、象棋、小人书、科普书和花手绢等，还把家里的糖果、玩具、电视机都捐了出去，让孩子们玩乐。蒋英还成了孩子们的准妈妈，看到有的女孩子衣服破了，就用花手绢缝补上，既补了破洞又不影响美观；发现男孩子的毛衣开线了，她一针一线地给织补上；看到孩子们衣服脏了，有时候带回家去洗。蒋英还把永刚和永真小时候穿过的衣服带给孩子们穿。这些孩子原本不幸，在该享受父母之爱的年纪却无法享受；然而，他们又是幸运的。蒋英用爱弥补了他们缺失的父母之爱。孩子们越发喜欢蒋英，经常围绕在她身边，读书、听故事和学英语等。

永刚和永真有工作，偶尔休假回家看望爸爸妈妈。蒋英觉得儿子和女儿都有独立的经济能力了，回家住理应交"房租"和"伙食费"。但与此同时，蒋英却把省出来的钱贴补给学生。起初，永刚和永真觉得妈妈爱其他孩子胜过爱他们，可后来渐渐理解妈妈这种"偏心"行为。这是因为，在那个年代生活困难的家庭很多，心地善良的妈妈自然会同情他们，并尽自己所能施以援手。而且，很多孩子的父母由于受政治运动牵连，在孩子们最需要父母时却无法陪伴在身边。蒋英更觉得这些孩子们是无辜的，于是加倍用心去照看他们。

在人人自危的年代，蒋英用爱驱走周围的寒意，让孩子们感受到关爱和温暖。虽然蒋英很少提及这一段经历，但当时受她照顾的孩子却将这段时光铭记在心，甚至影响他们一辈子。

在这段时间里，蒋英无法从事自己的专业，但也利用一切机会学习其他音乐形式，例如京剧。京剧是中国的国粹。京剧大师马长礼先生曾去学校讲课，蒋英与学生一起听。他在课堂上说："搞声乐的人必须要全会唱。只要是唱的都要会两句。各个方面的发声位置，都是不一样。"通过学习

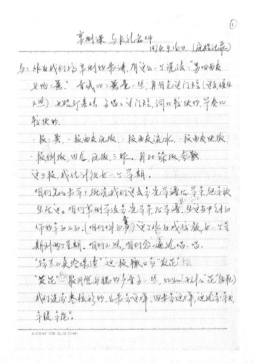

1974 年，蒋英听马长礼京剧课时做的笔记

京剧，蒋英对发声方法更加融会贯通，当她唱西洋歌剧时也会吸取唱京剧的发声经验。

指导祝爱兰走上歌剧艺术之路

1974年，"五七艺大音乐学院"声乐系招收了一批学生，其中有一位女生名叫祝爱兰，来自南京。一天早上，祝爱兰早早地来到学校报到，看到很多老师都在忙着打扫教室，为迎接新生做准备，其中一位女老师骑在窗台上擦玻璃，却非常优雅美丽。这一幕一直深深地印刻在祝爱兰的脑海中，甚至几十年后，还能详细描述出当时的情景："老师骑在窗台上擦玻璃的样子，我真是永远也忘不掉。当时她身穿一件浅色风衣，脚上的鞋子有点像靴子，整个人的气质，是那样的协调，甚至可以说完美。我心里想：'呀，怎么那么漂亮，阳光透射在脸上，她微微泛起的笑容也显得非常温暖，动作那么认真从容。'"[1]

开学后不久，学校原来为祝爱兰分配的老师因病休假。于是，祝爱兰在张清泉老师的带领下，去拜访新的指导老师——蒋英。祝爱兰一眼就认出，眼前的蒋英老师就是她看到的那位即使擦玻璃也显示出优雅气质的老师。祝爱兰难掩心中的喜悦，暗自庆幸能够跟这么美丽优雅又有学问的老师学习。蒋英欣然收下祝爱兰。从此以后，师生二人结下特殊的缘分。

彼时，年仅17岁的祝爱兰只是一个喜欢唱歌、喜欢舞台的女孩，仅有的一点声乐专业知识也是备考那一年的突击学习学来的，歌剧知识更如"一张白纸"，毫无基础。幸运的是，祝爱兰遇上了蒋英这位伯乐。在复杂的政治环境下，蒋英坚持用正统的西洋唱法指导祝爱兰，将毕生所学倾囊相授。祝爱兰说："面对在'声乐艺术'的世界中如咿呀学语、蹒跚学步的婴儿般的我，蒋老师用慈母般的细心和耐心，用大师般的知识和方法，把

---

1 蒋英爱徒祝爱兰讲述恩师与钱学森的世纪爱情 [N]. 每日新报，2011–12–10（B12）.

我从一个连什么是'歌剧'都不知道的小姑娘，逐字逐句，一个音符，一个音符，一步一步地将我带进了歌剧艺术的殿堂。"[1]

祝爱兰个性爽朗直率，即使在老师面前也从不掩饰自己的情绪。有一次上课时，蒋英让祝爱兰按照她的示范演唱一遍。可是，听了祝爱兰演唱了几遍后，蒋英始终不满意，不断要求她重唱。渐渐地，祝爱兰表现得有些泄气和不耐烦，甚至耍起了小脾气，撂下一句"我不唱了"就头也不回地跑开了。过了几天，祝爱兰认真反思了一下，觉得是自己做得不对，于是又去敲蒋英办公室的门向老师道歉。蒋英非但没有批评她，反而笑着说："耍耍小脾气很正常，没关系，但是今后咱们还是照样要严格要求自己才对。"看到蒋英老师如此豁达，祝爱兰有些愧疚。从那以后，祝爱兰再也没有闹情绪，再难的歌曲也努力、认真地学习。除了课堂上的教学内容，蒋英还偷偷将祝爱兰带到家中，教她说德文、意大利文，将自己珍藏的经典歌剧录音带播放给她听并指导她学习。

得益于蒋英的严格要求和悉心教导，祝爱兰从一个爱唱歌的小女孩成长为一个有潜力的歌剧演员。多年后，祝爱兰回忆蒋英对她的影响说："在专业学习上，能得到蒋老师的教诲，实在是老天对我的眷顾。在我看来她几乎是无所不能。从什么是西方发声方法的真谛，什么是意大利、法国和德国艺术歌曲的演唱风格，什么是歌剧、清唱剧，到如何唱好中国歌曲，她都能引经据典，逐一详细讲解，不仅亲自范唱，还常常找来大量的国内外的文字和录音资料，培养学生的欣赏和鉴赏能力。她严谨而又灵活的教学风格和方法无形中深深地影响着她的学生，这也是我现在教学中取之不尽的源泉。"

还有一次，祝爱兰要学习演唱苏州评弹《蝶恋花·答李淑一》。蒋英听说有一位有名的评弹盲人女艺术家要到北京参加全国文艺工作者会议，就想带祝爱兰向她求教。几经周折，蒋英终于打听到了这位艺术家的住处，并辗转与她沟通好祝爱兰的上课事宜。接下来连续几天，蒋英亲自陪祝爱兰乘坐公共汽车往返几个小时，去老艺术家的宾馆上课。公交车上非常拥挤。运气好的时候，祝爱兰先挤上去占座再请蒋英坐下；运气不好，师徒

1　中央音乐学院. 怀念蒋英老师 [M]. 北京 : 中央音乐学院出版社 , 2015:76.

二人就只能站着。上课时，蒋英也虚心学习，回去后陪祝爱兰一起研究、练唱。这段难忘的经历和学会的评弹作品让祝爱兰一直铭记。

1977 年，蒋英（左）与学生祝爱兰合影

1978 年，祝爱兰以优异的成绩毕业，先被分配到中央民族乐团担任独唱演员，后又调入中央歌剧院担任独唱演员。即使毕业了，祝爱兰仍然坚持每周到蒋英家里上课，继续学习艺术歌曲和美声唱法，风雨无阻，从未间断。当时中国刚刚开放，国内有关外国歌剧的资料非常稀少，但蒋英家中收藏了不少资料。祝爱兰在蒋英那里经常"吃小灶"，学习了大量的艺术歌曲、歌剧选曲，专业水平得到很大的提升。

不仅如此，蒋英还在生活上关心着祝爱兰。当得知祝爱兰在工作单位不方便做饭时，蒋英二话不说，把自家的煤气灶送给祝爱兰。在那个物资匮乏的年代，煤气灶可谓稀缺物品，而蒋英的慷慨是发自内心地对学生的关心。

Chapter 7
第七章

重启歌剧　填补空白

事业再出发

1976 年，全国上下开始拨乱反正，逐步恢复正常秩序。1977 年秋，全国恢复高考制度工作会议在山西省太原市晋祠宾馆召开。1977 年 11 月 9 日，文化部下发《关于中央五七艺术大学招生问题的通知》，并附有《中央五七艺术大学音乐学院一九七七年招生简章》。1977 年 12 月，中央音乐学院的名称和建制得以恢复，当时共有 13 个处级单位。1977 年的招生一直持续到 1978 年 3 月才结束。因此，到这些学生入学时，学院已经恢复为中央音乐学院。中央音乐学院的招生情况火热，约有一万七千名各民族的青少年投考。为了让尽可能多的学生能够有机会考上大学，中央音乐学院在请示党中央后，扩大了招生名额。1978 年 4 月，"文化大革命"后的第一批大学生满怀欣喜和憧憬踏进中央音乐学院。

同月，上海文艺团体决定于当年的 5 月份恢复"上海之春"文艺会演。5 月 23 日—6 月 11 日，第八届"上海之春"音乐舞蹈会演举行，历时 19 天，共举办了 62 场，上演了 288 个音乐舞蹈节目，举行了 14 台音乐会，其中上海音乐学院演出了声乐器乐专场。这一音乐盛事还吸引了全国各地的文艺工作者前来观摩。中央音乐学院也派出蒋英、周广仁等前来观摩。5 月，蒋英观摩了洪腾的钢琴独奏音乐会；6 月，蒋英欣赏了郑石生的小提琴独奏音乐会（由林恩蓓担任钢琴伴奏）和温可铮副教授在上海音乐学院礼堂举行的独唱音乐会。蒋英在听洪腾钢琴独奏音乐会时还在节目单上做点评标注。

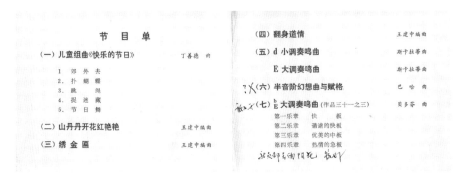

蒋英在节目单上做的标记

1978 年 8 月 17 日，中央音乐学院制订了《中央音乐学院规划、学制、体制、编制、基建方案（草案）》，描绘了重获新生后的中央音乐学院至 1985 年的发展蓝图。该方案充分考虑到了学院的办学目标和音乐教学的特点和规律。其中写道：

> 根据中央有关规定，我院既是一个教学单位，又是一个科学研究单位、创作演出单位，学校不仅要出人才，还要出科研成果，出创作，出演出。但在当前情况下，制订规划方案，在编制、经费上必须一方面力行精简节约的原则，一方面考虑到事业发展的需要，以期在教学设施、教学成果上力争较快地赶上世界先进水平。

1978 年恢复教学的声乐系制订的教学大纲也有变化（见表 2），例如培养目标变成："培养又红又专、有社会主义觉悟，有文化的歌剧演员。在演唱方面能掌握科学的发声方法，浓厚的民族风格，丰富的表现能力，能够担任歌剧中的各种角色。""继承发扬民族民间传统唱法，同时学习借鉴西欧唱法的好经验，在百花齐放、百家争鸣方针指引下，加强科学研究。"值得一提的是，大纲明确提出"建立中国声乐教学体系"。

在培养方法和步骤中，新的教学大纲除了以往的"因材施教、循序渐进"外，还加入了"定期举行讲座、欣赏会（包括民族民间传统和我国优秀的演唱经验）"和"在不影响学生基础训练的前提下，声乐课选择教材要适当和表演课相结合"。

表 2　不同年代教学中教学内容比较

年级	教学内容	
	20 世纪 60 年代教学大纲	1978 年版教学大纲
一年级	练习曲每学期至少唱 4 首。歌曲每学期 8 首，其中必须包括中国民歌。	歌曲至少每学期 3 首。初步掌握发声的基本方法，吐字清楚，呼吸自如，音准节奏，较完整的表现节目内容。
二年级	练声曲每学期至少唱 4 首。歌曲每学期 10 首。其中必须包括简易的歌剧咏叹调。	歌曲每学期 5 首（包括歌剧选曲）掌握正确的发声方法，加强表现能力，完成各声部应有的音域。
三年级	发声练习及练声曲。练声曲每学期至少唱 4 首。歌曲每学期 12 首。（其中必须包括歌剧咏叹调。）	歌曲至少 6 首（必须有歌剧选曲）继续加强声乐技巧的训练，提高演唱的表现力。
四年级	歌曲每学期 16 首。选材注意歌曲音乐风格体裁的多样性。其中必须包括 2—3 首歌剧咏叹调，并加入现代作家的作品。	歌曲至少 6 首（包括歌剧选曲）加强演唱各种风格的歌曲和歌剧中不同类型角色。
五年级	歌曲每学期 16 首。为培养学生独立作业的能力，视学生的能力，给以适量的课外作业，教师应定期检查其完成作业的情况。	至少开半场音乐会和担任歌剧中重要角色。

随着学院工作逐步回归正轨，蒋英埋在心底的愿望重新燃起，那就是：为中国培养声乐、歌剧人才。蒋英虽然一直教授声乐，但她对歌剧具有特殊的情怀，尤其是中国歌剧事业已经荒芜多年，歌剧人才严重断档，让她更感到使命在肩、义不容辞。虽然当时蒋英已年届六十，过了干事创业的最佳年纪，但她仍然干劲十足。与蒋英有相同心愿的还有沈湘和郭淑珍等。

20 世纪 40 年代，沈湘被誉为"中国的卡鲁梭"，在中央音乐学院与蒋英共事多年。"文化大革命"期间，沈湘受到不公正待遇，身心遭受摧残。

后来，沈湘终于重返工作岗位。出于对歌剧事业和歌剧教育工作的热爱，磨难没有浇灭沈湘心中的希望，他又满腔热情地重新投入工作。

郭淑珍于1949年进入中央音乐学院师从沈湘学习声乐，后又赴苏联莫斯科柴可夫斯基音乐学院留学，在莫斯科剧院成功地扮演了歌剧《叶甫根尼·奥涅金》中的女主角塔姬雅娜和歌剧《艺术家的生涯》中的女主角咪咪，被评为"名副其实的普希金和柴可夫斯基式的女主人公"。1957年，郭淑珍曾在莫斯科举行的世界青年联欢节古典歌曲演唱比赛中获一等奖及金质奖章，后又回到母校中央音乐学院任教。"文化大革命"结束后，已停唱七年的郭淑珍期盼能尽快恢复工作。

1977年1月，赵沨主持召开中央音乐学院全院大会时，做出恢复音乐学系、指挥系，筹建民族声乐和歌剧专业的决定。因此，蒋英与沈湘、郭淑珍等借机共同呼吁，推动中央音乐学院独立组建歌剧系。

倡导创立中国声乐学派

为了确定未来民族音乐的发展方向，1978年9月，文化部在北京举办了"全国部分省、市、自治区民族民间唱法独唱、二重唱会演"，并就唱法的科学性再次展开讨论。蒋英作为声乐专家受邀观摩了此次会演，还发表了自己的看法。

时任文化部副部长的周巍峙在闭幕式发言中提出，民族唱法是"科学唱法"。他认为，"科学唱法"有两个标准："一是能适应一定的作品，能充分地表现出来；二是能适应一定演员的声音条件。"他举例说，常香玉（55岁）表演的豫剧和扎木苏（66岁）演唱的蒙古族民歌就是"科学唱法"的代表。针对会演期间再次出现的否定民族唱法、提倡"洋唱法"的观点，周巍峙认为是片面的，指出"洋唱法是有其科学性的，但绝不是唯一的科学方法"。

蒋英认同周巍峙的发言，而且，她的看法与刚回国时对民族音乐的看法一脉相承，那就是民族唱法和西洋唱法各有优缺点，只要发声方法合乎科学即可。她提倡应该有组织地总结民族音乐的优秀经验，借鉴和学习西方唱法，从而完善和推动民族音乐的发展。蒋英认为唱法只是音乐表演的形式。好的音乐应该是好的作品加上好的唱法。因此，她倡导中国作曲家应该重视声乐作品的创作技巧，创作出适应时代需求的优秀民乐作品。蒋英的发言还被整理成文刊登在了《人民音乐》上：

> 部分省、市、自治区民族民间唱法独唱、二重唱会演胜利闭幕了。这是粉碎"四人帮"以来文艺界的又一件重大事件。我有机会参加这次盛会，感受很深。民歌是人民的心声，谁都有嗓子，谁都能唱；它有词，较器乐作品更容易表达内容，听者易懂。我国人口众多，地域辽阔，方言不同，民歌丰富多彩！如青海、甘肃、宁夏的"花儿"比较高亢嘹亮，江浙一带的民歌比较婉转清秀，辽阔的内蒙草原上的歌声却激昂奔放，……不同的内容，不同的形式，需要不同的表现手法。这次会演在发挥各家之长的同时，演员之间互相观摩，互相学习，对促进民族民间唱法的繁荣将产生积极的影响。为了发展我国的民族声乐艺术，我想提出两点意见：
>
> 一、为了更好、更快地提高民歌表演艺术水平，我们希望从事戏剧、戏曲、说唱和西洋唱法民族化的演员们，以及更多的声乐工作者来关怀和扶持我国的民族声乐艺术事业。这样，民族表演艺术的提高就会有更多的途径。通过这次会演，我们进一步看到，不论"土"或"洋"的唱法，都有合乎科学发声规律的好唱法；但是我们也不能不承认，两者都还有一些不好的东西，需要我们总结经验教训。凡是合乎歌唱生理机构原理的发声法，声音不但好听，也能持久；反之，就会得病，就会失声。唱坏嗓子是摧残人才，所以我们要认真对待这个问题。
>
> ……在我国，民族民间音乐是优秀文化遗产的一个组成部分，解放以来一直得到政府和人民的重视。对它的继承、发展也是有组织、有计划地进行的。今后我们要继续学习戏剧、说唱等传统

的宝贵经验，对国外在歌唱音响学等方面的新动态也要了解、掌握。我们完全可以组织更充分的力量，为创造我们自己的民族声乐学派更快地作出优异的成绩。

二、历史上任何一个剧种的形式都会受其他姊妹艺术的影响。拿京戏来说，它吸取了西皮、二黄、梆子、昆曲等唱腔，经过多少年的改革，才发展到今天这个样子。民歌也不例外，它不可能永远是四句头的简单形式，它是会发展的。声乐作品的发展可以促进声乐表演艺术水平的提高；反过来，声乐表演艺术水平的提高又为创作大型作品提供了演唱条件。因此声乐表演艺术的提高和民族声乐作品的发展也应当是作曲家们所关心的事。十九世纪初期维也纳盛行意大利歌剧，德国民间小调是不能登大雅之堂的；但生活在当时的舒伯特却在运用民间音调的基础上创作了不少具有民族风格的歌曲，至今仍是世界艺术宝库中的珍品。

我们还需要具有民族风格和民族气派的大型声乐作品和其他形式的作品，例如大合唱、大型声乐组曲、交响乐、新歌剧等等。伟大的音乐艺术作品从何而来？俄罗斯"强力集团"摆脱了法国歌剧、舞剧的影响，在民族民间音调的基础上创作了富有自己特点的声乐作品和器乐作品；捷克的斯美塔那和芬兰的西贝柳斯走的也是这样的创作道路；冼星海的《黄河大合唱》就是具有民族特点和民族气派的不朽作品。我们的作曲家应当重视民歌和创作民族风格的艺术歌曲所需要的写作技巧，创作出不愧于我们时代精神的好作品。这也是促进我国民族声乐艺术发展的必要条件。

蒋英是致力于创建中国声乐学派的声乐家之一。从20世纪20至30年代起，受到世界声乐文化的冲击，我国不断有留学生赴欧学习音乐。蒋英当初赴欧研习西乐，深深感到西方音乐自"文艺复兴"之后的长足发展，于是立志学好西乐并将先进的文化介绍给国人。1955年蒋英回国后，号召研究和传承民乐的同时应对西乐兼收并蓄，从而推动中国音乐事业的发展，创建中国声乐学派。

1979年7月，应文化部邀请，颇有影响力的华人歌唱家斯义桂回母校上海音乐学院讲学，为期五个月，并受聘为上海音乐学院名誉教授。值得一提的是，斯义桂的此次回国，为蒋英以及中国声乐领域的其他大家如喻宜萱、黄友葵、郎毓秀、张权、沈湘、周小燕、高芝兰、谢绍曾、葛朝祉、王品素、温可铮、李维渤、郭淑珍和黎信昌等在上海聚首创造了机会。

斯义桂是著名男中音歌唱家应尚能的学生。1961 年肯尼迪入主白宫时，斯义桂曾受邀在总统就职仪式上担任首席演唱。从 1970 年起，斯义桂开始从事声乐教学，历任美国克利夫兰音乐学院、依斯特曼音乐学院声乐教授。斯义桂回上海音乐学院开班授课，不仅吸引了黎信昌等成为讲学班的学员，还让蒋英等著名声乐家到上海音乐学院相聚。这也是他们自 1956 年参加"全国音乐周"后时隔二十多年的再聚首。经历"文化大革命"，声乐家们都说要珍惜当下的美好时光。为了更好地培养声乐人才，给在校的学生更多实践的舞台，黄友葵提议举办全国高等艺术院校歌唱比赛。蒋英和其他音乐家都表示非常赞同这一提议。于是，上海音乐学院开始筹备首届"全国艺术院校歌唱比赛"，并于 1980 年成功举办。

不仅如此，蒋英还适时关心和鼓励研究民族音乐的年轻人。1980 年，在全国民族民间唱法独唱、二重唱会演期间，来自辽宁的年轻声乐教师丁雅贤受邀做了关于民族唱法的报告，在大会和学术界引起强烈反响。因此，中央音乐学院副院长杜利特地邀请她到校做学术报告。蒋英在现场听了她的报告。报告结束后，蒋英鼓励丁雅贤说："小丁老师，你才是真正深入研究到了民族唱法真谛的人，你对中国民族唱法的总结非常全面，而且很有说服力。"这一番肯定的话让丁雅贤倍受鼓舞，决心继续深入研究民族唱法。[1]

送别母亲

正当蒋英为事业再出发时，1978 年 10 月 17 日，母亲蒋左梅因病离

---

1 丁雅贤.心灵的歌唱——探索民族声乐演唱艺术的奥秘 [M].沈阳:沈阳出版社,2011:47.

世。蒋英悲痛不已。

蒋左梅虽为日本人，但嫁给蒋百里后甘愿放弃日籍加入中国籍，且知行合一，只说中国话，从心出发热爱中国。在蒋百里忙于事业时，她辅助在旁，照顾他的身体；在蒋百里落难入狱时，她勤俭持家、炒股理财，令困顿的家庭生活维系下去；在日本全面侵华后，蒋左梅更是坚定地支持蒋百里抗日，并带领小女儿蒋和救治伤员。蒋英长大后理解了母亲在抗日战争中的苦恼："作为日本人，她嫁给中国人是很苦恼。第一，蒋百里是军人。家里也没有什么亲戚热闹，好有人可以给她解闷，帮助她理解她，她很寂寞。还有一个就是，她生了五个孩子，五个女儿，这个对她来讲是压力。我们小的时候还是很不好，'九一八'那个时候，我们都是中学生。我们在学校里头的脑子都是打倒小日本。所以一回家，看见妈妈，就对妈妈不好。我们对妈妈很冷。我们不肯学日文。她教我们日文，我们不学，不学日本，坚决不学日文。但是后来大了，我们懂了打仗对她多痛苦。但是我父亲始终对她很好。"[1]

新中国建立前夕，蒋左梅曾经到访台湾[2]，可后来还是返回大陆，住在上海的家中。蒋英、钱学森一家回国后，蒋左梅迁到北京，1960 年左右开始与他们同住。"文化大革命"期间，幸好钱学森受到保护，蒋左梅没有遭受批斗。蒋左梅心地善良。蒋百里的母亲盼孙子，便命蒋百里将义女王若梅纳为侧室。王若梅一直照顾蒋百里的母亲。蒋百里早逝后，蒋左梅继续接济其生活费。蒋左梅去世后，蒋英每月仍汇寄 20 元生活费给王若梅，直到其去世。

新华社发布的唁电里写道：

> 我国早年著名的军事理论家蒋百里先生的夫人蒋左梅，于一九七八年十月十七日因病在北京逝世，终年八十八岁。蒋左梅女士追悼会今天下午在北京八宝山公墓礼堂举行。
>
> 廖承志和夫人经普椿、罗青长和夫人杜希建、朱蕴山、杨思

1　2009 年蒋英接受凤凰卫视中文台《中国记忆——国士无双》节目的访问。

2　柏杨，张香华．击鼓行吟 [M]．北京：商务印书馆，2018:310．

德、刘斐、王昆仑、陈此生、朱学范、屈武、浦杰等送了花圈；全国政协、中央统战部、冶金部、民革中央、中央音乐学院等单位也送了花圈。

追悼会由政协全国委员会常委刘斐主持，国务院参事韩权华致悼词。

悼词说，蒋左梅女士，原名佐藤屋子，生于日本北海道，一九一四年和蒋百里先生结婚。

有关部门负责人、爱国人士、蒋百里先生和蒋左梅女士的亲属和生前友好，以及有关机关的群众代表，参加了追悼会。在蒋百里先生从事讨袁护法运动、北伐和抗日战争的几十年间，她一直辅助蒋百里先生工作。她加入中国籍后，对中国人民的解放事业和中日两国人民的友好，对我国社会主义革命和建设事业，贡献了自己的一份力量。她热爱新中国，关心国家大事，怀念在台湾省和海外的故旧老友，关心台湾的解放和中国的统一事业。[1]

新中国成立后，蒋百里的墓被迁至杭州玉皇山下的南山公墓。1983年，蒋英和钱学森商量想将蒋左梅与蒋百里合葬，便出资改修了蒋百里墓。在征得浙江省委统战部的同意后，蒋英亲自护送母亲的骨灰去杭州与父亲蒋百里合葬。[2]1990年，杭州市政府为加强西湖风景区的规划治理，提出将蒋百里和蒋左梅的墓迁移，并为此写信给蒋英的五妹蒋和，委托蒋和的侄子、同济大学建筑系的蒋觉先转交。但由于蒋和当时在病中，蒋觉先便将这封信转寄给蒋英和钱学森。蒋英和钱学森商量后，一起致信时任中央统战部部长的丁关根，并就此事前因后果及个人意见表述如下：

丁关根部长：（DingGuanGen）

我们谨向您报告关于蒋百里先生和夫人蒋左梅在杭州墓迁移的问题。

---

1 蒋百里先生夫人蒋左梅女士追悼会在京举行 廖承志等送花圈 [N]. 人民日报，1978-11-11（3）.
2 赵晴. 城纪人物卷 [M]. 杭州：杭州出版社，2011:148.

附上一封来自上海同济大学建筑系蒋觉先副教授的信，是讲这件事的。收信人五姑是蒋百里先生的第五女蒋和，现在病中；蒋英是钱学森的爱人，蒋百里先生的第三女；蒋百里先生的大女儿及二女儿已去世；蒋百里先生第四女蒋华现在比利时，蒋百里先生无子。此信系蒋和转给蒋英的，事只能由我们接了。

二位老人现在的墓是1983年为了合葬（均为骨灰），由我们改修的。当时蒋英曾去杭州先征得浙江省委统战部的同意；但不是浙江省政协和省委统战部出面办的。现在迁不迁，我们个人无意见；如果毁去不留，我们也无意见。但考虑到蒋百里先生在台湾以及海外可能还有影响，此事应由浙江省委统战部考虑如何处理。

因此写此信请您批示给浙江省委统战部办理。要我们办什么，我们一定尽可能配合。

谨此报告。

此致

敬礼!

钱学森、蒋英

1990.12.2

统战部接到钱学森的信后，经慎重考虑，批示对蒋百里和蒋左梅的墓予以保留。

领导歌剧系建设

处理好母亲的后事后，蒋英全情投入到工作中。新组建的歌剧系由杜利担任系主任，蒋英担任系副主任。沈湘被聘为教研室主任。部分教职员工由声乐系分出，比如王福增、高云、郭淑珍、黎信昌等。1978年，中央音乐学院歌剧系招收了"文化大革命"后的第一批学生，学制五年。

1978 年 12 月 18 日，党的十一届三中全会召开，吹响了改革开放的号角。中国的音乐教育事业也逐渐走出低谷、迎来复苏。蒋英虽已 58 岁，但她干劲满满，争分夺秒地工作。

然而，万事开头难。组建一个新系不容易，建设好一个新系更难。蒋英和同事们有很多亟待解决的难题，例如教学方案及教学大纲的制订、师资队伍建设、招生办法、教材的选择和编写等等。蒋英将歌剧系教职工紧密团结起来，凝心聚力，发挥合力，按部就班地开展各项工作。歌剧系的各项工作逐步步入正轨。

（一）制订教学大纲

歌剧系的教学大纲并非凭空制订，而是基于国家音乐专业培养总体目标和指导方案，以及歌剧专业的特点制订的。

1979 年 2 月，文化部在北京召开全国艺术教育会议。会议总结了新中国成立 30 年来的艺术教育工作经验，讨论了发展艺术教育事业的八年计划和教材编选问题。中央音乐学院及上海音乐学院的音乐专业教学方案在此次会议上发布。

同年，教育部先后在多地举办高校艺术专业教学研讨会。会议研究制订统一的教学方案，进一步明确艺术教育的办学方向和培养规格。会议强调，在高校艺术专业教学中，要注重因材施教、理论与实践相结合，有效促进教学内容的理解和应用。此外，会议还对音乐专业的培养目标、课程设置与教学内容都做了具体规定。

1979 年 10 月 13 日，中央音乐学院临时领导小组对于歌剧系教学工作提出了如下五点意见：

一、歌剧系的培养目标，应是为《白毛女》产生以来我国创作的新歌剧培养演员。

二、歌剧系全体声乐教师，在声乐教学上应有一个长远的奋斗目标，一定要经过对民族声乐艺术的深入研究和教学实践，总结出具有我国民族特点的培养歌唱演员系统的科学方法。

三、声乐教学上必须贯彻"百花齐放、百家争鸣"的方针，在目前条件下，应支持下列两种教学路子都有试验的可能：

第一种是，在训练学生掌握科学发声方法的同时，逐步培养学生掌握民族语言和民族风格。

第二种是，在保持和发扬学生原有的民族民间演唱风格的同时，进一步使其发声方法科学化。

这两种教学路子的试验，目标是一致的，应该互相尊重、互相交流、互相帮助、互相补充。

四、招生和师资配备。本学年招收新生及补招缺门声部的插班生，要多招一些具有民族民间演唱风格的学生（或招这类学生的干部进修班），为了保证第二种教学路子的试验，这一种学生在学期间不能轻易改变原有的演唱风格。第二种教学路子的试验能否取得成果，将取决于教师的配备，必须广泛物色并优先调进一些既熟悉"欧洲学院式"的发声方法又掌握一种或几种民族民间演唱风格，并且真正有志于研究和试验这种教学路子的教师。欢迎歌剧系现任声乐教师有更多的人参加后一种教学路子的研究和试验。

五、声乐课与表演、形体等课的关系，要逐步摸索出一个适当的安排并给声乐课以应有的强调。要注意不要使学生课程负担过重。表演、形体等课应努力适应培养歌剧演员的需要，要具有培养歌剧演员的特点。

在国家指导文件和中央音乐学院工作指导意见以及声乐系教学大纲的基础上，蒋英与同事们讨论制订了歌剧系的教学大纲。在这份大纲中，"方法与步骤"部分特别提出："声乐训练要求在正确的发声基础上，声音通畅、呼吸自如，吐字清楚，声区统一，并完成各声部规定的音域。能完整地演唱不同类型的歌曲和表演歌剧角色。"大纲还提出：声乐课选择教材要适当和歌剧排练课相结合。在各年级训练要求中特别指出二年级学生每学期学习 5 至 7 首（包括歌剧选曲）；三年级学生每学期学习歌曲 6 至 8 首（必须有歌剧选曲），继续加强声乐技巧的训练，提高演唱的表现力；四年级学生每学期学习歌曲 6 至 8 首（必须有歌剧选曲），加强演唱各种风格的歌曲和演唱不同类型歌剧中的角色的能力；五年级学生至少开半场音乐会和担任歌剧中重要角色。

蒋英手稿"歌剧系声乐教学大纲"

由此可见，歌剧系与声乐系的教学大纲既有相通之处，又有所不同。相通之处是仍然注重声乐基础和技巧训练，因为这是演绎歌剧作品的前提和基础。不同之处则有：突出歌剧作品的学习，通过量化掌握歌剧作品数量，加强歌剧实践表演能力和歌剧角色的演绎水平，达到具备开音乐会的能力。另外，大纲还要求，在学习和掌握国外歌剧作品的同时，也应学习和掌握民族音乐。歌剧系的创立也推动声乐系的学生加强戏剧表演训练。

（二）师资建设及招生

歌剧系创建之初，面临着缺乏专业教师、伴奏乐队以及招生办法等方面的突出问题。蒋英和歌剧系同仁们认真分析实际情况，在1979年第一学期召开的歌剧系第三次系务会议上，讨论了教职员编制问题和招生办法。

针对师资缺乏的问题，会议上提出了可行的解决方案：一方面通过聘请兼职教师解决困难，例如提出聘请兼课教师，声乐1人，民歌1人，表演1人，台词1人，舞蹈1人（临时聘请舞台技能教师1人），钢琴2人，外语2人；另一方面，通过充分考察和调研，提出急需调进的专业教师名单。

李维渤是蒋英在中央实验歌剧院的同事。1976年至1978年李维渤被借调到上海音乐学院声乐系任教。其夫人赵庆闰毕业于燕京大学音乐系钢琴专业，20世纪50年代在中央实验歌剧院担任音乐会独唱伴奏，曾多次与蒋英合作演出。蒋英对其二人的情况非常了解，他们专业能力突出，具有丰富的舞台演出经验和从教经验，故是歌剧系教师的最合适人选。经蒋英推荐，1978年，李维渤和赵庆闰夫妇被借调到中央音乐学院歌剧系，1980年正式调入，成为歌剧系教师的新鲜血液。他们的专业和才华在歌剧系得到充分发挥，培养了很多优秀的学生。为此，李维渤和赵庆闰夫妇对蒋英一直心存感激。

1993年1月16日，李维渤、赵庆闰夫妇看望蒋英

为解决伴奏乐队人才断档和短缺的问题，蒋英建议不拘一格招募人才。例如蒋英了解到有一位会吹圆号的演奏员在北海植物园工作，会弹奏中阮的张勇是装卸工，但他们业务能力突出，故蒋英建议将他们招募到乐队中。

对于招生办法，蒋英和同事们考虑到歌剧系处于创建阶段，缺乏教学经验、师资及教学配套等，连续招生困难太大。故建议采取招生两年、停一年的办法。关于招生人数，蒋英和同事们则考虑到排练课演示的需要，每班人数不能过少且声部又必须齐全，建议每班招20人左右，使得常规招生保持在三个班60名学生，加上20名左右的进修生、研究生，保持学生总数约为80人。对于招生标准，多年后，蒋英接受记者采访时分享了自己的看法：

> 天赋很重要。比如，声带的宽窄、力度、合并是否完全。基本上是天生的。有这样的人，说话声带弱，说话费力。声带的长短、肥厚、相撞，都有一定的数量标准。这只有经验丰富的教师耳朵能听出来，一听，这人有嗓，可以学唱。一听，这人没嗓，不要学唱。学了，将来很多要求做不到。让学生也很苦。有人反对我这种观点。以为管嗓子好坏，只要后天努力就行。学别的或许这样，但是学声乐坚决不行。天赋强的人，进步特别快，很容易教。有的弱一点，但在基本线上，慢慢启发，也可以考虑。

为了客观公正地选拔最优秀的学生，在蒋英主导下，由多位老师组成集体小组进行面试，集体研究，一起挑学生。她回忆道：

> 我们那时候，常是集体研究。因为各人的耳朵不一样，我们经过互相讨论，得到较完美的结果。过去我们也招过不适合学声乐的考生。这对不起国家也对不起这个学生。国家花了那么多钱，学生也努力了，但却不是成品。没准他学别的，就早成才了。我建议挑选学生，应该有个集体小组，不要一个老师选学生，至少也要两个老师。不能光看分。因为好的（学生），打分没太大差别。

歌剧系招收的第一批本科生资质不错。蒋英曾说过："这批学生教起来很顺当。"1978 年，傅海静、姜咏、章亚伦、吴晓路、刘跃、程桂鲜、张述洲、邓桂萍、刘东、孙禹、郑盛丽、郭影儿、陈小芹、李青、刘克清、何孝庆等约 20 人幸运地成为歌剧系第一批本科生。

1980 年 9 月，歌剧系还开设进修班，学制三年。张乔乔（女中音）、梁宁（女中音）、程志（男高音）、殷秀梅（女高音）等进入该班学习。其中，张乔乔等由蒋英指导。程志、殷秀梅、梁宁等由沈湘指导。

从蒋英收藏的一份《中央音乐学院一九八二年本科招生简章》中看到，歌剧系仅有歌剧演唱一个专业，学制五年，招生名额仅有四个，其中住校

3 名，走读 1 名（只限北京户口）。报考该专业的条件有：

（1）听音、辨音、节奏感、音乐记忆好，发声器官（鼻、咽、喉、声带及呼吸器官）无疾病，口齿清楚、声音本质好，能完整地演唱民歌、创作歌曲、中外艺术歌曲及歌剧选曲。

（2）五官端正，身体匀称，动作协调灵活，具有一定的表演能力。

（三）编写教材

教材建设也是歌剧系成立后的重要工作之一。为此，蒋英和同事们做了很多努力。从回国开始，蒋英就翻译、译配并编辑了大量的外国教材，还亲自翻译了著名声乐家松德伯格的《歌唱的音响学》，舒伯特、舒曼、勃拉姆斯、德沃夏克和法国的艺术歌曲，以及三册《世界著名女高音咏叹调》。

在歌剧系期间，蒋英与同事一起编辑了一套《歌剧选曲》，共计六册，包括《花腔女高音》《女高音》（上、下集）《女中音女低音》《男高音》《男中音男低音》。其中《花腔女高音》收录了莫扎特、梅耶贝尔、罗西尼、唐尼采蒂、贝里尼、威尔第等的歌剧作品，如《魔笛》中夜后的咏叹调《不要怕，亲爱的孩子》、《第拉诺》中第拉诺的咏叹调《轻巧的影子》、《塞维里亚的理发师》中罗西娜的谣唱曲《我听到美妙的歌声》、《清教徒》中埃尔维拉的咏叹调《他的声音温柔多情》、《迷娘》中菲琳的波洛涅兹《我是蒂塔尼亚》、《弄臣》中吉尔达的咏叹调《我心爱的名字》等，共 14 首。

《女高音》上集收录了格鲁克、莫扎特、贝多芬、韦伯、柏辽兹、格林卡、福洛托、瓦格纳、威尔第等的歌剧选曲，如《我悲伤啊，我痛苦》《长夏最后一朵玫瑰》《欢乐的节日时光》等 25 首歌曲。下集收录了古诺、斯美塔纳、比才、柴可夫斯基、德沃夏克、庞凯里、波依多、玛斯纳、卡塔拉尼、普契尼等的歌剧选曲，如《燕子》《漫步街上》《晴朗的一天》等 27 首歌曲。

这些均成为国内院校培养声乐和歌剧人才的教材。

除了编辑教材，蒋英还广泛收集国外著名歌剧表演专家演唱的录音作品。蒋英在美国期间，与钱学森收集了很多经典歌剧、艺术歌曲的唱片，回国时还从美国带回来一台钢丝录音机，原本用于自己练唱，后来却在教学上派上了用场。蒋英还买了电唱机、新型录音机等，将名家名作转录成

蒋英参与编辑的《歌剧选曲·女高音》（上、下集）

录音带，分发给学生潜心研学。蒋英还会将学生演唱的作品录下来，给他们讲解唱得好的地方和需要改进之处。

同事沈湘也酷爱收藏唱片，甚至到了痴迷的程度，并因此被称为北方"唱片收藏第一人"。可惜的是，"文化大革命"期间沈湘被抄家，花了四十多年心血收藏的唱片毁于一旦。沈湘恢复工作后，又开始收集唱片，每当收集到好的唱片，还会与蒋英互通有无，互相交流。蒋英和沈湘志同道合，都是挚爱歌剧和歌剧教育事业的大家。他们艺术造诣很深，但却无私心，一心只为歌剧人才的培养。

（四）教学进程计划

根据学院统筹安排，歌剧系制订了教学进程计划表。从课表中可以看出，歌剧系开设的课程有政治课、文艺史课、专业基础课、专业课、文化体育课、指定选修课和任意选修课八种类型。其中"重唱表

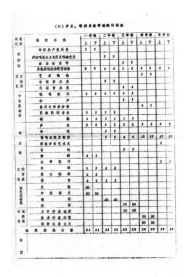

蒋英留存的"声乐、歌剧系教学
进程计划表"

演及歌剧"这门课的周课时最多，特别是在四年级和五年级占了总课时的60%，凸显了歌剧表演的培养目标。

（五）新老教师薪火传承

作为系副主任，蒋英善于凝心聚力，为歌剧系的老师们营造一个轻松而愉快的工作环境。蒋英还注意培养年轻教师队伍。她提出"帮带"制度，即每一位年长的老师带一位青年教师，从而快速提高青年教师的教学技能。蒋英还要求只要是系里的教学汇报（包括副科和形体、戏曲、表演课等），所有教师都要去观摩。在蒋英的带领下，全系师生员工空前团结，互相学习，取长补短，在指导学生时不分彼此。

蒋英还注重发挥教研室的作用。她鼓励老师将学生的问题拿到教研室讨论，大家都出主意，互相帮助。如此，歌剧系营造了一个良好的氛围，即每个老师虽然有独立负责的学生，但又不分派别，没有门第之分。老师之间经常交流，互相指导、出谋划策，只求为学生好。

在蒋英的主持下，歌剧系教研室很活跃，有时候甚至为一个学生的问题"吵"起来，所有老师都直接表达自己的看法，最后通过尝试结果以使大家的意见统一。蒋英要求每个学生每周都有机会演唱一次。这样所有老师都能了解这些学生的状态以及声音的特质。蒋英说自己是"那种老派的老师"，因为每节课之前她都认真备课。而且，蒋英上课时对每个学生的声音都很清楚，知道学生要解决的困难在哪。

（六）营造"朋友式的师生关系"

蒋英对本科生的培养有着独到的见解，她认为："本科生最重要的是基本功。根扎得深，树才能长高。因此，首先要教给他们正确的基本功，有了好的基本功，他们可以自己往上添东西。但基本功没打好，到国外学也不行。"

为了让学生打好基本功，蒋英注重因材施教，她说："世界上没有一个音乐学院有统一的声乐教科书，根本原因在每个人的条件特殊，教学必须因人而异。这就要了解学生，从他的嗓音条件、歌唱状态到心理活动都要了解，这样才能针对他的情况准备教材和教法。"

蒋英努力营造融洽的师生关系，想办法与他们做朋友。蒋英还道出其中的缘由："学生有什么不舒服要敢说，不应该让学生紧张。有一次，别的老师的一个学生敲我门，问我一个很简单的问题，我告诉他之后问他：为什么你不问你的老师？他说不敢问。"

蒋英还说："我刚教学时，也有过失败的教训，学生乘兴而来败兴而走，看到学生这样，我很难受。学生上我的课应该乘兴而来，乘兴而去。其实有时是心理作用，不一定是声音不好，对老师没信心，不肯合作。这种时候，找书记、辅导员，让书记问问他，有什么困难，劝劝他，有点耐心，慢慢来，先不要换老师。"

蒋英从一开始就告诉学生们要将歌剧当作自己奋斗终生的事业。

傅海静来自辽宁大连，1973 年在群众歌咏比赛中担任领唱，1974 年参军，1978 年考入歌剧系后开始师从王福增副教授。但傅海静逐渐显现出的歌唱天赋，让王老师觉得应该请更好的老师指导，于是将其转到蒋英门下。通过观察，蒋英认为傅海静是天赋型的学生，条件好，又肯下功夫，便给他安排一些难的作品，调动他的积极性。可傅海静的嗓子容易出问题，有时候唱完一首歌状态就不好了。为了帮助他修正这个问题，蒋英用循序渐进的方式，让他先不要唱大的咏叹调，先唱艺术歌曲；然后，按难易程度为他准备了德国艺术歌曲、法国艺术歌曲。慢慢地，傅海静的嗓子问题得以解决，蒋英再安排他唱大的歌剧作品。

章亚伦来自吉林长春，身材魁梧，性格内敛，但做事踏实认真，喜欢琢磨，拥有一副天生的男中音嗓音，还被帕瓦罗蒂赞誉为"一个真正的威尔第男中音"。

吴晓路（女高音）读大四时，蒋英指导她学习演唱我国著名作曲家江定仙先生的声乐艺术歌曲代表作《岁月悠悠》，并安排她参加纪念江定仙教授从教五十周年及七十寿辰作品音乐会。蒋英是"文化大革命"后首次提出由学生演唱该作品的老师。为此，江定仙先生还亲临课堂指导。

歌剧系还举办艺术实践演出，让所有学生都参加，一方面检验学生的学习成果，另一方面增加他们的舞台演出经验。

为了表示隆重，由声乐教研室主任沈湘担任演出领队，特邀理论系学生欧阳韫报幕，指挥系副教授杨鸿年担任指挥。节目有纪念"一二·九"运动大合唱，歌剧清唱《费加罗的婚礼》第一幕（姜咏、章亚伦、刘跃、程桂鲜、张述洲、邓桂萍、刘东、孙禹、郑盛丽、郭影儿），男高音独唱

蒋英与章亚伦（左一）、吴晓路（右一）合影

（程志、陈宜鑫、李红深、张积民），女高音独唱（邓桂萍、陈小芹、李青、吴晓路），男中音独唱（刘克清、何孝庆），女中音独唱（梁宁、刘秀菇）。

我们可以在《中央音乐学院 1979—1980 学年度教学工作总结》中看到歌剧系这一年的进步："歌剧系按照党委关于歌剧系教学工作的意见，在声乐、民歌、表演等教学已取得了一定成绩和经验的基础上，克服许多困难，开始了歌剧片段的排演，在如何培养歌剧演员的问题上，取得了初步的经验。"

教学结硕果

改革开放为中国声乐发展营造了良好的环境。蒋英意气风发，满腔热情地重启声乐教育事业，不断迎来喜讯。

1980 年 2 月，蒋英实现了长久以来的夙愿——在同事甘家鹄和梁艳的介绍下，光荣地加入中国共产党。

1980 年 4 月，经全院教师的民主选举，蒋英再次入选中央音乐学院学术委员会。

1980 年 12 月 15 日，经文化部批准、国家出版局登记备案，《中央音乐学院学报》创刊。由院长赵沨担任主编，副主编为汪毓和。蒋英入选编委会成员。

1982 年 5 月 25 日，经文化部批准，蒋英晋升为中央音乐学院教授。

1983 年，歌剧系首批本科生及 1980 级进修班的学生迎来毕业。这是歌剧系首批毕业生。由于 1984 年歌剧系与声乐系合并，他们成为歌剧系唯一一届毕业生。蒋英和同事们犹如辛勤耕耘的园丁，迎来了收获的时节。经过他们辛勤努力和培养，这些学生从刚入校时稚嫩的模样成长为能够独立承担舞台角色的歌者。每个学生都能够独立演唱民族歌曲和外国歌剧作品。

为了展示歌剧系的教学成果，蒋英和同事们开始策划学生的毕业考试和毕业生音乐会。最终，经歌剧系讨论并上报学校，毕业演出举行两场独唱音乐会、排演威尔第的歌剧《茶花女》的后两幕，以及莫扎特的《费加罗的婚礼》和施光南的《伤逝》两部整剧。

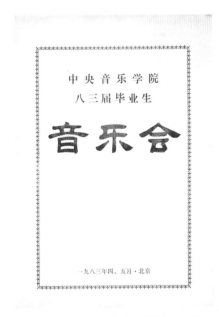

蒋英留存的"中央音乐学院八三届　　蒋英指导的学生张乔乔的毕业考试
毕业生音乐会"节目单　　　　　　　曲目单

本科毕业生的重头戏之一就是排演《费加罗的婚礼》了。这部剧的演出既能系统地反映学生的学习成果，也能全面检验歌剧系教学水平。尤其是中央音乐学院作为全国最优秀的音乐专业院校之一，毕业生的水平也代表全国歌剧人才的培养水平。

　　一台优秀的歌剧涉及方方面面：从剧本打磨到角色选择，从钢琴伴奏到乐队磨合，从服装造型到道具设计，从个人排练到彼此配合……学生们在台上展示；蒋英与歌剧系同仁们则在幕后默默奉献、亲力亲为。

　　《费加罗的婚礼》的剧本最终选择了张承谟译配的中文版。为了让剧本更加适应学生演出，适合中国观众观看，蒋英与同事们进行了修改和打磨。由于这是改革开放以后培养的首批歌剧人才，不仅歌剧系非常重视，学校也给予极大支持，特别邀请了中央歌剧院的时任副院长陈大林与恽大培老师共同担任《费加罗的婚礼》的导演。中央歌剧院还负责定制了全部服装、布景、道具，赶抄了分谱，派出交响乐队担任伴奏，承担了舞美设计和制作等。

　　除此以外，该剧的排演还得到了国外专家的指导。改革开放以后，中外文化交流越来越多。中央音乐学院与国外歌剧院加强合作，邀请专家来校访问和指导。1983年初，应中英友好协会文化交流之约，英国格莱登堡歌剧院的两位歌剧专家——马丁·伊塞普先生和简·格罗芙女士受邀来到中央音乐学院。蒋英与他们共事了十天，并趁两位专家来访之机，请他们对歌剧系的各项工作多加指导。两位专家发挥各自所长，对学生排练的《费加罗的婚礼》进行了指导。伊塞普是英国著名的排练艺术指导，对许多经典歌剧从戏剧、音乐到语言以至舞台表演都有深刻的理解，并能帮助演员们表达出来。而格罗芙女士的指挥艺术精湛、细致，伴奏乐队在她指导下进行练习，音色清纯多了。与此同时，通过观看学生排练，他们惊讶地发现中国学生的聪颖和才华，不止一次地对蒋英说："这么有才华的学生为什么不去参加国际比赛，令更多人听到他们的歌声？"伊塞普先生回国后见到英国皇家芭蕾舞团的董事长莫瑟爵士，竭力向他推荐："假如你到中国，一定要去中央音乐学院。"

　　后来，莫瑟爵士真的来到中国，并遵照伊塞普先生的嘱托前往中央音乐学院歌剧系，找到蒋英。蒋英得知莫瑟爵士是伊塞普先生推荐来的，便给予热情接待。第一天，蒋英请他观看了芭蕾舞。第二天上午，莫瑟爵士提出想听一听中国学生的歌唱。蒋英二话没说就答应了。她把傅海静、张积民、李洪深、刘跃、姜咏、梁宁等学生叫了过来分别演唱了一段。莫瑟边听边连连称赞说："太好了，太好了！我感到惊讶！我原以为你们的演唱不会有这样高的水平，我今天却听到了高水平的演唱，谢谢你们！谢谢你们！"离开前，莫瑟爵士一一与老师、同学握手告别，并说："希望以后能在伦敦的比赛中见到你们！"

1983 年 5 月 24 日，经过近半年的筹备和紧张排练，歌剧系毕业生排演的《费加罗的婚礼》在北京顺利上演，为期十天。

1983 年，蒋英与沈湘在《费加罗的婚礼》演出后台握手

该剧公演后在社会上引起巨大反响，吸引了专业人士、普通观众甚至驻中国使馆的外国友人前来观看，也让人们对中国歌剧事业的未来和人才充满了希望。

声乐理论家、中国艺术研究院外国艺术研究所研究员尚家骧因与蒋英、邓映易合作译配过各个声部咏叹调而熟识。蒋英邀请他到现场观看了学生们的演出，并嘱他写一篇观后感谈谈自己的专业看法。尚家骧如期向蒋英提交了"作业"——一份手书的观后感。

尚先生首先提到，这部歌剧成功上演不仅对学生有重要意义，还在中

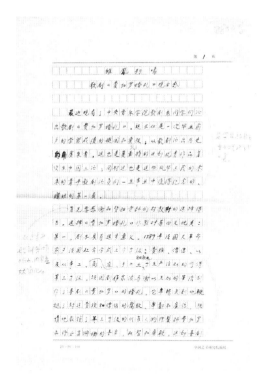

蒋英留存的尚家骧撰写的手稿《雏凤初鸣——歌剧《费加罗婚礼》[1] 观后感》

国歌剧演出史上有非凡的意义："这不仅是一次毕业前夕的学习成绩的检阅与汇报；从歌剧演出历史的角度来看，这也是莫扎特的这部优秀作品首次在中国上演；同时也是这些风华正茂的未来的青年歌剧演员们一生事业中值得纪念的、灿烂的第一页。"尚先生从专业的角度分析了选择莫扎特的《费加罗的婚礼》做教材的四个优点。

第一个优点是"剧本有进步意义"。他认为蒋英和团队大胆创新，将剧本改编得更适合中国观众："此次上演的《费》剧的中文译词是根据张承模同志的译本，再加上蒋英教授、导演、指挥、演唱人员等人反复修改、润色后才定稿的，因之词真意切。在演出中又做了大胆的尝试，把莫扎特原作中的清唱宣叙调的部分都改成道白，这样，便于我国观众了解剧情的发展和易于接受此剧。这也可说是一种创举。"

第二个优点是："学习莫扎特的作品可以给学生们打下严格而坚实的古典音乐的基础，增强基本功和艺术修养。"

第三个优点是："适宜于发展声乐技巧，让初出道的青年演员们多演唱莫扎特的歌剧已是美声学派声乐教学中的一条重要规律，它优美的古典旋律本身就已经防止了演员们作出过分追求宏大的音量，演唱力不胜任的高音，夸张的色彩对比、戏剧性的表现和滥用激情的滑音等浪漫主义歌剧演唱中一些容易出现的缺点，从而保证了柔嫩的嗓音可以在一条以平静稳

1　即《费加罗的婚礼》。

实的气息支持做基础的、健康又正确的道路上稳步前进，不仅独唱曲如此，莫扎特歌剧中的众多的重唱曲也是训练声音控制能力和各声部之间的默契合作，以及音乐的整体感的良好工具。"

第四个优点是："避免了重点唱段和戏集中在两三个男女主角身上的缺点，这样一则保护了青年演员的嗓音不超负，二则，可以让更多的人担任各种角色，都得到锻炼。《费加罗婚礼》就是这样一部适宜于学生演出的作品，重头唱段和戏较为均匀地分配在6—8个角色之中，使得主角既突出了重点又不过于吃重，配角也不仅是跑龙套走过场，而是有发挥演唱和表演技能的余地。可以在'没有小角色，只有小演员'的思想支持之下，每个角色都皆尽可能地发挥了他们的潜在的天资。"尚先生还逐个点评了每个学生的精彩表现："扮演费加罗的刘克清豪爽、旷达、中气充沛、嗓音宏（洪）亮，而另一位费加罗的扮演者刘更则嗓音柔美，做工细腻，机智、灵活。两位苏珊娜，姜咏和邓桂平，珠圆玉润，纯朴无华。两位伯爵的扮演者，章亚伦和孙禹，音色浑厚，饱满，表演中前者具有贵族的气度和仪态，后者则更注重仪表之余以眼神表现出伯爵的不动声色的奸诈、狡猾。伯爵夫人吴晓路雍容华贵，内心活动深沉得体，气息控制丰满、平稳，音乐线条连贯、优美。另一组的伯爵夫人陈素娥，音色明亮、抒情，充满不甘闺怨的青春气息。两位凯鲁比诺，梁宁和张乔乔，无论从唱功、做工、扮相，均臻上乘，一投手，一举足无不惟妙惟肖。更值得一提的是，张述洲扮演的音乐教师唐巴西里奥，戏虽不多，但是他以一些微妙的缩手躬身的动作和谄媚的声调恰如其分地刻画了这位依附于伯爵的小人物的卑琐心灵。其他如玛采琳娜和苏珊娜的那一段外表彬彬有礼而内心针锋相对、寸步不让的口角的二重唱也赢得了观众的热烈掌声，合唱和农民舞蹈也颇见功力。"

尚先生看到学生们精彩的表现，也联想起他们的成功离不开老师们的培养和个人的努力。蒋英和歌剧系的老师们为他们付出了大量心血。他们入学时大多基础薄弱，但通过学习声乐主课、视唱练耳、中外音乐史等必修课，还有念词课、合唱课、形体表演课，以及欧洲宫廷小步舞、方阵舞、波尔卡舞、华尔兹舞、农民舞和我国的毯子功等舞蹈课，打下了坚实的技术基础。

曾经担任中央音乐学院院长兼党委书记的王次炤当时刚刚留校工作。

他在观看演出后，接受《人民音乐》的约稿，撰写了一篇题为《歌剧表演艺术的新收获》的评论文章。当王次炤写好初稿后，时任中央音乐学院音乐学系主任的钟子林建议他请蒋英把关审定。蒋英收到初稿后仔细审阅，并将自己的建议或意见写在纸上，再利用中午休息时间与王次炤当面详细讲述。经过他们两次面对面的讨论，这篇文章得以定稿，后来发表在《人民音乐》1983 年第 7 期上。

该文首先介绍了《费加罗的婚礼》在国内首次上演后得到的不俗反响："歌剧《费加罗的婚礼》在我国首次上演的消息，吸引着众多的首都音乐爱好者。在为时 10 天的演出中，初露头角的青年演员得到了观众的一致赞赏，人们看到了我国歌剧表演艺术的新生力量成长壮大的可喜景象。"接着，该文说，我国第一批从音乐学院歌剧系毕业的学生通过五年的学习，"不但掌握了演唱、形体等方面的基本功，而且也初步掌握了歌剧艺术中声乐与戏剧发展相结合的表演技能"。文章分析了声乐与歌剧表演、音乐会与歌剧艺术的关系，认为："声乐是歌剧表演的基础。歌剧艺术不同于音乐会的演唱，它更主要的任务还是在于如何用歌唱的手段来体现戏剧性的效果。而只有当歌唱和戏剧表演完美地融合在一起的时候，歌剧的戏剧性才能充分地体现出来。"该文认为："《费》剧[1] 剧组的演员具有较高的声乐水平，无论在音域、音色、音量和声音的表现力等方面，都比较符合该剧角色的要求。因此，在演唱中，绝大多数的演员都没有技术上的负担，能够把注意力集中在音乐的感情表现上。扮演主角的演员对咏叹调的演唱处理，既能摆脱音乐会形式的约束，又能避免话剧舞台上过多的表演。在演唱中，动作的线条和声音的线条十分融洽。"

该文还点评了主要演员的表现："扮演伯爵夫人的吴晓路，在演唱《何处觅寻那美妙时光》一段咏叹调时，用柔和而甜美的歌声表现内心感情，同时又配合以十分贴切的动作表演，使声、情、形三者并茂，成功地表现了伯爵夫人温文尔雅的性格和忧伤寂寞的感情。"

该文认为重唱对表现音乐的戏剧性起到很大的作用："在《费》剧中，苏珊娜是全剧的重要角色之一。但莫扎特并没有赋予她许多出色的咏叹调，

---

1 即《费加罗的婚礼》。

而主要通过重唱的艺术来刻画苏珊娜的性格和体现苏珊娜在戏剧中的地位。扮演该角色的邓桂平在表演过程中能充分注意到这个特点。在多种声部的重唱中，她既能把苏珊娜的个性表现得十分鲜明，又能充分顾及对方或多方的表演，使苏珊娜在戏剧发展中的重要地位得到充分的肯定。""由于该剧组的演员水平比较齐整，对多声部的演唱训练有素，因而能出色地完成重唱的表演。比如：第二幕结尾的七重唱。七个角色分为两组，一组代表封建势力，另一组代表反封建特权的力量。同时，代表封建势力的四个角色又各有自己的内心活动：伯爵暗中高兴；巴西里奥幸灾乐祸；巴尔托洛得意洋洋；而玛切林娜则欣喜若狂。费加罗、苏珊娜和伯爵夫人三个角色的内心虽然比较统一，但仍有细微的差别。担任这七个角色的演员，都能在错综复杂的旋律线条中，准确地表现各自角色的个性，同时也能顾此及彼，使全曲在对立统一中获得较好的戏剧性效果。"

该文还注意到演员的歌唱与乐队的配合，突出歌剧的戏剧性："歌剧音乐的戏剧性，有时是通过歌唱与乐队的结合体现出来的。在这方面，扮演费加罗的刘克清表现得较为突出。比如：第四幕中的费加罗咏叹调《快睁开你的眼睛》，它的声部与乐队所表现的情绪完全不同。费加罗的声部表现出愤怒、复仇的心理状态。但其实这是一出喜剧，是苏珊娜与夫人施的计，只不过预先没有让费加罗知道。因此，乐队的气氛显然与歌唱的气氛不同，它用谐谑、热情的音调衬托了喜剧性的气氛。扮演者在演唱这段咏叹调时，能充分注意到音乐的整体感，既表现出心中的愤怒，又充分注意到表演中的喜剧效果。因此这段咏叹调给观众留下了深刻的印象。"

为了既让每一个学生得到锻炼，又能充分展示个人特色，《费》剧演出时同一角色由两个演员扮演。所以该文对两组演员的表现也做了点评："两组在表演艺术上各有千秋。在塑造角色的性格上大都能符合剧情的要求，并且有些演员还带有独创性，赋予角色以自己的个性……《费》剧的特点是角色的分量相对平衡，而《费》剧剧组的演员的水平也相对整齐。因此扮演次要角色的演员也都大都表演得相当成功。他们对主角的烘托和对全局整体水平的提高，都起到了很大的作用。"

另一部毕业大剧抒情歌剧《伤逝》，是根据鲁迅先生同名小说改编的，由王泉、韩伟担任编剧，施光南作曲。蒋英和同事们选择让学生排演该剧可谓用心良苦。因为该剧借鉴西洋歌剧的咏叹调、宣叙调等，又进行了符合于我国民族化的再创造，如歌剧的宣叙调是按照汉语的四声关系以及我国语言的规律而创造的。[1]该剧中有主要演员两人和旁白两人，以独唱、二重唱为主，但合唱也有相当分量。[2]学生通过这一部剧能够全面学习和把握歌剧演出的基本要素。该剧因形式新颖、结构别出心裁而被列为20世纪华人音乐经典中仅有的四部歌剧之一。在1983届歌剧系学生排演的版本里，殷秀梅被选中出演女主角子君，程志出演男主角涓生，指挥是陈贻鑫，由中国歌舞剧院管弦乐队协助演出。为保证演出质量，施光南先生亲自指导排练。经过师生共同努力，该剧上演后也引起极大反响。

歌剧系首届毕业生毕业演出全获成功，这是对蒋英和同事们辛勤付出的最好回报。毕业演出展示的不仅是学生的成果，更是从歌剧系到学院上下团结一心、共同努力的结果。沈湘曾谈起歌剧系首届学生的培养情况以及共同讨论毕业演出剧目的幕后。他说："从1977年开始，我们都比较愉快，没有人管你教什么，没有人说你这个不对，就是按应该有的规律去做。……一开放，新的教材随便用，所以教材解放，教的方法也解放。1977至1978年间，这时候吸收了一批好学生。等到1983年，这批学生毕业的时候，三台戏，全部演歌剧。我们演Figaro[3]，……还有一台《伤逝》，演唱时语言全是翻译的，我们上课用原文，演出全部翻译，Mozart[4]的歌剧宣叙调就没有办法了，我们争了半天，结果还是改了，干脆变话剧，干脆当时把主要的歌唱片段加话剧连起来演出。……《伤逝》很中国化，到现在我还是喜欢它，很有意思。"[5]

总之，改革开放为歌剧事业的重启，提供了良好的外部环境，也让热爱歌剧事业、热爱歌剧教育事业的蒋英和同仁们重拾梦想，为中国的歌剧未来共同奋斗。毕业演出的成功，让人们看到了这届学生扎实的基本功和未来的潜力。他们毕业后很快就被专业演出剧团抢招一空。

1　中国文联理论研究室.1983年文学艺术概评[M].北京：中国文联出版公司，1985:334.

2　龚琪，陈贻鑫.管弦笔耕共交响——龚琪，陈贻鑫音乐文集[M].北京：国际文化出版公司，2000:253.

3　指《费加罗的婚礼》。

4　即莫扎特。

5　李晋玮，李晋瑗.沈湘声乐教学艺术[M].北京：华乐出版社，2003:93–94.

中央音乐学院歌剧系老师（最前排左五为蒋英）
与首届本科毕业生合影（吴晓路提供）

学生傅海静、梁宁惊艳英国

　　七月下旬，正当歌剧系忙着学生毕业事宜，中央音乐学院收到了莫瑟爵士的一封信，大意是："我在中国逗留的日子里，听到了贵院一些学生的演唱，认为他们是非常有音乐素质和才能的，我很希望他们能到英国来参加十月份举行的国际比赛。现正式邀请傅海静和梁宁来伦敦，参加本届本森—赫杰斯金奖国际声乐大赛。"原来，莫瑟爵士回到英国后，向第七届本森—赫杰斯金奖国际声乐大赛推荐傅海静、梁宁作为参赛人。这是改革开放以后中国学生首次受邀参加国际声乐比赛，向世界展示中国的风采。蒋英非常高兴看到自己的学生能够有机会站上国际舞台，这是因为，为中国培养歌剧人才、创建中国声乐学派，让世界了解中国文化，是她一直以来的夙愿。歌剧系上下也深受鼓舞。蒋英和系里全力以赴支持傅海静和梁宁去英国参赛。蒋英和王福增负责指导傅海静；沈湘、李晋玮负责指导梁宁。

按照大赛规则，第一轮需要寄演唱录音磁带。蒋英为傅海静认真准备录音演唱磁带。录音带经由国内有关部门送到英国大使馆，再送到伦敦大赛筹备组。虽然磁带送出过程中因发生了一些小插曲而迟了几天，但幸运的是傅海静和梁宁顺利通过初试。

傅海静和梁宁收到入围通知时已是 8 月 18 日，距离第二轮比赛仅有一个月的准备时间。除去练歌，傅海静还要准备比赛服装、购置随身携带用品，办理签证、预购机票等。他的日程安排得满满当当：早上 5:30—7:30 背歌，上午 8:00—12:00 在琴房练歌，下午办事，晚上合伴奏。蒋英虽已年纪大了，但每天盯着傅海静，一丝不苟地指导他练习。傅海静乐谱上标注的"不行，这里太重了！""再悲些！""音色在这里要有变化"等等都是蒋英严格要求的见证。

虽然主办方支付从中国香港往返英国的机票，但傅海静和梁宁还需承担北京到香港的机票和准备参赛服等费用。由于此次出国参赛不在国家外事计划范畴，国家无法为他们支付有关费用。傅海静和梁宁只能自己负担，他们立了字据："我们深知国家目前经济困难，我俩愿意自己承担除由香港赴英国之外的一切其他费用。"蒋英则尽己所能帮助傅海静。一次，蒋英在家中给傅海静上完课后，塞给他 300 元钱，对他说："你拿着，去置一身衣服，买双鞋。歌要唱好，形象也要注意嘛。"蒋英知道傅海静是学生，没有收入来源，定做一套好的演出服对他来说也是一笔不小的开支。傅海静拿着蒋英给的钱，心里一股暖流流过，暗暗发誓一定要好好表现，不辜负老师的一片苦心。他用 280 元定做了一套中山装，剩下的十几元买了双皮鞋。

1983 年 9 月下旬，第七届本森—赫杰斯金奖国际声乐大赛的第二轮比赛在位于伦敦的英国皇家音乐学会的小音乐厅里举行。音乐厅里坐了 100 多位听众。在前排就座的是 10 名评委，有英国皇家歌剧院的艺术总监、乐队指挥，还有来自美国、比利时、瑞士的资深歌唱家以及意大利米兰歌剧院的负责人。来自包括美国、英国、瑞士、挪威、东德以及中国在内的 18 个国家和地区的 82 名参赛者参加比赛。在高手如云的参赛者中，傅海静和梁宁并无优势，一是刚毕业缺乏演出经验，二是首次参加国际比赛。所以，一开始评委会并不看好他们，甚至还通过中国大使馆传话给他们："中国只要能进入半决赛就太好了；如果进不了半决赛，请不必感到意外。"这反而激发了两人的斗志。

傅海静被安排在 24 日下午演唱；梁宁则被安排在当天晚上。傅海静先演唱了勃拉姆斯的 3 首歌曲，又唱了马勒的《漂泊者之歌》组曲。他没有过多考虑比赛结果，而是专注于自己的演唱，把平时练习的全部发挥出来，为的是给中国人争一口气。圆满完成演唱后，傅海静瞥了一眼舞台下面，他看到观众眼睛里的泪光和评委们微微的喜悦神采。

次日晚，傅海静和梁宁在中国驻伦敦大使馆焦急地等待着比赛结果。终于，他们等到了晋级第三轮比赛的好消息。这时候仅剩八名参赛者，比赛地点不变，个人曲目的比赛环节从三十分钟延长至四十五分钟。

这一轮，傅海静演唱了贝多芬的《大自然赞扬上帝的荣光》《阿德拉依德》、威尔第歌剧《茶花女》中阿芒的咏叹调，以及舒曼的《诗人之恋》套曲。这组套曲包含海涅的十六首诗，体量相当于半场歌剧。傅海静对这些作品早已滚瓜烂熟，他把老师教的和自己领悟的作品内涵深情地演唱出来。这次，傅海静又成功了，他的歌声打动了在座的所有人，也让他进入了决赛。当他谢幕走下舞台时，钢琴伴奏和侧幕桌边的工作人员纷纷向他表示祝贺："真好，祝你交好运！"一些英国观众和来自中国香港的留学生也来到后台称赞他的演唱。梁宁也凭借优秀的演唱顺利进入决赛。这时候仅剩四名参赛者。另外两名来自英国和瑞士。两个初出茅庐的学生能够走到决赛已经令人惊艳。当地媒体出现了这样的头条新闻：中国人将垄断本森—赫杰斯金奖赛！

从第三轮比赛结束到决赛仅相隔三天。傅海静和梁宁丝毫不敢懈怠。这次伴奏不再是钢琴，而是英国皇家歌剧院的管弦乐队。他们认真排练、走台，甚至连在哪里呼吸都做了精心设计。

10 月 2 日，决赛日终于到来。当天上午十一时到下午四时，傅海静和梁宁一直在忙着走台。然后他们返回大使馆用餐、换演出服、化妆，留给他们的仅有三个小时的时间。为了节省时间，他们只能在车上化妆。

到了晚上，两千人的剧场早已满座。舞台上没有麦克风，演员必须靠自己的嗓音，把每一个音符传向观众，音量还要控制得恰到好处，不能过高也不能太低。

梁宁被安排在第一个上台。第二个是英国人。傅海静排在第三个出场。

最后一个是瑞士参赛者。每人独唱半小时，组成一台晚会。

当梁宁身着黑丝绒印着红花的旗袍精彩亮相，台下两千多位外国观众欢呼着："中国人！中国人！"接下来，她调整状态，用德语、法语演唱了莫扎特《费加罗的婚礼》中凯鲁比诺的咏叹调和勃拉姆斯的《茨岗之歌》套曲，最后又用意大利语演唱了罗西尼的歌剧《塞尔维亚理发师》中《罗西娜的咏叹调》。虽然梁宁没有使用乐队伴奏，但她用行云流水般的花腔、圆润甜美的低音，唱出了歌剧人物的精髓，深深地打动了现场观众。观众中爆发出经久不息的掌声。

轮到傅海静登上舞台，引得台下观众又一次骚动："又是中国人！"经历了预赛、复赛和半决赛的历练，傅海静不再那么紧张。当乐队伴奏声响起时，他很快进入状态。而蒋英出资为他置办的演出服，更像是老师陪伴在他身旁，给予他鼓励和力量。傅海静演唱了威尔第《茶花女》中一段名曲和德国马勒的《漂泊者之歌》。观众们为他的演唱所倾倒。

经过评委一个多小时的评比，最终，傅海静和梁宁分别被评为第二名和第四名。在现场等待结果的观众又喧嚣起来，他们为中国歌手的名次靠后打抱不平。因此，颁奖仪式上，当傅海静和梁宁上台领奖时，全场观众致以最热烈的掌声和欢呼声。不过，或许是看到观众对傅海静和梁宁的欢迎和认可，主办方还是破例给予两人次年在英国伦敦维洛摩尔大厅举办音乐会的机会，而这种机会通常只给第一名。

颁奖仪式结束后，傅海静和梁宁被媒体和观众簇拥着。不少外国专家都惊奇地说："真想不到，中国人演唱西方人都认为难度很高的名曲，竟也能如此传神！"观众也为之惊讶："他们能如此娴熟地运用意大利语、法语、德语演唱，真是难以想象！"而推荐他们参赛的莫瑟爵士也被包围着。众人纷纷夸他好眼力。莫瑟冲开人群登上台祝贺傅海静和梁宁："祝贺你们有如此好运气，祝贺你们有这样美妙的歌声。"

颁奖仪式后还举行了酒会。观众中的华侨因无法参加，便站在门口热情地向傅海静和梁宁致意："谢谢你们！你们长了中国人的志气，为祖国赢得了荣誉！"[1]

1　周文韶.一个记者的追踪与沉思 [M]. 广州：花城出版社，1988:72.

英国媒体对傅海静和梁宁的惊艳表现不吝溢美之词，甚至认为他们实力更强，因裁判评判不公，夺走了原本属于他们的冠军。

在蒋英收藏的报纸摘译中，可以看见 10 月 3 日的《伦敦时报》《泰晤士报》这样评价傅海静和梁宁在决赛中的表现："今年皇家歌剧院的代表们曾四处寻获有才华的青年演员。他们的发现之一是来自中国的傅海静。他演唱了威尔第的咏叹调和马勒的《漂泊者之歌》并获得第二名。对他来说这也是有鼓励性的。他的声音在高音区有些紧，也有些自然状态，语言也影响了他更好地发挥他声音的全部共鸣，但是足以显示无论在声音和表现上他都是有潜力的。"

《伦敦时报》《泰晤士报》写道："这些对于获得第三名的 A. 玛森（皇家音乐学院歌剧室）来说表现得都不理想，她的音量和表现力都尚欠亲切，比较单调。正相反，第四名的获奖者梁宁，也是来自中国和她的精彩伴奏的 M. 杜富克（译者注：其他人都用乐队伴奏），小范围内声音的亮度和表现的浑厚没能完全使评委信服，但她对欧洲的音乐和语言和她的同胞一样值得赞扬，她显示了她自己和她在北京的教师们的努力，从她声音中温柔的感情，结合灵活技巧，可以看到今后她引人注目和有意义的艺术生涯。"[1]

十月四日的《英国卫报》更加直白地写道："梁宁在星期日晚上的决赛中不应该是四个歌者的第四名，而是应该获得高些的名次。观众也明确地表示了这种看法。梁宁在她丰富多彩的曲目中用她自然的台风、灵敏的乐感征服了观众。她充满魅力地、机智地处理了《塞尔维亚理发师》中《罗西娜的咏叹调》和优美地演唱了杜巴克的《费迪雷》。"[2]

《每日电讯》的记者艾伦·勃列斯认为："根据我的意见，傅海静应该获第一名。但莫名其妙的评委把第一名给了天赋有限的瑞士女中音 B. 巴雷。……无疑观众们都明确地认为获奖的顺序被颠倒。"[3]

《英国金融时报》也写道："假如把群众的呼声作为比赛的准则的话，

1　蒋英收藏的英文报纸"摘译"1. 钱学森图书馆藏。

2　蒋英收藏的英文报纸"摘译"2. 钱学森图书馆藏。

3　蒋英收藏的英文报纸"摘译"3. 钱学森图书馆藏。

两个来自中国的选手会得第一名。……他们嗓音的位置很好，声音柔和并能持久。他们旋律的乐句很自然并耐人寻味。傅海静的《家乡》咏叹调和玛勒的《漂泊者》或梁宁的杜巴克、莫扎特和罗西尼都是通过他们的音乐感来征服观众，而不是用他们对曲目的解释。这绝没有批评的意思。我希望两位能够有机会在西方继续学习。他们的前途是无量的。"[1]

《每日电讯》和《英国金融时报》还关注到了他们的母校，称赞了老师们的教学水平："当我们听完在柯文花园举行的本森–赫杰斯金奖音乐会后，我们明确地感到在北京中央音乐学院有高水平的声乐教师。梁宁，24岁的女中音，傅海静，22岁的男中音，他们两人都有令人羡慕的发声方法，有力、靠前，并都很懂得如何表现歌曲。""北京中央音乐学院的教学水平无疑是很突出的。梁宁（女中音）和傅海静（男中音）显示了完善的基本功。"

身在国内的蒋英，得知学生们展示出最好的风采，取得佳绩为国争光，甚感欣慰。她期待两个爱徒的凯旋。

出于对傅海静、梁宁的欣赏，莫瑟爵士邀请他们到家中做客，到皇家歌剧院观看歌剧《罗乐》《吉托》，请他们共进午餐，并邀《泰晤士报》的总编辑及其夫人作陪。

圣三一音乐学院声乐系的主任还到大使馆邀请傅海静和梁宁为师生表演。傅海静不仅演唱了一些比赛曲目，还唱了一首中国歌曲。梁宁演唱了《茉莉花》。傅海静和梁宁的演唱打动了系主任和师生们。他们被师生们团团围住，忙着回答各种问题：

师生们问："你们一星期上几堂声乐课？"

傅海静回答："一星期两堂，每堂一小时左右。"

师生们问："你们外文谁教的？是不是外国人？怎么吐字这样准确？"

傅海静回答："都是中国老师教的。当然，我们只会唱，不会说。"

师生们问："噢，你们唱得这样好，我们还以为你们会说呢。你们俩是不是一位导师教出来的？是男的还是女的？"

梁宁回答："我们每人两位老师，男女各一个。我的指导老师是李晋玮

---

1 蒋英收藏的英文报纸"摘译" 4. 钱学森图书馆藏。

和沈湘老师，他的指导老师是蒋英和王福增。"

圣三一音乐学院还给中国驻英大使馆写了一封感谢信："我们非常高兴地听到了你们国家两位年轻歌唱家的演唱，他们的演唱水平是相当高的。而且他们非常谦虚，这给同学们留下了深刻的印象。今后，我们希望能增强这种来往与交流，我们非常感谢中国大使馆和这两位中国演员给予我院教学工作提供的帮助。"

英国广播公司中文部还邀请他俩举行一场记者会，并为两人各录制了三首歌曲，通过电波向全世界播放。

10月16日，傅海静和梁宁带着荣誉和肯定满载而归。在此之前，世界三大歌剧院——英国皇家歌剧院、美国大都会歌剧院和意大利米兰的斯卡拉歌剧院从未有过中国人的声音。蒋英和她的学生们用实力证明了中国也拥有具备声乐才华的学生和高超声乐教学水平的师资，中国人也有能力在世界顶级剧院演唱知名歌剧。

国务院文化部、中央音乐学院的领导和歌剧团的领导以及亲朋好友都来到机场迎接和祝贺他们。蒋英和王福增也到机场迎接他们凯旋。傅海静一眼看到了娇小的蒋英，他挤过人群，扑上前去，把鲜花和拥抱送给恩师。蒋英捧起他的脸，审视着，端详着，有些心疼地说："要干一番事业，是得要掉几斤肉的，但我看你瘦了许多，又心里……"说着说着，蒋英哽咽了。[1]

1984年1月11日，时任中央音乐学院院长吴祖强召集声乐系、歌剧系的全体教师开会，通报了要将两系合并为声乐歌剧系的决定。合并后的声乐歌剧系由沈湘担任代主任，郭淑珍、黎信昌为副主任。这就意味着蒋英从领导岗位上退下来。歌剧系独立存在的时间虽然短暂，但在蒋英和同事们的努力下，取得了骄人的成绩。歌剧系从无到有，克服师资不够、教材缺乏、教学设施陈旧等方面的困难，在仅有的1983届毕业生中诞生了多位在世界级比赛中获得大奖的优秀声乐人才。蒋英为之付出的心血不言而喻。蒋英虽然不再担任领导职务，但仍继续指导学生，亲自授课，致力于培养学生，还入选学院的第三届学术委员会委员和新成立的学位评定委员会委员，为歌剧教育事业继续发光发热。1985年6月4日，蒋英作为北京

1　张秋怀，王力．带微笑的声音[M]．太原：希望出版社，1985:143.

市音乐家协会理事，被选举为中央音乐学院代表，出席北京市音乐家协会第二次会员代表大会。

招生单位名称：中央音乐学院		招生单位编号：036				地址：北京西城区鲍家街43号	
专业	研究方向	指导教师姓名及职称	招生人数	政治理论课（文或理）	外国语应试语种	业务课考试科目	备注
声乐歌剧	声乐歌剧表演艺术	沈湘 教授 蒋英 教授 郭淑珍 教授 周美玉 副教授 王秉锐 副教授 李维勃 副教授 吴天球 副教授 陈琳 副教授 黎信昌	3	理	英、俄、日、德、法，任选一种	主科 2. 音乐基础理论（和声） 3. 钢琴 4. 中外音乐史	报名时需寄交演唱录音磁带，内容包括：演唱六首作品，其中包括两首中国作品，四首外国作品（必须唱原文）。外国作品中须一至二首歌剧咏叹调，一首艺术歌曲，其它两首任选（不演唱外国民歌和流行歌曲）
	艺术嗓音保护与治疗	沈湘 教授 冯葆富 副主任医师	1	理	同上	1. 主科（嗓音医学） 2. 声乐演唱 3. 声乐知识	

1986 年中央音乐学院声乐歌剧系招生简章节选

傅海静留校攻读研究生，还是由蒋英指导，其间表现非常亮眼。1984年 8 月 24 日，傅海静、梁宁、迪里拜尔赴芬兰参加第一届米莉亚姆海林国际歌唱比赛，梁宁获女生组第一名，迪里拜尔获第二名，傅海静获男生组的第三名。傅海静还参加了全国第一届声乐比赛并获得第一名。

1985 年 8 月 11 日，傅海静、梁宁、迪里拜尔与张建一参加了香港中华文化促进中心主办的"黄河音乐节"。著名乐评家史君良特地撰文描述了欣赏这场音乐会的感受：

1985 年 8 月 11 日，由香港中华文化促进中心主办的"黄河音乐节"，以中国国际获奖声乐家的独唱会揭开了帷幕。这个头，开得好！

这四位中国声乐新秀，果然名不虚传，他们各具特色、动人的演唱倾倒了听众。傅海静（男中音）的圆浑，迪里拜尔（女高音）的清纯，张建一（男高音）的光辉，梁宁（次女高音）的丰富，都给人们留下了深刻的印象，大有"余音绕梁"之感。

四人的演唱，在声区统一、整体共鸣、声音表现、风格特色等方面，都取得了可喜的成就。特别是在美声唱法（Bel Canto）的运用上，尤为出色。这是中国的声音，可喜可贺，令人兴奋！

傅海静的嗓音，通畅、松弛、自然。演唱认真、朴素、细腻。如他演唱的费加罗咏叹调《不要再去做情郎》（莫扎特歌剧《费加罗的婚礼》第一幕），音调勇壮，生气勃勃，俏皮幽默，显示出费加罗本人的豪勇之态。也许是乐队伴奏生疏之故，在《斗牛士之歌》（比才歌剧《卡门》第二幕）曲中，他唱得比较拘谨，一板一眼，声音得不到充分的发挥，情绪不够奔放，歌声缺乏动力，节奏缺些力度。他满腔热情唱出的《黄河颂》（冼星海曲），情感深切，歌声壮阔，唱出了中华民族的最强音！令人敬佩。歌曲中的三次"啊"，他处理得很有层次，音乐幅度适度。第一次的"啊"，呼唤五千年中华民族的文化；第二次的"啊"，欢呼中华民族的伟大；第三次的"啊"，赞颂中华民族的精神。随后将旋律推上了高潮，取得良好的声音效果。如能把歌曲第一段的速度改慢些，以宽广的色调唱出黄河的雄姿，音乐的律动会更好。[1]

重启国际交流

随着学生屡获大奖，蒋英也声名远播，走出了国门，受到国外同行的认可。1984年，英国皇家歌剧院和格莱德堡歌剧节（Glyndebourne Opera Festival）向蒋英发出邀请，请她率团前往英国访问，并出席由英国出资为傅海静和梁宁举办的音乐会。

格莱德堡歌剧节是国际十大著名歌剧节之一，也是全球歌剧界的盛事，

1　史君良.笔下有乐——史君良乐评集[M].苏州：苏州大学出版社，2015:68.

自 1934 年开始，每年在东萨塞克斯的小城格莱德堡举行。歌剧节期间，世界顶级歌剧艺术家齐聚并上演精彩演出，吸引来自世界各地的观众。

1984 年 8 月，蒋英与同事李维渤以及中央歌剧院的女高音歌唱家黄伯春等同行，受邀参观世界著名的歌剧演员培训中心，考察英国歌剧教育情况，还欣赏了学生傅海静和梁宁在英国皇家歌剧院的独唱音乐会，顺便拜访了该剧院的英国同仁们。蒋英一行还聆听了格莱德堡歌剧节的演出，这是当时世界最高水准的歌剧演出。

1984 年，蒋英（左二）率团访英并参加格莱德堡歌剧节

1986 年，外国歌剧团体也有两次引人注目的访华演出，一是德国巴伐利亚歌剧院在指挥大师萨瓦利什指导下来华演出的莫扎特的名剧《费加罗的婚礼》和《魔笛》，二是意大利热那亚歌剧院来华，由帕瓦罗蒂领衔主演《艺术家的生涯》并举办独唱音乐会。主办单位很注重专业交流工作，开放两所剧院的彩排让专业工作者们"先睹为快"，还举行了专业的交流和座谈，请帕瓦罗蒂等歌剧表演艺术家们与中国同行们交流经验，给年轻的中国歌手们授课等等。

访华期间，帕瓦罗蒂还去中央音乐学院访问，蒋英参与接待。这次帕瓦罗蒂也听了中央音乐学院学生们的演唱，其中就有傅海静。傅海静的表现给帕瓦罗蒂留下了深刻印象，为此后他们的合作留下伏笔。

1986 年 6 月 25 日，帕瓦罗蒂访问中央音乐学院时
与蒋英（前排右五）等师生合影

托举学生走向国际舞台

20 世纪 80 年代，中国掀起了一阵出国潮。很多国人都想走出国门看看世界。由于国内歌剧演出的机会不多，祝爱兰也想进一步出国深造。当她把自己的想法告诉蒋英后，蒋英立即说："可以呀，只要你想去，我们就来试一下。"为了帮助祝爱兰申请国外的学校，蒋英拿出收藏的外国音乐专家的录音带让她反复学习。

这时恰逢蒋英的一位故友从美国来中国看望她。这位故友就是蒋英留学欧洲时与她形影不离的荷兰籍女朋友维尼。蒋英与维尼见证了彼此的少女时代。自从 1946 年在法国分别后，两人三十多年没有联系。维尼成了小提琴家，且后来移居美国，但她一直牵挂着蒋英。一次偶然的机会，维尼从美国的《时代》（*Time*）周刊上再次看到蒋英的消息，并得知她嫁给了科学家钱学森，现在中国北京居住。维尼通过她的朋友、《纽约时报》总编辑辗转联系到蒋英。蒋英收到维尼的来信既惊讶又开心。1981 年，维尼专程飞到北京看望蒋英。时间并未冲淡她们的友谊。久别重逢，两人仍有说不完的话，一起回忆她们的少女时代，回味共同的学生时光。

这次重逢，蒋英想起祝爱兰日后有机会去美国留学需要一位监护人，而维尼无疑是她最放心的人选。于是蒋英向维尼介绍祝爱兰："给你'送'一个女儿，请你做她的监护人吧，帮助她赴美深造。"维尼高兴地说："你放心，我会待她当自己的女儿的。"祝爱兰的监护人找到了，蒋英也放心了。

　　接下来，从选曲目、指导练唱、录音到填写国外学校的申请表以及寄出演唱磁带，蒋英都竭尽所能帮助祝爱兰。蒋英的心血没有白费。幸运之神降临到祝爱兰身上。她收到了美国著名私立大学哈特音乐学院的录取通知。这所学校学费昂贵，连一般的美国家庭都难以承担。但祝爱兰获得了专为优秀国际生设立的"全优奖学金"，成为该院有史以来首位享受该奖学金的学生。有了奖学金，祝爱兰不仅免缴昂贵的学费，还能得到免费的食宿和充足的生活费，不用为房租、学费而到处奔波，可以全身心地投入学习。而这一切离不开蒋英的悉心指导和倾力帮助。

　　祝爱兰出国前一天，蒋英请祝爱兰到家中，说有件东西送给她。祝爱兰去了以后，蒋英拿出一张自己年轻时候的老照片送给她留念。那是1947年蒋英在上海兰心大戏院演出前拍摄的宣传照，而且是原版。蒋英很喜欢这张照片，但她还是送给了祝爱兰。从此以后，祝爱兰一直珍藏着这张照片。二十多年里，它不仅陪伴祝爱兰远行，而且在老师不在身边时成了支撑她的精神支柱。

　　祝爱兰启程赴美那一天，蒋英亲自到机场为她送行。临行前，蒋英对她说："现在我把你推到大海里去了，以后只能靠你自己游了。"祝爱兰强忍泪水告别恩师，独自踏上异国求学之路。在她心中，蒋英不仅是老师，更像慈母。她唯有更加努力地学习来报答蒋英的真情付出。

　　维尼兑现了自己的承诺，她对祝爱兰关怀备至。祝爱兰一到美国，维尼亲自到机场接她，还对她说"这里就是你的家"。

　　到了哈特音乐学院，祝爱兰师从著名的声乐教育家马列娜·玛拉斯女士及南希·米尔恩斯夫人。得益于蒋英多年的严格要求和对祝爱兰的刻苦训练，祝爱兰对专业课的学习很快进入状态。但由于祝爱兰出国时的英语基础较差，学校专门为她安排补习英语。祝爱兰也聘请一位台湾朋友在声乐课上为她做翻译，以尽快提高英语水平。

　　维尼悉心照顾着祝爱兰，知道祝爱兰英语不好，便主动与她交流，甚至还专门为她找了一位私人英语家教，以帮助她尽快掌握英语。每到周末，维尼亲自开车去接祝爱兰回家团聚，周一再送她回学校。维尼还喜欢跟祝爱兰分享她与蒋英年轻时的往事，通常一边播放施特劳斯的《最后的四首歌》，一边讲述她与蒋英的少女时代。

祝爱兰所修的艺术家学位共有表演、舞蹈、发音和声乐指导四门必修课以及西方歌剧史、钢琴等选修课。表演课是通过排练一些歌剧片段，学习戏剧表演技巧；舞蹈课是通过严格的舞蹈训练，把训练有素的肢体语言和优美的形体动作自然运用到歌剧中；发音课是德、意、法的语音训练与学习；声乐指导课是最重要的。每个学生在学期末必须要开一场独唱音

祝爱兰赴美后初到维尼家中与她的合影
（祝爱兰提供）

乐会，但如果能够在学校歌剧系排演的歌剧中担任主角，则可以免开音乐会。祝爱兰因专业表现出色，在两年时间里由歌剧系主任指定，在四部歌剧中担任主演，分别是《波西米亚人》《蝴蝶夫人》《玛侬》和英国现代歌剧《被奸辱的露克里沙》。[1]

读书期间，祝爱兰虽然学业忙，但仍通过写信或打电话向蒋英汇报自己的近况。每当遇到学习、生活上的困惑，祝爱兰都第一时间找蒋英倾诉。祝爱兰与蒋英无话不谈，既汇报自己学习上的进步、请教专业问题，也会倾诉生活琐事和感情上的"悄悄话"。在她心里，蒋英早已超越普通老师，她们不是母女胜似母女，也是可以谈心的知心朋友。蒋英总是不厌其烦地听着祝爱兰倾诉，然后一一回答，有时候还在电话里给祝爱兰做起示范来。蒋英用爱托举着祝爱兰从小河游向大海，帮助她从爱唱歌的小女孩逐渐成长为专业歌唱家。

1986年，祝爱兰以优异的成绩获得美国哈特音乐学院歌剧专业艺术家学位。由于祝爱兰表现卓越，哈特音乐学院打破惯例邀请蒋英赴美参加她

1　徐冬.乘着歌声的翅膀——访旅美女高音歌唱家祝爱兰 [J]. 人民音乐 , 1999（9）21.

的毕业演出和毕业典礼，并进行讲学。

蒋英欣然接受哈特音乐学院的邀请。赴美后，蒋英住在祝爱兰家中。到了晚上，祝爱兰仍然向蒋英请教专业问题。而蒋英则边弹奏钢琴边示范，一丝不苟地为祝爱兰答疑解惑。

玛拉斯见到指导祝爱兰的幕后高师蒋英，感到非常亲切和敬佩。祝爱兰毕业作品表演的是《玛侬》。蒋英到化妆室陪祝爱兰化妆。祝爱兰走上舞台，与演员们配合默契，倾情演出。蒋英在舞台下默默注视着，看到学生取得如此成绩，心里比自己当年开演唱会还高兴。毕业典礼上，蒋英紧紧抱着祝爱兰，就像抱着自己的女儿一样。

蒋英在祝爱兰美国的家中为她上课

蒋英与哈特音乐学院院长（中）及担任毕业演出导演的
艾迪·毕晓普（右）合影

蒋英参加完祝爱兰毕业演出后，还在哈特音乐学院的邀请下做了三场学术报告。蒋英用流利纯正的英语和生动的讲述，让在场的师生感受到了中国也有正宗的歌剧教学方法。她还不时地与学生保持互动。有的学生唱意大利歌曲，蒋英就用意大利语指导；有的学生唱法语、德语歌曲，蒋英又切换成法语、德语示范。蒋英纯正的多国语言、渊博的音乐知识、高贵典雅的艺术气质和非凡的音乐造诣令哈特音乐学院的师生为之倾倒。有的师生提出跟她合影留念。当蒋英结束报告时，哈特音乐学院院长当即诚挚地提出聘请她担任声乐客座教授，并欢迎她再度光临指导。

蒋英在哈特音乐学院讲学后与学生 G. 沃尔特合影

蒋英在哈特音乐学院讲学时与学生 V. 亚当斯合影

除了哈特音乐学院，蒋英还受邀到美国波士顿大学、茱莉亚音乐学院访问，并开设大师课。波士顿大学是傅海静就读的学校。蒋英对西欧歌剧艺术高超的造诣以及纯正的英文令这些专业院校的师生敬佩，他们纷纷邀请她再次到访，但蒋英牵挂身在国内的钱学森，婉言谢绝了邀请。

蒋英访问茱莉亚音乐学院时与玛洛丝教授交谈

蒋英与傅海静的老师、波士顿大学艺术学院原院长
菲利斯·柯廷教授交谈

除了工作，蒋英与永刚和永真在美国团聚。改革开放后，永刚有机会去加州理工学院攻读硕士，毕业后暂时留在美国工作。永真也去了美国工

作。蒋英和钱学森向来尊重子女的决定，所以支持他们出去开阔眼界。

蒋英在美国再次见到了维尼。过去的时光虽然久远，但却又似在眼前。祝爱兰已然成了维尼和蒋英友谊维系的新纽带。因为很少见面，平常她们对彼此的问候和关心通过祝爱兰互相传递。1996 年，祝爱兰在给蒋英的信中写道："上次我说，Ying sends her best regards（蒋英送上她的问候），维尼讲：'Just regards？ Must be love！'（只是问候吗？必须是爱呀！）我说 Sorry of course（不好意思，那当然了）。"

蒋英与维尼、祝爱兰在美国合影

此行蒋英还拜访了钱学森在加州理工学院时的同事和挚友马勃一家。蒋英和钱学森一直铭记着马勃全家在他们被美国政府无理拘押期间给予的帮助和关照。1955 年蒋英和钱学森回国后仍然与马勃保持书信联系，后中断了一段时间。1981 年，马勃和夫人接受中国科学院的邀请，到中国科学院研究生院教授燃烧技术和英语课程。该院是中科院仿照加州理工学院建立的一个小型研究院。这也是蒋英、钱学森一家和马勃夫妇阔别多年后的首次重逢。

五年后，蒋英到美国看望他们一家。老友再次相见，倍感亲切。马勃夫妇已是有孙辈的老人。他们纷纷热情地邀请蒋英到家中做客。蒋英接受邀请，看望了马勃的孩子们。回到国内后，蒋英写信给他们说："钱学森仍然喜欢回忆冯·卡门以及他们在加州理工学院的那段美好时光，并喜欢讲冯·卡门以前的趣事。"

蒋英（右二）、钱永刚（左一）　　蒋英与钱永真（右一）、祝爱兰（左一）、
与马勃夫妇聚会　　　　　　　傅海静（右二）在美国相聚

蒋英赴美数月，收获颇多，但心中始终牵挂着钱学森。这也是他们一生中分开最久的一次。蒋英回国后，虽然钱学森嘴上不说，但她敏锐地洞察到他内心的不安。从那以后，蒋英谢绝了所有出国邀请，一直陪在钱学森身边。

填补德国艺术歌曲研究的空白

1985年中央音乐学院音乐研究所成立后，与院学术委员会合作，举办了为期三个月的音乐表演艺术教学研究和示范教学系列讲座。蒋英是担任专题教学的13位主讲人之一。

1985年10月，蒋英在中央音乐学院大礼堂开设了"德国艺术歌曲发展简史"的公开课，吸引了来自全国各地的声乐老师、演员和学生等近千人前来听课。在四个多小时的时间里，蒋英为现场观众奉献了一场内容丰富、生动翔实的学术报告，介绍了很多国内鲜为人知的作品，填补了我国声乐教学内容的空白。蒋英的报告形式轻松活泼，她或边弹钢琴边演唱，或请学生傅海静、姜咏和杨杰示范演唱有代表性的德国艺术歌曲。蒋英的讲解深入浅出，语言通俗易懂、容易领会，让观众听得饶有兴趣。

1985年—1986年，蒋英还开设了一门选修课"德国艺术歌曲"。当时刚到中央音乐学院学习的赵世民后来回忆起听课的经历："从此，我就堂堂抢先占座听她的课。想象中深奥的德国艺术歌曲经蒋英娓娓道来是那么亲切，再加上她的示范演唱，就觉得这些歌说的是自己的事。"[1]有一次，沈湘也来到课堂上听课。当蒋英看到沈湘进入课堂时立刻起身。两位大家相互行礼致意。学生们看到这一幕非常感动，顿时爆发出热烈的掌声。[2]

蒋英还与钱学森一起参加了第一版《中国大百科全书》（74卷）的编撰。"文化大革命"结束后，中国人民对知识充满了渴望。因此，出版一部便于查阅、包罗各种知识、能满足人民生活需求的书籍成为迫在眉睫的工作。1978年，党中央和国务院做出决定，编辑出版《中国大百科全书》，并成立总编辑委员会，由胡乔木任总编辑委员会主任；同时设立中国大百科全书出版社进行编辑出版的具体工作。

中国大百科全书总编辑委员会和中国大百科全书出版社先后组织2万余名专家学者参与编纂工作，几乎汇聚了当时国内文化知识界所有的专家。历时15载，这部凝结了当时中国知识分子智慧和心血的巨著得以完整出版。全书按学科或知识门类分74卷出版，以条目形式全面、系统、概括地介绍科学知识和基本事实，内容包括哲学、社会科学、文学艺术、文化教育、自然科学、工程技术等66个学科和领域，共收录77859个条目、12568万字。[3]

蒋英担任"音乐·舞蹈"卷的音乐学科编辑委员会的委员（共36位），负责编写"德国艺术歌曲"的条目。钱学森则担任《中国大百科全书》总编委的副主任（共21位），以及"军事"卷的副主任，并负责编写"导弹"这一条目。他们呕心沥血，为这部巨著做出了自己的贡献。正如总编辑梅益说："如果没有相当的奉献精神，没有为国分忧的精神根本无法做到！"[4]

1　音乐周报社. 见证音乐——音乐周报精品文选 1979–2009[M]. 北京：同心出版社, 2009:119.

2　李晋媛、李晋玮. 沈湘纪念文集 [M]. 北京：人民音乐出版社, 2003:99.

3　高俊宽. 信息检索 [M] 北京：世界图书出版公司, 2017:333.

4　魏宏运. 国史纪事本末（1949–1999）——第七卷 改革开放时期（下）[M] 沈阳：辽宁人民出版社, 2003:194.

编写《中国大百科全书》的条目与写论文还是有很大差别的。钱学森曾谈过自己在撰写有关"导弹"条目时的一些体会。他说："写条目时，不能僵化，出现问题，应及时调整，实事求是，只要合理，可以改。"他还说："《中国大百科全书》是综合性的百科全书，条目内容不是专家水平，专家水平就成了专业辞书，既然不是专家水平，当然是有点科普性质的。但它又不是低级的科普，是高级的科普。譬如美国著名的《科学》杂志，该杂志的文章光是说道理，数学公式简单的有，复杂的没有，道理讲得透彻，不必有很高的理论，不是用数学来讲解，我们通常叫深入浅出的方法。"

蒋英完全做到了高级科普的要求。她用五千多字将跨越三个世纪的德国艺术歌曲分为早期、发展期和后期三个阶段，依次列举了最具代表性的音乐家及其代表作，分析了每位音乐家的创作风格、作品表达的意境、运用的乐器类型、取得的进步、存在的不足以及对推动德国艺术歌曲的发展所做的贡献等。蒋英还介绍了一些鲜为人知的杰出音乐家。

蒋英用简短凝练、形象生动和浅显易懂的语言，使这些杰出音乐家独特的风格跃然纸上，音乐作品也极具画面感。跟着蒋英的文字，读者仿佛欣赏了一幅幅音乐主题的画作，耳边响起钢琴独奏或乐队伴奏，时而出现一幅风景画，时而是一段曲折的人生旅途，时而是一个个生动的人物，时而是一通人生哲理……（蒋英编写的"德国艺术歌曲"条目详见本书附录。）

蒋英还翻译了瑞典著名声乐家约翰·松特伯格的《歌唱的音响学》（刊登在《外国音乐参考资料》1979年第1期，转载于中国文联出版公司《音乐知识手册》续集，1988年出版）。在教材建设上，蒋英译配、编选了《舒曼歌曲选》（与周枫等译配，1960年出版），《德沃夏克歌曲选》（与姜家祥等译配，1961年出版），《法国艺术歌曲》（与喻宜萱、沈湘译配，1962年出版），《勃拉姆斯歌曲选》（与周枫等译配，1963年出版），《歌剧选曲》三册（与尚家骧、邓映易译配）：第一册——《花腔女高音》（上）（收录25首曲目，1990年出版），第二册——《女高音》（上）（收录15首曲目，1993年出版），第三册——《女高音》（下）（收录27首曲目，1994年出版），均由人民音乐出版社出版。蒋英还为群众性的歌曲刊物译配了外国民歌《妈妈我有个愿望》《草屋上的国家》，为音乐普及工作贡献力量。

1988 年 6 月 4 日，北京市音乐家协会第二次会员代表大会召开之际，蒋英作为中央音乐学院的十三位代表之一，与当届理事于润洋、洪士键、王澍、方蕉等一起出席了会议。

1989 年 9 月 10 日，北京市高等教育局、北京市教育工会为蒋英颁发证书，表彰她从事教育事业三十年。

20 世纪 90 年代初，中国音乐家协会声乐教育学会成立后，开始组织"声乐艺术教育丛书·声乐教学曲库"的编撰工作。这套丛书汇集了全国各大音乐院校的一线声乐教师和著名声乐家等 300 余人。蒋英参与了《外国艺术歌曲选（19 世纪下册）》的编撰工作，撰写了《我痛苦的美丽的摇篮》和《莲花》两首作品的歌曲解说和演唱提示。按照体例要求，蒋英对两首歌曲发表的时代特点、词曲作者以及作品表达的思想、曲式结构、人物进行了介绍，还对演唱风格、演唱难点和教学方法等进行了提示，具体如下：

我痛苦的美丽的摇篮（Schune Wiege meiner Leiden）

海涅词，德国作曲家舒曼（Robert Schumann，1810—1856）作曲。周枫译配。

歌曲解说与演唱提示：

这首歌是舒曼"歌集"作品 24 号套曲中的一首，是一首连贯式的分节歌，主题出现 4 次，有两段展开部分交插其间。音乐的节奏暗示摆动的摇篮，体现了歌词的内容——摇篮虽美丽但其中充满了我的悲痛。在摇摆的节奏中一再呼唤"再会，再会"。其第一个展开部分充满激情，悔恨涌上心头，速度加快，力度加强。第二个展开部分描绘内心创伤，筋疲力尽，身心疲惫，挣扎着长途跋涉，直到在冻土上找到自己的坟墓（归宿）。歌声平静而忧伤，但钢琴伴奏中大音程跳动和切分展示神志痴癫、痛不欲生的神态；主题第四次再现，歌曲在"再会，再会！"慢板中结束全曲。

舒曼用钢琴伴奏精心烘托歌声，气氛强烈，手法极为丰富细腻，因此，需给伴奏部分以充分的重视。

此歌适宜高年级男同学选用。

莲花（Der Lotosblume）

海涅词，舒曼作曲。尚家骧译配。

歌曲解说与演唱提示：

浪漫主义时期的诗人经常将大自然景物人性化，这在海涅诗中也是常见的。歌中描写的莲花无疑是少女的化身。莲花默默（脉脉）含情地期待着情侣的来临。明月的光辉唤醒了它，它迎着月光尽情地怒放，饱尝爱情幸福也为爱情痛苦而哭泣。这首歌的特点是静中有动，幽静的夜晚蕴藏着一颗灼热跳动的心。曲中情意绵绵的旋律代表静，伴奏中和弦有节奏地向前推动代表深沉的夜空中万物有序的流动。

这是一首连贯式歌曲，自始至终一气呵成。歌曲虽短但意境深邃。舒曼在乐谱上注示的力度和速度的变化将自然景物情感化，要经细致分析而后才会有深入的理解。

这首歌各声部初学者都可以选用。[1]

---

1 颜蕙先. 外国艺术歌曲选 19 世纪（下册）[M] 北京：人民音乐出版社，2003:441.

Chapter 8

第八章

退而不休　桃李成蹊

"我流的心血，比钱重要得多"

蒋英说："年龄越大，我越爱教学事业，这完全是从内心出发，我总是想让学生少麻烦一点，让学生多懂一点。"于是，退休后的蒋英在家中开设课堂。只要学生热爱歌唱，诚心诚意地想学，不怕吃苦，蒋英就答应指导，而且全情投入，从不收报酬。有的学生劝她适当收些费用："老师，我现在教学生还收好几百块钱呢！"蒋英则只说一句："收那么多！"但她从未收过一分钱。来上课的学生有的是蒋英原来的学生，毕业后继续请她指导；有的是为了参加国际比赛慕名前来求教；还有的像赵登营一样想学怎么当声乐教师的。蒋英全部一视同仁，倾囊相授。为了让学生能够满载而归，蒋英常常要做大量的准备工作，包括翻译作品、录制磁带等。每次学生出现问题，她时常茶不思、饭不想甚至失眠，思考解决问题的办法。

姜咏从中央音乐学院毕业后，成为中央歌剧院的演员，仍然继续跟从蒋英学习。蒋英教她声乐、钢琴、乐理、音乐史、外语等，教学非常全面。1988 年，比利时举办伊丽莎白女王国际声乐比赛。报名截止前的两天，蒋英坚持让姜咏填表报名参加比赛。然而，姜咏一想到要在一个月里准备 31 首作品（她只会唱其中 4 首），决绝地拒绝说："不行不行，蒋老师，这个比赛我参加不了。"蒋英则坚持说："咱们算算，有些歌我教你，'自选项'还可以调配一下。"姜咏还是不自信地说："不行不行，蒋老师，这歌曲有英文的、意大利文的还有法文的，这么多歌词我背不下来。"蒋英说："我老太太跟你一块背！我背得下来你还背不下来吗？"姜咏依然不敢接受挑战："不行不行，蒋老师，就算词背下来了也唱下来了，可是拿不回奖我也抬不起头。"蒋英略有生气地说："姜咏，我最不喜欢你这样，参加比赛不是为了你自己，你代表的是国家，所以你去也得去，不去也得去，就当我拿枪逼着你去。"

在蒋英的"软硬兼施"下，姜咏只好报名参赛，在一个月的时间里拼命"恶补"，过五关斩六将，竟然取得了第 11 名（决赛取前 12 名），闯进了决赛。姜咏归国那天，年近七十的蒋英高兴地到机场迎接。后来，姜咏去到瑞士日内瓦音乐院进修，结业后被多个歌剧院聘为主要演员。

1989 年，姜咏在日内瓦国际歌剧比赛中获得一等奖；1990 年又在法国克莱蒙 - 费朗的国际清唱剧与艺术歌曲的比赛中获一等奖。著名小提琴家、指挥家梅纽因称赞她有"天使的声音"。面对姜咏这个不自信的"丑小鸭"，蒋英慧眼识人，用爱感化，用心培养，终于使之成为自信、美丽的"白天鹅"，让她作为国际知名的抒情花腔女高音歌唱家，走上国际舞台绽放风采，为国增光。

姜咏获奖后专门给蒋英写信说："我之所以永远由衷地感激您，不仅仅是您教会我走上了正确的歌唱之路，不仅仅是您教给了我发声技巧……我想更主要的是，您引导我把一颗心献给了音乐，并愿为它付出一切努力和牺牲，我想这正是我不怕吃苦，不怕困难的力量源泉。"有一次，姜咏面对国外电视台的采访，激动地说："希望让我说几句中国话，我要感谢我的中国老师蒋英教授，她给了我很大的帮助，拉扯着我一步一步向上攀登，我由衷地感谢她，永远忘不了她！"

有一次，蒋英教一个姓王的学生唱法国歌时，她怎么都唱不好。蒋英让她到外国语学院找一个法语老师学习法语，学费由她支付。后来，这位学生学成后常住法国巴黎，每次回国都会看望恩师。

蒋英教吴晓路时，患严重哮喘，甚至需要喷药才能控制。蒋英教吴晓路唱舒曼的套曲。由于吴晓路不会德文，蒋英只能逐字逐句地教她唱。蒋英唱得越用力，喘得越厉害，甚至气都上不来，家人看不过，劝她赶紧去医院。可蒋英用毅力坚持着一定不能倒下，最后连声音都哑了，直到全部教完才去医院。

吴晓路毕业后在北京中央歌剧院工作，曾成功地扮演了《蝴蝶夫人》《绣花女》《卡门》和《费加罗的婚礼》等歌剧中的女主角，并参加过芬兰萨沃林纳歌剧节和香港歌剧节。吴晓路后来学成赴美，一直在科罗拉多歌剧院演唱，曾与美国许多交响乐团合作演出。1994 年她同时在美国大都会

蒋英在家中与吴晓路合影

歌剧比赛和札克瑞国际声乐比赛中获奖，1999 年在罗马世界华人声乐大赛中获得过第三名和最佳中国艺术歌曲演唱奖。

1992 年，北京战友文工团的女高音歌唱演员孙秀苇也开始跟蒋英学习。蒋英很快发现了孙秀苇的问题并"对症下药"："母音唱不干净，就用一些母音清楚的歌让她唱。把 5 个母音唱清楚。o 就是 o，u 就是 u。u 难唱，但'乌鸦'她能说得很好，就让她从'乌鸦'说起，然后把'乌'拖长。a 是自然的母音，让她向小孩学习，小孩喊妈最好听。用这种方法训练她的耳朵。孙秀苇很刻苦，恨不得天天八点到我那儿上课。"[1]

多年后孙秀苇回忆起这段时光仍然非常感激："我是在 1992 年开始跟蒋老师学习的，那时我已经从音乐学院毕业，在歌舞团做演员。第一次上课，就让我感受到老师对学生全身心的爱。每次上课，蒋老师都是用她最好的精神状态面对学生，让我感到她对我的喜欢、欣赏。我也是喜欢学的学生，每次老师都会'给'我很多，是种极大的满足。那时，一有空我就会去老师家上课，有时每天去，有时两天或三天一次，每次三个小时，因为每次上课都是一段特别愉快的时光。当然老师从不收学费！课堂上，我和蒋老师一起沉浸在音乐的世界里。她是研究艺术歌曲的专家，处理作品

1　赵世民 . 蒋英谈声乐教学 [J]. 北方音乐，2007（09）：29-30.

非常细腻，每首作品经过她的讲解就会变得生动起来。每次上课，老师都为我准备好谱子、录音资料，她的每句话、每个动作都那么慈祥。虽然跟蒋老师学习只有两年，但是对我在德奥艺术歌曲演唱方面的提高和积累帮助非常大。1994年，我出国后参加了很多歌剧演出和国际声乐比赛并取得荣誉，这和蒋老师给我打下的语言功底密不可分。"[1]

1995年2月，孙秀苇参加意大利第一届阿德里亚国际歌剧声乐比赛并获得第一名，从此开始了国外职业演出之旅。

赵登峰于1987年毕业于四川音乐学院，毕业后在北京战友文工团担任独唱演员，在此期间曾经跟随沈湘和黎信昌学习。1993年，他第一次参加奥地利维也纳贝佛丹耳（Bevedere）声乐大赛，得到评委的认可，回国后，拜蒋英为师继续深造。蒋英教会他演唱德国艺术歌曲的关键：那就是用心悟、用情唱。蒋英为赵登峰讲解艺术歌曲时，详细分析创作者通过作品表达的立意、意境甚至蕴含的哲理，指导他把个人感情融入作品中。后来，赵登峰有机会欣赏和了解德国人演唱艺术歌曲后，他甚至觉得："蒋老师在这方面（指德国艺术歌曲）比德国人还有研究。德国人唱Lieder[2]就如同我们中国人唱京戏和民歌，不用做更精细和深层的研究，他们唱Lieder就是要求把音乐的符号都做出来，把音乐的线条都唱出来。而蒋老师在讲Lieder时是把个人的感情等许多东西都结合进去。"[3]

两年后，赵登峰参加了挪威宋雅王后声乐大赛，名列前茅。此后，他应汉堡歌剧院歌剧培训中心的邀请前去进修。赵登峰每次去德国进修都要在那里住上一个多月，花费不菲。蒋英知道他经济不宽裕，经常给予他无私的帮助。不仅如此，蒋英想到身在海外的他必定心系家人、牵挂爱子。但在那个靠国际长途电话联络的年代，话费昂贵，赵登峰不舍得花钱经常与家人通话。蒋英不仅帮他照顾家人，每次与他通话时还会特意告知他儿子的近况，以让他安心学习。

蒋英还曾说起这样的经历："那一年，帮一个学生出国比赛，我在医院

1　李华盛. 天堂里的歌声——众弟子追忆恩师蒋英 [J]. 歌唱艺术, 2012（03）:53-56.
2　指德园艺术歌曲。
3　田玉斌. 名家谈艺——田玉斌与名家谈美声歌唱 [M] 合肥：安徽文艺出版社, 2011:137.

赵登峰（右二）去挪威比赛前与蒋英、赵登营（左三）等人合影

的病床上，翻《费加罗的婚礼》的词，不断试唱修改，剧本都让我用散了。"[1]

培养年轻的声乐教师

蒋英晚年曾经忧心地说："我们国家缺乏优秀中青年（声乐）教师。""中国缺少师资。现在音乐学院的师资不容乐观。有的毕业五年就教书。这也太难为他们了。所以他们只能模仿，知其然不知其所以然。"因此，她竭尽所能地培养青年教师。

1983 年，马洪海从中央音乐学院毕业后留校任教。1988 年，马洪海从保加利亚进修回国后，跟蒋英学习了两年。马洪海读大学时师从黎信昌。但蒋英丝毫没有门第观念，无论是谁的学生，只要上门求教都会敞开胸怀，在家上课也从没有收过他一分钱，而且特别认真。

1992 年，赵登营从歌剧院回到中央音乐学院任教。为了成为一个好

1　音乐周报 . 见证音乐：音乐周报精品文选　1979–2009[M]. 2009.

老师，他向时任中央音乐学院党委书记的郭代昭提出请求，希望跟蒋英学习。郭代昭找到蒋英请她帮忙。这一年，蒋英已经73岁，还长期被偏头痛困扰，可一想到将赵登营培养成为优秀的年轻教师，可以让他在系里发挥更大的作用，就欣然同意，且分文不取。于是，从1992年11月7日开始，每周六上午九点半到十一点半，蒋英准时为赵登营上课。每次上课时，蒋英就端坐在钢琴前，把磁带录好、把谱子印好；中间休息时，还把小吃端出来给赵登营吃。每次课程结束后，蒋英都把赵登营送到楼下。这些细节让赵登营感动不已。

蒋英从基础开始教赵登营，首先，启发他感受音乐，培养对音乐的热爱，甚至让练声都变得不再枯燥。蒋英告诉赵登营"声乐教学要善于发现美，创造美"。在她的引导下，赵登营觉得上课变成了一种享受，即使教学任务再繁重，也期盼着每周的上课时间。通过观察，蒋英发现赵登营的问题是喉音重，于是，让他从基本母音练起。蒋英从 a、o、i 开始示范，让赵登营跟着模仿，慢慢地把他的嗓子打开。蒋英从不直接告诉赵登营，而是通过语言启发他自我感知："小舌要靠后，舌根在什么位置，而是在自然说话的基础上慢慢扩，就像演讲时声放大，慢慢进步。"[1] 蒋英还告诉赵登营："放下喉位，使声音进入头腔，建立整体的歌唱状态，以避免声音走向偏差。"在蒋英的指导下，赵登营用一年多的时间改正了缺点。

接着，蒋英再教赵登营深呼吸，即腹式呼吸。蒋英告诉他："任何事物都具有对立统一性，声乐也是如此，掌握了呼吸就掌握了歌唱的本质，因为呼吸贯穿整个歌唱的始终。"蒋英形象地比喻何为腹式呼吸："刚出生的小孩，夏天不穿衣服，我们看他呼吸，就是小腹呼吸。狗也是这样。""歌唱时还要注意姿态，比如挺胸，从而把大部分肺都用上。"

蒋英训练赵登营不是通过练声曲进行发声练习，而是直接让他演唱艺术歌曲来启发兴趣。例如，蒋英让赵登营通过演唱《春风》这首歌，使声音轻盈一些，灵活一些。蒋英觉得赵登营找到对的感觉后再让他练习练声曲，而且学会用音乐与她对话，哪怕一个音阶也要让他知道自己要表达的

1　中音在线.金钟奖终身成就奖获奖人物：蒋英 [N/OL].（2015-09-14）[2024-6-18].，http://www.musicol.com/news/html/2015-9/201591410393636824166.html.

是高兴还是悲伤的感情。蒋英还教会赵登营用眼神传达感情，因为"眼里没东西，脑子一定是空白"。

蒋英授课注重语言艺术，她用正面的语言信息刺激和调动学生的积极性。例如，她发现学生喉头硬，不是直接告诉"喉口硬紧"，而是提醒说"松一点好，再松一点"。这种方式使得学生学习的效果好得多。

蒋英说："歌唱是全身心的，全身的每一个细胞都要参与歌唱，而真正具有美感的歌唱则需要有良好的艺术修养，这样的歌唱才能够感染人，才能够打动人。"因此，蒋英鼓励赵登营多阅读一些中外名著，特别是中国的古典文学，教导他从中汲取营养提高音乐修养。

蒋英在教赵登营学唱艺术歌曲时，首先要求他对作品的调式、和声进行分析，特别是伴奏（和声），要求他知道伴奏在说些什么，然后运用唐诗、宋词等古典文学的知识来跟他讲授这些作品是如何讲述故事的。这样中西贯通的教法，让深奥的德国艺术歌曲变得形象、生动。

在教授舒曼、舒伯特的作品时，蒋英还一一讲述作者创作作品的背景、心情以及生活状况，从而帮助赵登营更好地理解作品。为了提升赵登营的语言能力，蒋英用外语授课，并将每篇德语歌词的意义讲给他听，将自己的发音录下让赵登营大声诵读，从而结合音乐感受德语的律动。慢慢地，赵登营体会到了德语的韵味和节奏。

1993年，蒋英的同事兼好友沈湘因病去世。蒋英悲伤地跟赵登营说："登营，你要好好学，下一个要走的就轮到我啦！"蒋英不是惧怕离去，而是想将毕生所学教授给更多的学生，令中国的歌剧和声乐事业后继有人。

蒋英的努力没有白费。赵登营于1998年赴奥地利参加维也纳大师班的学习时，德国舒曼音乐学院声乐教授伊迪斯·维恩斯对他纯正的德语发音感到惊讶，还称赞他演唱德国艺术歌曲能准确把握风格。在结业时，赵登营演唱《菩提树》和《小姐请看芳名单》两种不同风格的作品，受到国外观众的赞誉。

赵登营不仅自己跟蒋英学习，还为其他人牵线向蒋英求教。1997年，他引荐杨光向蒋英求教。杨光是中央音乐学院声乐歌剧系1996届毕业生，毕业后留校任教。1997年她因要参加英国卡迪夫国际声乐大赛，希望得到蒋英的指导。大赛每两年一次在威尔士首府卡迪夫举办，每次只有一名获奖者，因此这是一个"只有第一，没有第二"的顶级声乐比赛。每届决赛前，组委会会在全球范围内进行初赛和试音，最终大约 20 名选手角逐唯一的大奖。杨光作为中国唯一的代表参赛。蒋英得知后满口答应下来。因为她认为出国比赛只有一个身份，那就是——中国人。杨光是不可多得的女中音，嗓音条件不错。蒋英为她精心准备比赛曲目，每周三和周四为她上课，并给予科学指导，最终帮助她夺得冠军。杨光被评价为"唱功扎实，发声自然，音质宽厚，上下贯通，低音胸声及高音泛音色彩丰富，歌声弥漫着迷人的魅力"。为了表达真挚的感谢，杨光将珍贵的奖杯送给蒋英。[1] 赵登营还将自己的学生王海涛带给蒋英指导。王海涛几次出国比赛的曲目都是由蒋英悉心指点的。王海涛本科毕业后，赵登营想请蒋英继续指导。蒋英却说："不，还是由你来教，我将指导你如何带研究生，指导你研究生的教学。"

但蒋英并不是所有人都教。有一次，赵登营带一个年轻女孩请蒋英指导。这个女孩去蒋英家的时候总是打扮得非常刻意，故意穿一些高档的服饰。蒋英看后很不解，觉得这个女孩心思没有用在学东西和上课，更像是秀自己。几次以后，蒋英告诉赵登营，这个女孩她不教了。

退休后的蒋英就像蜡烛，燃烧着自己照亮学生。来求教的学生在课堂上都看不出蒋英患有严重的偏头痛，因为她用意志力支撑着，把自己最好的一面留给学生。可是一下课她就如抽丝剥茧一样疲惫不堪。

让航天精神"星光灿烂"

除了教授学生，1993 年 4 月 19 日，蒋英受聘为中央音乐学院萧友梅音乐教育促进会顾问，为音乐事业的发展贡献力量。同年 6 月 19 日，在北京皇冠假日饭店艺术沙龙举行的"纪念毛泽东诞辰 100 周年音乐会——毛

---

1 吉佳佳.声乐艺术史与教学实践研究（上册）——声乐艺术史研究 [M].哈尔滨：哈尔滨地图出版社，2012:237.

主席诗词吟唱会"中，蒋英被聘为艺术委员，参与指导。

1993 年，蒋英还参与和指导了一场为航天人举办的大型晚会"星光灿烂"。这是因为，作为航天人的家属，蒋英知道中国航天取得的成就来之不易，因此，对航天事业和航天人充满特殊的感情。只要与航天相关的活动需要她，她都不遗余力地支持。

回顾中国航天事业的发展，自然要从钱学森说起。钱学森回国后不久，被任命为国防尖端武器研制技术负责人，并与相关人员一道攻坚克难，研制成功了"两弹一星"，提振国威，为中国赢得和平发展的国际环境。在钱学森之后，一代代航天人接续奋斗，使得中国航天事业取得了一个又一个骄人的成就，用较短的时间跻身世界前列。但 20 世纪 90 年代社会上一度出现了一股浪潮，那就是不少公职人员和科技人员选择辞职下海赚钱。甚至，社会上还流传着"搞原子弹的不如卖茶叶蛋"的说法。这一错误认知影响了部分航天科技人员的信心。

这时候，一则振奋人心的消息传来：1992 年 8 月 14 日，中国成功发射"澳普图斯（Optus）B1"通信卫星，大大提振了科技工作者的人心。这是中国首次承接的商业火箭发射任务。说起这次来之不易的商业大单，不得不提美国的商业发射之路。

1986 年 1 月 28 日，美国"挑战者号"航天飞机失事，震惊世界。因此，1988 年美国政府宣布航天飞机退出商业发射。由于美国一直发展航天飞机，忽视了火箭的发展，用本国火箭同样充满风险，且耗费巨大。而中国火箭发射技术成熟，且费用低廉，大约相当于国际同类发射服务的百分之六十到七十。因此，美国政府综合考虑后，决定使用中国火箭进行发射。中国也希望通过商业火箭发射赚取外汇，从而提高项目的投入和改善科技人员的待遇。因此，中美达成了合作意愿。

1988 年 6 月 28 日，澳大利亚卫星公司与美国休斯国际通信公司签订了价值高达 3.8 亿美元的合同。合同规定，美国为澳大利亚制造两颗卫星，即第二代通信卫星"澳普图斯 –B1（澳星 B1）"和"澳普图斯 –B2（澳星 B2）"；而发射则由中国负责。

"澳星 B1"的成功发射，使国人为之振奋。中央人民广播电台文艺部的一位叫陈莲的编导看到这一新闻甚为感动。她手书倡议书向台里发出倡议，应该组织一场庆功晚会为航天人庆功。陈莲在倡议书中写道："科技是第一生产力，……文艺工作者应该为航天功臣们庆功，彰显他们的贡献，祝贺他们的成就。"台里虽然认为这个倡议很有意义，但由于没有经费，无法给予实际的支持。然而，陈莲没有退缩，积极想办法筹措资金、组织晚会。

为了解决经费问题，陈莲找到航空航天部提出自己的想法。航空航天部听后非常支持，并派出协调员张丽辉和几位科学家，为她讲述了中国航天事业独立自主、自力更生、不屈不挠的事迹和精神。陈莲还联系并拜访国防科工委。聂荣臻元帅之女、时任国防科工委主任的聂力中将亲自接待她。听了陈莲的汇报，国防科工委提出全力支持她的工作。在航空航天部与国防科工委的支持下，经费问题得以解决。陈莲不再孤军奋战，她的倡议得到越来越多人的支持。

蒋英也听说了此事，主动与陈莲通电话，表达对她的赞赏和支持。其实，早在1991年，蒋英已经认识陈莲。1991年10月，内蒙古的蒙古族青年合唱团应国家文化部、广播电影电视部、中国音乐家协会、北京市人民政府、解放军总政文化部的邀请，赴京参加第三届"北京合唱节"。在合唱团进京前，陈莲撰稿并制作了一期专栏节目《草原风情——介绍蒙古族青年合唱团》在中央人民广播电台播出。蒋英恰好收听了该节目，并从中得知这支合唱团只是一支业余团队，而且仅成立四年，没有经费，靠每人每月两元钱的团费运转支撑等艰苦奋斗的事迹，深受感动。这支合唱团虽然第一次在全国合唱乐坛亮相，但凭借默契的配合、鲜明的草原风格、娅伦·格日勒专业的指挥艺术和团员们奋发向上的精神风貌，打动了首都观众和专家评委。正式演出之后，合唱团还被邀请在北京音乐厅和北京皇冠假日饭店的国际艺苑剧场单独举办了两场专场音乐会。

蒋英非常关心这支合唱团的动向，她辗转联系到陈莲，表达了对他们的敬意。后来陈莲又告诉蒋英，此次合唱团进京演出，演员们是坐大客车来的。经费不够，他们只能住在6元一张床位的地下室。蒋英得知这一切既心酸又感动。她主动提出要捐助1000元以帮助合唱团解决燃眉之急。陈莲代蒙古族青年合唱团感谢蒋英的心意，并特别邀请她到国际艺苑听他们的音乐会。蒋英欣然接受邀请。她同时将儿子钱永刚事先从存折中取出的

1000 元带了去，以表达对合唱团的支持和鼓励，而当时蒋英家存折上也仅有几千元。当陈莲告诉蒙古族青年合唱团，蒋英来听他们的音乐会，还为他们捐款 1000 元的消息后，团员们甚为感动。在中场休息的 10 分钟里，蒙古族青年合唱团以蒙古族特有的隆重礼节——敬酒、献哈达，向蒋英表示感谢。1993 年 9 月 1 日，蒋英还收到蒙古族青年合唱团赠送的参加"为了明天——和平友谊"'1993 年中国国际合唱节的资料。[1]

此事之后，陈莲知道蒋英喜欢收听自己的节目，还会把节目录音送给蒋英欣赏。此次陈莲发起为航天人举办音乐会，蒋英更加身体力行地支持，投入了巨大的热情和精力，为音乐会担任艺术总顾问，从选曲到演出都给予精心指导。排练期间，蒋英还亲自前往慰问演职人员。

众人拾柴火焰高。晚会得到越来越多的单位和个人的帮助，从一个编导的热心之举升级为高规格的大型演出，由中央人民广播电台和中央电视台主办。在时任残联主席邓朴方的帮助和协调下，晚会举办地得以选在人民大会堂。当时广受欢迎的演员许还山和吕中为晚会担任主持人。两位演员因曾主演过电视连续剧《天梦》而与航天事业结缘。该剧讲述了广大航天科技人员怀着强烈历史使命感和高度责任心，突破重重阻碍和困难将新型火箭送入太空，为中国航天探索做出了杰出贡献的故事。值得一提

蒋英收藏的陈莲电台节目录音带

的是，多年后许还山还在电影《钱学森》中饰演老年钱学森。

经过几个月的紧张筹备，1992 年 12 月 27 日，这场为航天人庆功的大型晚会"星光灿烂"如期举行。约 500 位歌唱家、演奏家、指挥家、国际比赛获奖者以及国家优秀艺术团体的艺术家参加演出。刘华清、丁关根等时任党和国家领导人和刚刚从卫星发射现场、各个基地赶到北京的工作人

---

1 李·柯沁夫. 一段难忘的回忆 [N]. 内蒙古日报, 2011-02-21（7）.

员以及在京的航天及各界科技工作者、解放军官兵和首都观众约几千人一起观看了晚会。蒋英热情邀请了众多航天人和科技人员到场观看。中央电视台的三个频道还专门做了转播。

晚会的节目中西合璧。首先开场的是中国广播民族乐团演奏的大型民族管弦乐《丰收锣鼓》。歌唱家王秀芬、马洪海、万山红演唱了《飞向太空的歌》等中外歌曲。来自中央芭蕾舞团的艺术家为晚会专门创作了舞蹈新作《星辰之恋》。著名舞蹈家杨丽萍演出了《月光》。中央乐团交响乐队与著名音乐家吕思清、胡咏言合作演出了《梁祝》片段。歌唱家刘秉义深情演唱了《黄河颂》。百名少年儿童在《我们是共产主义接班人》的歌声中跑向观众席，向航天功臣敬献红领巾。最后的结束曲是由严良堃指挥，中央乐团演奏，歌唱家傅海燕、李克、李初建、杨洪基和北京爱乐女声合唱团演唱的贝多芬的《欢乐颂》。此次音乐会其他节目及表演者如下：[1]

《二泉映月》（张方鸣、中国广播民族乐团）

《草原之夜》（朱崇懋）

《送别》（孟贵彬）

《红梅赞》（蒋祖续、空政歌舞团）

《过雪山草地》（贾世骏、战友歌舞团）

《牧歌》（中央乐团）

《人说山西好风光》（郭兰英）

《谁不说俺家乡好》（彭丽媛）

《飞花点翠》（刘德海）

《竹枝词》（湖北编钟乐团）

《苏武牧羊》（曹建国）

《流水》（管平湖）

《去远方》（蒋小涵）

《天空是个神秘的地方》（中央乐团少年及女子合唱团）

《祖国慈祥的母亲》（刘维维）

---

1 蒋英收藏的当时的节目录音带。

《长江之歌》（季小琴、中央歌剧院）

《黄河船夫曲》（石书诚）

　　最终，这场高水准、高质量的大型演出圆满落下帷幕。晚会结束后，蒋英走到舞台亲切会见和慰问工作人员，并热情地邀请他们到家里与钱学森一起见面吃夜宵。演职人员感谢蒋英的盛情相邀，但自然也知道钱学森身体不便，不方便去打扰。钱学森虽然因行动不便没有到现场观看演出，但通过蒋英一直关注着晚会筹备的全过程。而受邀到现场观看的钱学敏专门写了一篇文稿报道这次盛会。钱学森看后很高兴，还将标题改为"曲终人散 星光灿烂"。

蒋英（中排左四）与演出人员合影

蒋英与晚会主持人吕中（右二）、
许还山（右一）

学生载誉归来回馈祖国

　　蒋英的学生在海外拼搏多年，逐渐成为国际舞台上亮眼的明星。但他们始终心系祖国，等待合适的时机回馈祖国。例如，傅海静给蒋英写信说："我在事业上虽然很顺利，但我自始至终摆脱不了一种漂泊之感，我思念家乡、思念亲人、思念同胞，我盼望能在我的祖国为大家歌唱！"这次，傅海静的心愿在"20世纪华人音乐经典系列活动"的开幕式上得以实现。

1992年10月起，中华民族文化促进会决定筹备举办"20世纪华人音乐经典系列活动"，包括评选华人优秀音乐作品、举办颁奖典礼和开幕式演出，邀请世界各地优秀华人歌唱家参加专题音乐会和特别节目等一系列的活动。此次活动是中华民族文化促进会首次面向华人世界发声，旨在促进传统音乐的回归和复兴。

1993年5月，傅海静一接到邀请便致信促进会，表示积极参与活动。蒋英听说这一消息后，非常欣慰。1986年，蒋英赴美期间专程去波士顿大学音乐学院看望了攻读声乐硕士的傅海静。那次分别后，师生二人再未见面，但一直通过电话或书信保持联络。1988年，傅海静从波士顿大学毕业后参加了纽约大都会歌剧院选拔赛。比赛中，傅海静成功主演《茶花女》中的亚芒，获得美国专业人士及媒体的广泛赞誉，并因此获得"十大最佳青年歌唱家奖"。1991年1月，傅海静正式受聘于纽约大都会歌剧院，并成为该剧院扮演主要角色的第一位中国人。从此以后，傅海静受邀到世界各地演出。当他首次在法国演出时，法国《尼斯日报》报道称："在国际歌唱家中最出色的是中国的男中音傅海静，他首次出现在法国，这是一个神奇的发现！了不起的傅！了不起的火种！他的音质极为优美，演出艺术极为高超，他的形象、气派完全是一个威尔第的男中音。"傅海静还与帕瓦罗蒂、多明戈合演《安德来·什涅》《鲁依沙·米勒》《西蒙·堡卡内格拉》等歌剧主要角色。傅海静凭借实力成为华人之光，因此被邀请参加"20世纪华人音乐经典系列活动"的开幕式。为了回国参加演出，傅海静推迟了去意大利参加普契尼歌剧节的演出。

中华民族文化促进会邀请海内外音乐家组成评委会，评选出各类不同体裁的优秀音乐作品124首（部），涵盖李叔同、赵元任、叶小纲、谭盾等优秀华人音乐作品，并于1993年6月5日上午在人民大会堂举行颁奖典礼。同日晚，"20世纪华人音乐经典系列活动"在国际剧院举行开幕庆典。时任国务院总理李鹏为开幕式专门写来贺信，并向海内外华人音乐家致以亲切的问候。傅海静与中央乐团合唱团、新加坡李豪歌唱团等以及海内外著名音乐家刘诗昆、吕思清等一起参加了开幕式庆典音乐会。傅海静压轴领唱冼星海作曲、光未然作词的《黄河大合唱》中的《黄河颂》。在著名指挥严良堃的指挥下，傅海静出色的演唱博得了全场观众久久不息的掌声和叫好声。

次日晚，电视台重播了开幕式的盛况。蒋英早早地通知身边好友在电视上收看傅海静的表演。钱学敏观看后，还给蒋英写了一封信称赞傅海静的表现，并向她表示祝贺，信文节选如下：

敬爱的蒋英老师：

6月6日晚，我刚开完"93年科学与艺术研讨会"骑车到家，就接到您的电话。立即打开电视，观看了"20世纪华人音乐经典音乐会"的节目。吕思清的小提琴独奏固然很好，但是最使我激动的还是傅海静，这绝不只是您的学生，而真是他的歌唱艺术令我陶醉，我仿佛第一次听到这么动人的《黄河颂》，歌声中饱含着对祖国、人民、山河、文化的强烈的爱、真诚的爱、深深的爱，这爱有时那么富于感染力，几乎令人落泪。

我还听到傅海静唱完以后，台下响起了暴风雨般的掌声和一片狂热的叫"好！"声，情景空前。无怪乎帕瓦罗蒂也那么夸赞他，喜欢他，如果不是大合唱还没结束，听众是不会放他下台的。我真希望傅海静专门录制几盒独唱录像带和录音磁带，让他的歌声经常给人们增添欢乐、带来美妙的艺术享受，但愿我的想法能成为现实。不过，我还想说一点可能不正确的外行话，傅海静演唱《黄河颂》前半部时，如果声音再放开一点可能听起来更"过瘾"。

快10年了吧，小傅真像个小帕瓦罗蒂，记得他出国前演唱《教我如何不想他》等歌曲时，还是一个稚气未消的青年，这次回来他留着络腮胡子，虽更具艺术家的风度，却仿佛步入了中年，也许剃掉了胡子会变得年轻些。

您的学生陆续回国演出，您几十年用汗水浇开的艺术之花现在已绚丽地开在世界各地，您一定感到莫大欣慰。

祝贺您，蒋英老师，佩服您，蒋英老师。

……

钱学敏在信中提到的"陆续回国"的蒋英的学生还有祝爱兰等。20世纪80年代末，祝爱兰在美国和欧洲开始了职业歌剧演出生涯，并获得了如帕瓦罗蒂国际声乐比赛金奖、纽约里德·克朗次国际声乐比赛奖等多个国际奖项。祝爱兰曾经在美国的波士顿歌剧院、费城歌剧院、亚特兰大歌剧院、太平洋歌剧院、纽约林肯中心、大都会歌剧院及旧金山歌剧院等几十家歌剧院演出。

这次，蒋英力促"20世纪华人音乐经典系列音乐会"演出活动特别推出祝爱兰、傅海静的音乐会。为了帮助爱徒演出成功，已74岁高龄的蒋英仍然亲力亲为，在他们回国前就已经通过书信沟通演出曲目等事宜。蒋英在信中写道：

> 爱兰：
>
> 匆匆寄上这支歌，比较活跃，舞台效果好，可能你会用。
>
> 我打听了好几次都说咱们的指挥不错，他在德国学了六年，是杨鸿年的儿子，在音乐环境里长大，乐感很好。你的歌若有总谱就用乐队，不然只能半场钢琴了（乐队的酬报，半、全场是一样的）。不管怎样一定准备几个 encore！
>
> 小傅的曲目一直到今天还没寄来，你知道他有什么想法吗？……
>
> Love&kisses
>
> 英
>
> 2.23[1]

1993年6月，祝爱兰阔别祖国十年后首次回国探亲，并为音乐会做准备。为了更好地指导他们，蒋英邀请傅海静、祝爱兰等到家中排练。蒋英一边弹奏钢琴一边悉心指导他们演唱。傅海静、祝爱兰仿佛又回到了学生时代。他们还时常召集在北京的其他同学、老师聚会。

7月24日，傅海静、祝爱兰的音乐会在北京音乐厅正式上演。蒋英不

1　蒋英致祝爱兰的信（钱学森图书馆藏）。

仅亲自到场支持，还热情邀请家人（儿媳黎力）、中央音乐学院的同事兼好友吴天球、早年的学生马旋[1]以及钱学森的同事、好友如著名科学家朱光亚等到场观看。两位学生不负众望，为观众奉献了一台高水准的高雅音乐会。中央电视台和北京电视台专门予以转播。演出结束后，蒋英手捧鲜花走上舞台向两位学生表示祝贺。1947年，蒋英在上海兰心大戏院开唱，将西欧经典音乐介绍给国内观众，妹妹蒋华上台为她献花。时光流转，蒋英看到自己花费心血培养的学生，不仅在国际上为国争光，还回到祖国回馈同胞，薪火相传，她的艺术生命和梦想通过学生得以延续和传承，内心难掩激动和喜悦。

关于演出曲目，祝爱兰选择了蒋英最喜欢的施特劳斯的《最后的四首歌》，还演唱了《黄河怨》等歌曲。而傅海静演唱的曲目有莫扎特的《费加罗的婚礼》，威尔第的《你玷污了我的灵魂》，以及中国歌曲《黄河颂》《玫瑰三愿》《嘉陵江上》《花非花》等。他与祝爱兰的合唱曲目，除了《弄臣》中二重唱《复仇》，还特别演唱了《九一八》以及自己家乡的歌曲《松花江上》。

钱学敏受邀观看演出后，向蒋英分享了自己的感受：

> 筹办20世纪华人音乐经典系列演出活动，把您累坏了吧？不过您的血汗没有白流，中央电视台、北京电视台一再转播这台节目，反应很好。傅海静、祝爱兰的演出，内容高雅，声音甜美，把群众的音乐欣赏水平引上了更高的层次。有趣的是人们都说小傅出国几年，其相貌、气质、声音、做派与帕瓦洛蒂越发相像，简直就是'中国的帕瓦洛（罗）蒂'！他是那么年轻，为人又好，定将轰动世界乐坛。
>
> 我非常喜欢祝爱兰演唱的R.施特劳斯《最后的四首歌》，它不仅旋律抒情、优美，而且通过对春天、秋天、晚霞、入睡等不同情景的描述，委婉地表达了对人生、对未来的态度，它触动了

---

1 马旋，原名呼鸿云，长期从事部队文艺工作，1950年被保送入上海音乐学院学习声乐，师从周小燕，1961年进入中央音乐学院进修，师从蒋英。

我的心，给我以深深的启迪：生活中虽然往往痛苦多于欢乐，且老之将至，未来的时光不久长，但是我们仍可以不懊悔、不悲伤，不计名利与得失，让自己的精神进入一个高尚纯洁的境界，这样就会感受到人生的幸福与和谐，憧憬着恬静美好的未来。但愿我能时常听到这四首歌，并能得到这四首歌美妙的中文歌词。[1]

音乐会结束后，蒋英（左八）上台与演唱者及朋友合影

1993 年 7 月，祝爱兰向蒋英透露，打算在自己的家乡南京义务开音乐会，以答谢家乡人民。蒋英又四处联系，邀请中国人民解放军总政歌舞团一级钢琴演奏家钱致文、著名指挥家郑小瑛为她分别担任伴奏和指挥，还将总谱寄到南京。钱致文毕业于中央音乐学院钢琴系，师从钢琴演奏家、蒋英好友周广仁。20 世纪 80 年代，钱致文想申请去美国茱莉亚音乐学院深造，请蒋英、沈湘和周广仁为她写过推荐信。虽然钱致文最终未能出国，但对三位推荐人心存感激。当蒋英向她发出邀请时，她欣然同意。遗憾的是，祝爱兰的这场演出由于资金问题未能促成。最终，江苏人民广播电台邀请祝爱兰在演播厅举行了一场直播音乐会——"旅美华人、歌唱家祝爱兰'故乡情'音乐联谊会"，在电波上回馈家乡父老。这种形式在当时还算

1 钱学敏.与大师的对话——著名科学家钱学森与钱学敏教授通信集 [M]. 西安 : 西安电子科技大学出版社 , 2016:127.

一种创新。主持人开通"热线电话"并接进会场，邀请听众与主持人、祝爱兰直接进行互动。音乐会进行中，蒋英化身热心观众，从北京打来长途电话向祝爱兰表示祝贺，并与她共叙师生情谊，畅谈艺术感受，感染了场内外的听众。[1]

　　傅海静和祝爱兰两位爱徒回国，让蒋英一直沉浸在喜悦之中。此后几个月里，身在北京的学生时常与蒋英相聚。祝爱兰回美国前还组织蒋英的家人、好友为她提前庆祝 74 岁生日。蒋英与祝爱兰的感情超越师生，情同母女。

郑小瑛（左一）与祝爱兰（右一）等人为蒋英庆祝生日

　　蒋英心系每个学生，实时地关注他们的成长。祝爱兰、傅海静等纷纷忙于海外演出，蒋英便通过书信或电话与他们保持联络。学生们也抽时间写信向蒋英汇报自己的近况。蒋英每每收到他们的信便开心好几天，尤其知道他们在不断进步、不断取得新的成绩时，更是欣喜万分。不仅如此，她仍然保持谦逊的姿态，通过学生了解国外出现的歌剧新秀和最新歌剧作品。这是 1995 年 11 月 8 日蒋英写给祝爱兰的一封信的内容节选：

1　毕一鸣. 主持艺术的新视野 传播学视野中的主持艺术 [M]. 北京：中国广播电视出版社，2011:33.

亲爱的兰子：

你刚回到你们美丽的家及 Garçon[1] 享受天伦之乐时的来信和刚到 S.F 写来的卡片都收到了。昨天又收到你将离开 S.F 的信及剪报！我一直在惦念着你没及早提笔心中感到有内疚呢！看到你的笔迹总是极快慰的。但是我最惦念的你却没怎么提！蝴蝶上演了几次？感觉如何？反应怎样？我真想要你蝴蝶的剧照呀！最近我在美国的 *New Scientist* 上看到一篇文章叫 *What's in a Voice*，作者是 Hugo Titge，一位语言学教授（Jawa City）内容并不新鲜，但他肯定了歌唱家需要一定是胖的身材。他认为 fat in the vocal fields could be a distinct advantage。他举 Pavarotti 和 Cabelle 为例。我想他说的有一定道理，因此想赶快告诉你。你现在的身材很好，不要 reduce 了！第一，因为你没胖在脸上。第二，你身上胖得很均匀。而且可以通过适当的服装加以隐遮。我会想到咱们夏天在家的谈话"你声音的特色是甜"。十五岁的蝴蝶，第一幕甜蜜蜜地当然美。但后边的咏叹调就需要有力度了。结结实实的身材就派上用途了。我想你会发挥你激情的……当然不能学 Caballe 啰！

剪报上的演员我除 S.Rawney 外都不知道，使我惊讶的是美国真出了不少年轻的演员呢！S.R 不是地地道道的美国产品吗？我很同意你对 S.R 的评论。我也认为他是一位严肃的艺术家。谢谢你给我转录的 Bavtali 音乐会。我认为他是一名将要成为第一流的演员。顺便提出：有空再给我录几张好吗？我也要开开眼和学习啊！有位 Bo Skovhus，估计是瑞典 Bavlone 会唱 wolf Lieder，请你也注意一下好吗？唱 Lieder 的人越来越少，小付（傅）本来想回来唱冬之旅的，但他不久前给我寄来了他的日程表，其中的含义是没时间唱 Lieder，我回信说我还是有点伤心呢。我想你应该在 Lieder 上下点工夫。……我又在看书，分析，更觉得 Schubert 真是一位天才的"歌唱家"！

……

1　祝爱兰爱犬的名字。

你能用外语写信我认为很好。锻炼你自己的文学修养。以后在会话中也会体现出来。安静下来写封英文信还可以。我的法语可比你好不了多少了。因为你在进步，我在退步，可不就是差不多了嘛！……

英

95.11.8

1994 年 7 月，在莫斯科举行的第十届柴可夫斯基国际音乐比赛中，中央音乐学院 1985 届声乐歌剧系的学生袁晨野参加比赛并获声乐比赛第一名（金奖），打破了此项金奖被苏联、美国两国垄断 28 年的局面。蒋英指导过的原北京军区战友歌舞团的孙秀苇也在本届音乐比赛中获特别奖。柴可夫斯基国际音乐比赛是重要的国际比赛之一，每 4 年举行一次。此次比赛有来自 29 个国家的 81 名选手参赛，其中半数以上是其他国际声乐比赛前三名的获得者，大多数是来自世界各大剧院的主要演员。而本届比赛的评委是来自世界各地的歌唱家，他们均曾参加过本项赛事且获前三名。由此可见，获奖的难度有多大。蒋英听闻学生们获奖甚为骄傲。钱学森在给友人的信中特别提到蒋英的喜悦之情："蒋英还在家教学生，最近她的学生又在莫斯科大赛得金奖，她也高兴。"[1] 袁晨野回国后发表获奖感言时，特别感谢了在校读书时老师蒋英、李维渤、沈湘、郭淑珍等对他的谆谆教导。

藏族学生多吉次仁心中的"白度母"

蒋英指导的众多学生中还有一位藏族歌手多吉次仁。1987 年，多吉次仁从西北民族大学艺术系毕业后，在西藏大学任音乐欣赏课教师近 8 年。1991 年，他有机会去中国音乐学院进修，并得到男高音歌唱家、声乐教

---

1 涂元季.钱学森书信（8）[M].北京：国防工业出版社，2007:249.

育家王秉锐老师的专业指导。1992年，多吉次仁参加了中央电视台第五届"五洲杯"青年歌手电视大奖赛，取得专业组美声唱法第三名的好成绩，并因此被中国人民解放军空军政治歌舞团相中。从那以后，他辞去教师工作到空政歌舞团做专业歌手。1994年，多吉次仁经人介绍想拜蒋英为师。

当时，蒋英已是77岁高龄，她与多吉次仁素未谋面，便先让多吉次仁提交了几首自己演唱的作品。多吉次仁将自己先后演唱的七首歌曲录音转交给蒋英。蒋英仔细听后觉得多吉次仁的演唱虽然有些瑕疵，但音色不错，且音质透露出藏族歌手独有的高亢、纯净和淳朴。而且，见面后，多吉次仁纯朴善良的个性和对歌唱艺术的热爱和执着打动了蒋英。她同意接收多吉次仁为学生。于是，多吉次仁问蒋英："蒋老师，学费怎么付？"蒋英笑着回答说："秋后算账。"就这样，多吉次仁幸运地成了蒋英的"关门弟子"。从那以后，蒋英不遗余力地培养了他三年，且分文不取。从1994年到1997年，蒋英为多吉次仁每周上两节课，每次三小时，由空政歌舞团陈以新老师为他伴奏。除了实在身体不舒服，蒋英给多吉次仁上课从未中断过。

为了更好地指导多吉次仁，蒋英对他演唱的每首歌曲逐一标记出优缺点，分别为他讲解。

多吉次仁拜蒋英为师后提交的演唱作品　　　蒋英对多吉次仁作品的点评
（蒋英收藏）

第一次课结束后，蒋英就给多吉次仁布置了七八首歌剧咏叹调。多吉次仁非常用功，在去食堂的路上、散步时都在练唱，用几天时间把所有作品都背得滚瓜烂熟。回课时，蒋英听了多吉次仁演唱的作业非常满意也非常感动。为了交出最好的作业，每到回课的前一天，多吉次仁满脑子仍然在复习，甚至会为此激动得整晚都睡不着。因为他看到蒋英每次都精心备课，从不马虎，每次都端坐在钢琴前等待他，唯有加倍努力来回馈蒋英的付出。每次上课，蒋英担心多吉次仁来不及吃早饭，一定会提前摆好水果、点心。

蒋英为多吉次仁打开了西洋声乐作品演唱的大门，使他明白唱歌是唱内容，而不是唱声音。多吉次仁说："蒋老师那么无私、神圣、纯洁，就是我心目中的'白度母'（藏语里女神的意思）。"

多吉次仁演唱的录音带

蒋英对多吉次仁演唱录音的逐一点评

1997 年 9 月，蒋英拿了一本《歌剧新闻》（*Opera News*），提议多吉次仁参加比赛。在蒋英的推荐下，多吉次仁赴法国马赛参加第六届国际歌剧演唱大赛。这是多吉次仁第一次出国、第一次参加国际大赛。这次比赛云集了来自 13 个国家的 85 位优秀歌剧选手。起初，多吉次仁并无太大信心，只想把比赛当作学习和积累经验的舞台。初赛时，多吉次仁被安排最后一个出场。他用法语完美地演唱了比才的歌剧《卡门》中的咏叹调《花之歌》，从而进入了复赛。复赛中，多吉次仁接着演唱了大赛指定曲目：用德语演唱莫扎特的《魔笛》、用法语演唱《浮士德》中的《向小屋致敬》。

经过两轮的比拼，第二天，多吉次仁惊喜地收到了入围决赛的通知，深感意外。此时的多吉次仁决定拼尽全力准备决赛。决赛中，多吉次仁开始有些紧张，但他很快调整状态，全身心投入到演唱中。上半场，他演唱了普契尼的歌剧片段，发挥出色。观众掌声如潮，经久不息。下半场，进入最后比拼时，多吉次仁用意大利语演唱了《艺术家的生涯》中的《冰凉的小手》。这是一首极具抒情色彩的咏叹调。经过蒋英的指导，多吉次仁演唱此作品游刃有余，充分展示了他对欧洲古典歌剧的领悟力与表现力，打动了观众和评委。最终，多吉次仁夺得了这次大赛的冠军！喜讯传来，蒋英在国内也激动不已。这个学生成为她指导的又一个杰出代表。多吉次仁带着冠军和奖金归国，并准备用这笔奖金对蒋英"有所表示"。蒋英却跟他说："你好好唱，给我争气，能到处去演出，就是最好的报答！"国际歌剧演唱大赛的评委会通过多吉次仁，知道了他的幕后导师蒋英，并诚恳地邀请她加入做评委。蒋英收到邀请后婉言谢绝了，因为她一出国就无法陪在钱学森身边。

此后不久，多吉次仁获得了到美国科罗拉多歌剧院学习和演出的机会。在进修的两年时间里，他多次参加美国国内最重要的比赛，先后获得七个冠军。国外媒体称赞多吉次仁为"藏族的帕瓦罗蒂"。多吉次仁感激地说："没有蒋英老师的指导，就没有我的今天，她是我心中的女神！"

执教四十周年纪念

时光流转到 1999 年，蒋英已在中央音乐学院辛勤耕耘四十载。耄耋之年的她早已桃李满天下、学子遍世界。中央音乐学院决定为蒋英举办执教四十周年纪念活动，并为她庆祝八十寿辰。为此，中央音乐学院的领导与蒋英商讨纪念活动安排，包括召开学术研讨会、新闻发布会和举办学生音乐会等。蒋英非常支持召开学术研讨会，因为身为德奥艺术歌曲的专家，为国为校传承薪火她责无旁贷。但蒋英不赞同举办新闻发布会和学生音乐会，因为她首先想到的是："那得花多少钱呀？"身为共产党员的蒋英，对学生、对帮助他人十分慷慨，可一听到要花公款就难以心安。在这方面，她与钱学森的思想非常一致。钱学森一生多次捐款，共计百余万，蒋英对此从未有异议。当院领导告诉蒋英："这三个活动是院党委研究做出的决定，是为了落实党中央强调的培养高素质面向 21 世纪知识创新人才。"她这才同意服从组织安排。

最终，纪念活动确定为举办"艺术与科学"研讨会和"艺术科学结缘淡泊名利终生"图片、著作、文字展，还举办蒋英教授学生音乐会"中外著名歌剧选段·艺术歌曲"。为了方便宣传，中央音乐学院为蒋英拍摄了宣传照、录制宣传音频，并在电台播出。在录音中蒋英说道：

听众朋友们好！

我首先借此机会感谢各级领导对我的关怀和对我四十年教学工作的肯定。

在我执教四十周年纪念活动中，中央音乐学院将组织"艺术与科学"研讨会，我的学生们还专程从国外回来参加中外著名歌剧选段和艺术歌曲音乐会。他们在国际上多次获奖，为祖国争得了荣誉。这也是我最感欣慰的事情。

今天，祖国各项建设事业欣欣向荣，音乐事业也有了很大发展。我虽然年纪大了，但还要为祖国的声乐教育事业添砖加瓦，迎接 21 世纪的到来。

祝听众朋友们健康、快乐！

谢谢大家。[1]

蒋英开心地为执教四十周年的活动忙碌着。钱学森同样为她开心。1999 年 6 月 24 日，钱学森在给钱学敏的信中这样写道："蒋英今年 80 岁，永真届时也将回来祝她母亲大寿。可近几天蒋英太忙，又是记者来访，又是电视台来录像，又是中央音乐学院领导来贺；还将有三次祝寿的音乐会和研讨会！她很高兴，精神好得很。"[2]

---

1 钱学森图书馆藏。

2 钱学森. 与大师的对话. 著名科学家钱学森与钱学敏教授通信集 [M]. 西安: 西安电子科技大学出版社, 2006:345.

蒋英执教四十周年宣传照（赵世民摄）

7月10日，由中央音乐学院党委宣传部主办的"艺术与科学——纪念蒋英执教四十周年研讨会"在学院新楼演奏厅如期举行。会议由中央音乐学院时任党委书记郭淑兰主持。除了蒋英，在主席台就座的还有时任中央音乐学院院长王次炤、副院长刘康华、黄飞立，文化部科教司司长冯远，中国音乐家协会党委书记吴雁泽，廖辅叔教授，声乐歌剧系主任黎信昌教授和叶佩英教授等。除此以外，参加此次研讨会的嘉宾还有文化部科教司副司长戴嘉枋，文化部前代部长周巍峙，原中央音乐学院院长赵沨，中科院院士、北京医科大学副校长韩启德，中科院力学所所长郑哲敏院士、中科院化学所研究员胡亚东，中科院办公厅副主任蒋崇德，中科院研究员李栓科，著名经济学家、社科院研究员茅于轼，钱学森与蒋英的好友、中国人民大学钱学敏教授，中央歌剧院著名歌唱家邹德华，中央音乐学院党委宣传部曹卡民，中央音乐学院教授高云、吴天球、黄揆春，声乐歌剧系恽大培教授，钢琴系周广仁教授，中国音乐学院的甘家佑教授等等。

另外，还有很多中央音乐学院的职工自发前来。文化部科教司、中央电视台、中央人民广播电台、中央音乐学院、中国科学院、中国科学院《地理知识》杂志、中国教育报《文化周刊》、欧美同学会、中国艺术报社等纷纷送上花篮。

郭淑兰书记宣布大会开始，并逐一介绍在主席台就座的来宾和研讨会议程安排，然后作为院领导发表讲话。接着，文化部科教司司长冯远发表讲话；随后，中科院领导蒋崇德、中国音乐家协会领导吴雁泽分别发表讲话。

吴雁泽以"蒋先生把我带进音乐之门"为题深情讲述了他眼中的蒋英：

我今年60岁了，但在蒋老师面前我还应算年轻人，我是她的学生。她的教学与人品影响了我的一生。

蒋老师给我的印象最深的是：

一、工作十分严谨，生活十分朴素。

1959年初冬，我们都到四季青公社拔大白菜，她戴上一顶棉帽子，像个小伙子，用双手努力地干活，晚上就住在农村的、非常简陋、八面透风的大屋里。夜里挺冷。不了解她的身世会以为她是个普普通通的人，她没有因为自己是钱学森夫人而坐汽车回家了。

二、教学不以成绩好坏，而以态度好坏为依据。

如果你真正努力认真地学习了，一时成绩还没上来，也可以得好分；否则，成绩再好也不算。……蒋老师没有因此抛弃我，增加了我刻苦学习的信心。

三、教学方法多种多样。

蒋老师不仅教我们唱歌，还培养我们的艺术修养，教我们学习中外著名的文艺作品和诗歌。当时，我学这些东西也很吃力，蒋老师就采取"以大带小"的方法，辅助教学。当时就让今天专程从香港来的张汝钧大师哥带动我，每次上完诗歌课后辅导我。

四、对待考试。

每次考试前，蒋老师总是说："考试时，你们不要紧张。考试不是考你们，而是考我。"你们唱好、唱不好都行，唱坏了是我的责任，是我没教好，是我督促得不够。我要检讨。所以，考试时，我们就放松了，上课也不紧张了，而且心情很舒畅。每次考核讲评都不以成绩好坏论，而以学习态度好坏论。我逐渐克服了自卑感，用功往上走。

四十年后的今天，这深刻的印象仍历历在目，她真像一位严厉又慈爱的母亲。因此，我要特别感谢我的恩师！

说到这里，吴雁泽双手抱拳，向蒋英行了个大礼，然后接着说：

如果说今天我吴雁泽还懂一点音乐的话，那么我的知识首先来源于她。在我的心灵深处，是蒋英老师给了我良好的音乐心态，把我领进了音乐艺术的大门。

她的教学是科学的，她研究了学生的心理。1978年以前，由于当时的政治气候，蒋老师没有能发挥她的才能。1978年改革开放以后的这20年，蒋老师有了辉煌的教学成果，她的学生遍天下。这是教学的科学所致。

她是风风雨雨四十年！

她是辛勤耕耘四十年！

也是辉辉煌煌的四十年！[1]

接着，声乐歌剧系领导黎信昌、恽大培依次发表讲话。

黎信昌发言如下：

我今年63岁了，比吴雁泽大几岁，但在蒋先生面前，我也还算年轻。我是蒋先生室内乐课的学员。

我1960年毕业后留校工作，得知我校来了一位归国教授——钱夫人，是位归国的音乐艺术家，我们都很高兴。我演唱舒曼的《诗人之恋》套曲，就是蒋先生教的，使我演唱的艺术歌曲增加了养分和动力。

蒋先生在教学方面特点很多……蒋先生还参加翻译了德国、法国等的艺术歌曲和《世界著名女高音咏叹调》等教材，撰写了《西欧声乐技术和它的发展》《德国艺术歌曲》等学术文章，对我国声乐艺术做出了很大贡献。我们现在所教的内容和教材，是从蒋先生那里传过来的。

……喻宜萱、沈湘、蒋先生，他们都有一颗强烈的爱国主义精神，学识渊博，诲人不倦。蒋先生更是满腹经纶。她的艺术学不完。这也促使我不断学点东西。

1　钱学森图书馆馆藏。

接下来，蒋英在研讨会上发言：

各位领导、各位同志：

　　学校为我来校执教四十周年举行这么隆重的活动，使我非常感动，借此机会，对各位领导、各位同志、表示我深深的谢意。

　　领导把今天研讨会的内容提高到艺术与科学的高度，加深了研讨会的内涵层次。科学和艺术是互相沟通的。江主席今年访问奥地利时在萨尔斯堡弹的莫扎特用的古钢琴和我们现在用的钢琴是不大一样的，科技的发展与演奏、创作的发展是紧密联系在一起的。器乐是这样，声乐也是这样，学生来校第一堂课我们就教他演唱方法。演唱的方法是很复杂的，人的整个身体就像一部乐器，各个有关部位都要经过严格的训练，才能使我们演唱的音域逐渐扩大，音量增强。这种由浅入深，循序渐进的练声过程，就是我们掌握这种技术的过程。要成为一名专业歌唱家，这是一天也不能中断的。而这种技术的归纳与传授，离不开人体科学与教育的发展。

　　让我们再看另一方面，二十世纪三十年代的作家，例如黄自、赵元任以及后来的聂耳。他们都是近代的作家，那个时代的历史背景，我们容易理解，也有充分的资料可以翻阅世界历史、音乐史、作家传记等等，为的是理解作家，理解他的思想情操，唱出他特有的风格。对于歌词，我们不但要在语言上下功夫，更要在内容的深度上下功夫，我们要感受到诗人的诗情画意，找到它的韵律，使它和音乐相融合，这就需要我们对文学感兴趣，并下一番功夫。你喜欢舒伯特的《魔王》或《纺车旁的玛格丽特》，那你不能不知道词作者歌德是谁。

　　我们认识歌德，也认识一些浪漫主义时期的诗人，但是我们最熟悉的是舒伯特、莫扎特。我们知道莫扎特的性格吗？知道的。他的性格和贝多芬相似，是一个有坚强意志、反抗精神和远大理想的人。法国大革命仍在摇篮中的时候，他就胆敢把费加罗[1]搬上舞台，歌颂第三等级人的智慧，嘲笑达官贵人的愚蠢，这是文艺上的革命。当他在青年时期，受雇于萨尔斯堡大主教，过着安静舒适的生活，但没有创作自由，一切都得听从大主教的指令。因此他后来离开了萨尔斯堡，奔向维也纳，成了一个有创作自由而没有生活保障的人。正当他35岁创作旺盛的年代，他却重病缠身，在饥寒交迫中生活。在他临终的前一天，妻子的呻吟、孩儿们嗷嗷待哺的呼唤，都没有影响他三首童歌的创作。其中一首，就是我们大家熟悉的催眠曲。歌曲是那样的纯洁、优美，充满了活力，由此我们可以设想当时他的崇高思想境界。有了这样的认识，当我们唱起他的作品，用心灵在表现他的思想情操时，听众会得到美的享受，舒展人的胸怀，开拓人的视野，甚至给人以思维的飞跃。这不就是历史对艺术的作用？也就是说，除自然科学以外，社会科学对艺术的发展也起着重要的作用。[2]

紧接着，蒋英的学生和同事代表纷纷发言。
高云发言：

我是蒋先生的学生与同事。蒋先生是老一辈声乐艺术家，德才兼备、平易近人，1978年起为中央音乐学院歌剧系副主任。

当时中国音乐学院与中央音乐学院还没分开，我们在北院上课。五年后，蒋先生指导演出了《费加罗的婚礼》《茶花女》《伤逝》等中外各歌剧。参加演出的有在校学习五年的毕业生，也有学习三年的大专生，演出很成功，这是空前的。当然，这也是歌剧系全体教师在蒋先生的领导下，共同努力的结果。

蒋先生精通德、法、英、意等多国语言，回国后，在教学中，她根据学生的不同程度因材施教。上课时，她对于每个音乐作品，

1　指《费加罗的婚礼》。
2　蒋英在《艺术与科学》研讨会上的发言. 钱学森图书馆馆藏。

都做详细讲解，而且细致入微。她还为演唱的学生准备有关的录音带、录像带和大量资料。因此，她教过的学生在音乐、语言、风格等方面都达到很高的水平。

她对青年教师的培养很重视。1978年开始，蒋先生组织每周一次的教学研讨活动，活动的内容除了蒋先生自己讲课，还请校内外音乐艺术家，如请沈湘等老一辈音乐艺术家来讲述自己的专长。有声乐课、语言课等等，使青年教师在专业知识上有很大提高。

在蒋先生退休后，身体健康每况愈下时，她仍给中青年教师和慕名而来的求教者以指导，帮助他们为演出或出国参加比赛选曲目，提供各种录音、录像资料或教学资料，不取分文报酬。她把学生们或青年教师们能够为祖国争光，当作最大欣慰。

她热爱祖国、热爱学生，工作勤勤恳恳、朴朴实实，只要她能做到的，她都无私地去帮助别人。不论是退休前，还是退休后，她的日程都总是安排得满满的。

蒋先生永远是我们的良师益友！祝愿蒋先生艺术青春长在！

吴天球发言：

我是蒋英老师的学生、同事和朋友，无话不谈。我们也谈过艺术与科学……

我认为，科学中有艺术思维可以避免机械唯物论，艺术中要有科学的精神，可以避免唯心论，避免没有逻辑的杂乱。蒋老师的教学是严谨的，既是艺术的，又是科学的，因此是成功的。

我在与她的接触中，感到她是我们中国声乐艺术上一位很好的、很伟大的人。当时，我们唱中国的音乐作品，都是蒋老师教的。她把外国和中国的艺术歌曲如何演唱作了标准与规范。对声乐系的教学她下了大功夫，做出了她的特殊贡献，我们都得益匪浅。在国外，也起到了标杆的作用。

学生和教师们在历次出国前，主要的教练就是蒋英教授。她总是非常认真，负责地"字对字"地教，常常是给录好了音，把所需的谱子等都给准备好。然后还不辞辛苦给求教者特别加工"吃小灶"。所以，大多数比赛获奖者都得益于蒋老师的指导。我国声乐艺术在国际上屡屡获奖、闪烁光辉，这就是蒋英老师的贡献，这就是蒋英老师的光辉！我们因为有了她而感到很幸福，我们因此也衷心地感谢她。

蒋英老师从国外回国后，她是怎样对待人生的呢？经过1959—1961 年的困难时期，经过"文化大革命"，她对中国共产党仍有坚定的信念。1981 年她 62 岁时加入了中国共产党，她入党的目的，是为了要把中国推向世界。

蒋老师生活非常朴素、简单。钱老和我们一起吃过饭。蒋老师和我们一起下乡劳动，什么脏活、累活她都做。她是一位大艺术家，又是一位很普通的中国人。

愿蒋老师的艺术生命之树长青！[1]

赵登营发言：

我是 1992 年开始跟蒋老师学声乐的，当时我在中央音乐学院声乐系任教后求教。蒋老师接收了我这个迟到的学生。她注意启发学生感受音乐，发现美，创造美。她说："练声是发自内心的歌唱。教学也是一种享受。"

……

我大多问她关于中外名著，特别是中国传统文化方面的问题。蒋老师曾说："讲外国名著，我比外国人讲得好，因为我受到中国传统文化的熏陶，我对唐诗、宋词都有所理解。"

她要求伴奏与和声也能够表达和理解你在"说"些什么。她常常用中国古典文学艺术打比喻来讲解。她讲舒曼的生活经历和状态，舒曼作曲时的心情都讲得十分真实、详细、入理。

她的外语非常好，这是尽人皆知的。她用外语教学时，每一

1　钱学森图书馆馆藏。

个字的发音、每一个字的意思都给讲得十分清楚、准确。她教我学德语，并听录音，体会德语的韵律。后来，她称赞我唱的《菩提树》《光明赞》。她还说过："你表演的伊格莱特深刻极了，你唱的每一个字我都听得清楚极了。"

一位年逾七十的老人这样无私地奉献，我是非常感动的。她对学生只有一个要求，就是出国后，要把国外最新的音乐艺术资料带回来，送给她。……[1]

钱学森虽然因身体原因无法到现场，但用实际行动支持蒋英。他亲拟书面发言让女儿永真代他在会上宣读，还送上花篮，上有赠言"莫道桑榆晚，为霞犹满天"。钱学森的书面发言如下：

今年是蒋英教授在中央音乐学院执教 40 周年，领导上非常重视，要举办"艺术与科学——纪念蒋英教授执教四十周年教学研讨会"和由她的学生参加演出的音乐会等活动。我因行动不便，都不能参加。作为蒋英的老伴，只能在此做个书面发言，表表心意。

我和蒋英结婚已 52 年了，这真是不平静的 52 年！在美国那段时间的风风雨雨不说，单就新中国的成立，抗美援朝，国内建设几个五年计划，中国研制"两弹一星"的成功，"文化大革命"，改革开放等等而言，在中国共产党和党的三代领导人的领导之下，新中国的面貌真是发生了翻天覆地变化，令人感叹奋发！而在这段时间里，蒋英和我在完全不同的领域工作：蒋英在声乐表演及教学领域耕耘，而我在火箭卫星的研制发射方面工作——她在艺术，我在科技。但我在这里要向同志们说明：蒋英对我的工作有很大的帮助和启示，这实际上是文艺对科学思维的启示和开拓！在我对一件工作遇到困难而百思不得其解的时候，往往是蒋英的歌声使我豁然开朗，得到启示。这就是艺术对科技的促进作用。至于反过来，科技对艺术的促进作用，那是明显的——如电影、

---

1 钱学森图书馆馆藏。

电视等。总之，我钱学森要强调的一点，就是文艺和科技的相互作用。[1]

研讨会充满温情和感动。蒋英的好友郭代昭教授说她是"工作狂"："上课不要命，七八十岁的人一上就半天，学生在时全力支撑，学生一去颓然倒下，常常头痛得要命。"吴天球用充满磁性的声音诙谐地劝诫蒋英说："希望蒋英老师能落后些，人也太瘦，不宜拼命。"

钱学森在装书面发言的资料袋上题写标题

蒋英在图片展上与同事交流

1　钱学森在纪念蒋英执教四十周年研讨会上的发言．钱学森图书馆馆藏。

7月11日19:30，此次纪念活动的另一个重头戏——"中外著名歌剧选段艺术歌曲音乐会——纪念蒋英教授执教四十周年"在北京音乐厅隆重举行。

参加演出的有祝爱兰、姜咏和赵登峰。他们此前分别身处美国、瑞士和德国。经过多年的努力和奋斗，他们已经从受蒋英羽翼保护的稚嫩学生，跃升为屡获大奖、受国际著名大歌剧院青睐的职业歌剧演员。

祝爱兰成功扮演过《浮士德》中的玛格丽特、《卡门》中的米卡埃拉、《图兰朵》中的刘、《采珠人》中的雷依拉、《弄臣》中的吉尔达、《魔笛》中的帕米娜等著名角色。祝爱兰还在艺术大师皮特·布鲁克导演的《培丽亚斯与梅丽桑德》中扮演梅丽桑德，辗转法国巴黎，西班牙巴塞罗那、马德里，德国柏林、法兰克福、汉堡，奥地利维也纳，英国伦敦，苏格兰格拉斯尔多，葡萄牙里斯本及瑞士的苏黎世等世界各地演出。祝爱兰还是出演歌剧电影《唐璜》中的女主角之一采琳娜的首位中国人。祝爱兰先后受聘于大都会歌剧院及旧金山歌剧院，在费城歌剧院主办的帕瓦罗蒂国际声乐比赛、纽约里德克兰茨国际声乐比赛等赛事获奖。自1990年起，祝爱兰连续八年作为"杰出的艺术家"被编入《美国名人录》。此次音乐会，祝爱兰特别选择了蒋英陪她挤公交车找评弹老艺人学会的一首有名的评弹作品：毛泽东诗词《蝶恋花·答李淑一》。她很想将这首作品唱给蒋英听。

姜咏被蒋英送出国后，开始求学和职业演出之旅。她在瑞士、西班牙、法国、比利时、德国、葡萄牙等国演出歌剧及音乐会，先后与著名指挥家赫苏斯·洛佩斯－柯布斯、阿尔敏·乔丹、米歇尔·科博兹、梅纽因等合作，成功扮演了《赛维利亚的理发师》中的罗西娜、《魔笛》中的帕米娜、《唐璜》中的采琳娜等二十多部著名歌剧中的主要角色，并得到媒体和专业人士的广泛赞誉。

赵登峰从1995年起开始国际歌剧职业演出生涯，长期活跃在国际歌剧舞台，成功扮演了《托斯卡》的卡瓦拉多西等近十部经典歌剧中的主要角色。国外媒体写道："这是我们最大的幸运，能从东方请来一位王子。当他一登台，他的声音、他的风度就控制了台下的听众。在他的家乡，他已是一位有经验的演员，但在欧洲舞台上，他已稳稳地站有一席之地。"

如今，为了庆祝蒋英执教四十周年，三人义不容辞地从各自紧凑的演出档期中留出这段时间，回国参加排练，为音乐会做准备。赵登峰还因奔波劳累患上重感冒，不过他还是坚持登台演唱，以表达对蒋英的感激之情。爱好音乐的时任国务院副总理李岚清也到现场，与全场观众一起向蒋英等艺术家表达了崇高的敬意。蒋英盛装出席，她选择了一套暗红色长裙，搭配绿色珍珠项链，虽头发花白，但仍神采奕奕，气质非凡。

演出后蒋英（左三）与学生及好友合影

演出后蒋英（左八）与学生及好友合影

这次演出虽由中央音乐学院演出管理中心主办，但为了让普通观众能够欣赏到演出，也公开对外售票，票价分六个等级，分别是30元、50元、

80元、100元、120元、150元。演出计划呈现16首中外歌剧选段和歌曲（见表3）。

表3 "中外著名歌剧选段艺术歌曲音乐会"节目安排

	演唱曲目	创作者	演唱者	钢琴伴奏
上半场	《小夜曲》	冯夏克作词，R.施特劳斯作曲	姜咏	钱致文
	《清明节》	哥立姆作词，R.施特劳斯作曲	赵登峰	陈以新
	《奉献》			
	《我的心在哭泣》	维尔兰作词，德彪西作曲	祝爱兰	张慧琴
	《曼多林》			
	拉达美斯的咏叹调《圣洁的阿依达》——选自歌剧《阿依达》	威尔第作曲	赵登峰	陈以新
	多来塔的咏叹调《心中的美梦》——选自歌剧《燕子》	普契尼作曲	祝爱兰	张慧琴
	罗西娜的咏叹调《美妙歌声随风荡漾》——选自歌剧《塞维利亚理发师》	罗西尼作曲	姜咏	钱致文
	奥赛罗和黛丝蒙娜的爱情二重唱——选自歌剧《奥赛罗》	威尔第作曲	祝爱兰赵登峰	陈以新
下半场	蝶恋花·答李淑一	毛泽东作词，苏州评弹，赵开生作曲	祝爱兰	张慧琴
	《乌苏里江》	乌白辛、王双印作词，汪云才作曲	姜咏	钱致文
	《我住长江头》	（宋）李之代作词，青主作曲	赵登峰	陈以新
	诺丽娜的咏叹调《迷人的秋波》——选自歌剧《唐·帕斯夸勒》	多尼采蒂作曲	姜咏	钱致文
	玛格丽特的咏叹调《珠宝之歌》——选自歌剧《浮士德》	古诺作曲	祝爱兰	张慧琴
	鲁道夫的咏叹调《冰凉的小手》——选自歌剧《艺术家的生涯》	普契尼作曲	赵登峰	陈以新
	苏崇的咏叹调《你是我心中的欢乐》——选自轻歌剧《微笑王国》	来哈尔作曲	赵登峰	陈以新

赵登峰因身体不适，由赵登营临阵救场，登台演唱了一首《满江红》。观众给予热烈的掌声。

身为教师最幸福的必然是看到自己教过的学生成才。蒋英亦是如此，她坐在台下欣赏学生们的精彩演出，内心无比骄傲和自豪，比当初自己在舞台上演出还开心。因为他们取得的成就不仅代表个人和学校，更代表中国。只有一代又一代的中国人接续奋进坚守歌剧事业，中国的歌剧事业才能后继有人。

钱学敏在受邀参加纪念蒋英执教四十周年音乐会后，致信蒋英说：

> 您的学生祝爱兰、姜咏的美妙歌声，国内难寻。赵登峰一鸣惊人，他演唱的《你是我心中的欢乐》，激动了我内心深处的情感，仿佛久旱逢雨，又如灰烬尽燃，多么动人的歌曲啊！还有，赵登营即兴演唱的《满江红》，声音浑厚，很有魅力，真想再听他演唱一首《菩提树》。
>
> 音乐会上陈以新、钱致文、张慧琴的钢琴伴奏美妙非凡、配合默契，显示出他们对乐曲的深刻理解。听说他们会前并没有多少时间准备和合练。真了不起！[1]

1999 年钱学敏（左）受邀参加蒋英（中）执教四十周年音乐会

---

1 钱学敏. 与大师的对话——著名科学家钱学森与钱学敏教授通信集 [M]. 西安：西安电子科技大学出版社，2016:348.

蒋英一直有个心愿，希望有学生能够学习演唱舒伯特艺术歌曲的代表作《冬之旅》套曲。这是舒伯特根据德国浪漫主义诗人缪勒的同名诗歌而创作的、由 24 首歌曲连贯起来组成的声乐套曲，是一组抒情的音乐诗，也是一部音乐配成的戏剧。蒋英原本期盼傅海静能够完成她的心愿。但傅海静在国外的演出日程繁忙，迟迟不能回国。1997 年初，赵登营自告奋勇，向蒋英表明学习《冬之旅》的意愿，并以此作为送给她八十寿辰的礼物。蒋英非常高兴，问他："你敢啃这块硬骨头吗？"赵登营回答说："有您的指导，我就敢。"然而，啃下这一经典作品并非易事。蒋英又重新看书，研究舒伯特，研究作品，为了便于赵登营理解和学习，蒋英还自制曲子的"词典"，即将每首曲子的重点德文词汇摘录出来，并分别标注上词性以及对应的英文和中文。蒋英学贯中西，对中国文化更加自信和骄傲。她对赵登营说："你唱德国艺术歌曲，你就用唐诗宋词，起承转合。中国诗歌的想象力比德国诗歌不知道丰富多少，他们的简单些，他们的薄些，咱们的理解比他们深厚和丰富多了。"[1]

蒋英为赵登营制作的《冬之旅》的德、英、中三种语言"词典"

1999 年 9 月，在钢琴伴奏张慧琴的帮助下，赵登营的《冬之旅》首演，作为纪念蒋英执教四十周年的第二场音乐会。蒋英内心非常高兴，她邀请了好友周广仁、高云、甘家佑、钱学敏等前来欣赏。德国大使馆参赞和著名指挥家杨鸿年等也到场观看了演出。

1 中央音乐学院 . 怀念蒋英老师 [M]. 北京 : 中央音乐学院出版社 , 2015:109.

虽然没有华丽的舞台，只有一个钢琴伴奏，但赵登营格外重视，专注于演唱，因为这是送给恩师的礼物。他的精彩表现博得现场观众阵阵掌声。演出结束后，蒋英虽然心里很高兴，但她没有直接表扬赵登营，只说了一句："我现在不和你讨论《冬之旅》，你唱十场以后咱们再来讨论。"赵登营知道蒋英老师是鞭策他继续努力，因为他虽然完整地唱下来了，但对作品内涵的领会、每首曲目之间的关联，以及人物表现力上还需很多场演出的历练才能够完美。

赵登营（右一）、张慧琴在蒋英家练习《冬之旅》

赵登营演唱《冬之旅》（张慧琴伴奏）

演出结束后蒋英与赵登营、张慧琴合影

除了蒋英的同事和学生，还有一群人感恩并感谢她。那就是中央音乐学院的普通职工。虽然他们不懂蒋英的专业，但从日常的点滴中感受到她的品格，尤其是蒋英当年帮忙照看的四十多个孩子已经长大成人。有的孩子还成为中央音乐学院的职工，他们对蒋英永怀感恩之心。例如打扫卫生的高达成虽然智商有缺陷，但仍然知道"蒋阿姨跟我关系不错，她老跟我聊天，挺关心我的"。高达成从小没有妈妈，爸爸是中央音乐学院烧开水的工人，也是智障人士。达成因智力问题，经常惹麻烦，一会给同屋的男孩的蛐蛐罐里撒尿，一会又把孩子们写作业用的办公桌和抽屉弄乱。但蒋英照看他时从未冷眼相看，反而经常从家里拿来衣服送给他穿。

有的孩子因为当时得到蒋英的照顾而改变了命运。例如女孩王玉，在那期间曾跟着蒋英学了两年多钢琴。王玉的父母从干校回京后，又让她学了六年小提琴。父亲鼓励王玉搞艺术，这样就不用上山下乡了。可蒋英却认为王玉不适合搞艺术，她发现王玉更擅长逻辑思维，建议她学理工，甚至把她带到家里请钱学森出主意。钱学森认同蒋英的看法，建议她学计算机，报考长沙工学院（国防科技大学的前身）计算机系。王玉后来师从著名的计算机专家陈火旺，并去到美国攻读博士后。正是蒋英的慧眼令王玉走上正确的专业道路。王玉的父母为此非常感激蒋英。

从中央音乐学院图书馆退休的刘珍碧老师的女儿也曾受到蒋英的照顾。

离开三年的她发现女儿已被蒋英潜移默化地影响了。女儿最喜欢的两件衣服是"蒋阿姨"为她补的。从未学过钢琴的女儿有一次到同事家串门，还用人家的钢琴弹奏《国际歌》。原来这都是"蒋阿姨"教的。后来，刘老师的女儿走上了艺术之路，学小提琴、报考电影学院，还考到意大利学习导演专业。这个女孩就是凭《找乐》获日本东京国际电影节金奖、凭《民警故事》获意大利都灵国际电影节最佳影片奖的著名女导演宁瀛。这也归功于蒋英在孩子们内心播下的艺术的种子。宁瀛每次回国，她都关心地向母亲询问"蒋阿姨"的近况。

旅美学生归国　引吭高歌报师恩

进入千禧年，蒋英收获不断。2000 年 10 月，在中央音乐学院院庆五十周年之际，蒋英获颁"杰出贡献奖"。

2001 年 5 月，在福建省厦门市鼓浪屿举行的第二届"中国音乐金钟奖"（以下简称"金钟奖"）上，蒋英与韩中杰、陈传熙等其他 21 位老音乐家获颁"终身成就奖"。"金钟奖"是由中国文学艺术界联合会、中国音乐家协会联合主办的中国音乐界综合性艺术大奖。[1]"金钟奖"的标志根据我国古编钟造型进行设计，取其"黄钟大吕""振聋发聩"之意。

令蒋英高兴的，还有学生陆续回国表演。进入 2000 年以后，随着中国经济腾飞和社会快速发展，中国开始举办各种对外文化交流活动，或邀请国外专业歌剧机构组织团队到中国演出，或邀请世界各地的优秀华人歌剧人才回国表演。蒋英的学生祝爱兰、傅海静、杨光、多吉次仁等纷纷回国献艺，把国外学到的艺术造诣和演出经验带回国内，从而推动中国歌剧事业的良性发展。

2004 年是蒋英执教四十五周年。恰巧祝爱兰、傅海静、杨光和多吉次

1　刘再生.中国音乐史基础知识 150 问 [M].北京：人民音乐出版社，2011:331.

仁都回国了，他们计划筹备一场音乐会，既答谢蒋英的师恩，也向祖国汇报。看到学生们纷纷成为世界歌剧舞台颇具实力的歌唱家，蒋英引以为傲。虽然已是 84 岁高龄，但蒋英仍然神采奕奕、精神矍铄，充满活力。对于这些学生的心意，蒋英感到非常欣慰，正如蒋英自己所说："学生的每一次成功都能为老师做一次从里到外的美容。"

比起几十年前，蒋英逐字逐句对学生们口传心授。这次音乐会，蒋英不再指导和参与，而是大胆地放手让他们去策划。从选择演出曲目到寻找场地，从邀请指挥到选择伴奏乐队等等，蒋英均无须操心。他们邀得保利文化艺术有限公司、北京保利影剧院管理有限公司、美国表演艺术交流公司主办，北京保利剧院承办。美国女指挥家维多利亚·邦德受邀担任指挥。邦德出生于洛杉矶，父亲是一名歌手，母亲是钢琴家。在正式接受教育前，邦德就曾即兴表演钢琴并获得好评。后来，邦德到加利福尼亚大学学习作曲，又到茱莉亚特音乐学院进修，并于 1977 年成为获得交响乐指挥博士学位的第一位女士。虽然在此之前邦德只与祝爱兰合作过，但她非常欣赏蒋英与这几位优秀的学生间互相尊重的师生关系。邦德说："四位歌手都有极好的嗓音，从彩排中我知道他们在中国都受到了良好的培养。"受邀为此次音乐会担任伴奏的是中央歌剧院交响乐团。邦德也给予中央歌剧院交响乐团很高的评价："这是一支很有经验的交响乐团。"

学生们在保利剧院排练时，蒋英坐在钢琴旁，微笑着倾听。师生间默契到无需太多的语言，音乐可以超越一切，让他们的心灵沟通。

音乐会前夕，主办方邀请媒体、记者观摩和采访排练活动。蒋英接受记者访问时打趣地说："他们出国这么多年，他们的成长之快我已经跟不上了。""他们都拿下了艺术家证书，他们四个人在各自的行当中都是佼佼者，这点我很自豪，他们的成绩来之不易。"[1]"他们都在国外的音乐舞台上赢得了荣誉。多年来，傅海静和祝爱兰他们非常希望回来演唱，但一直没有机会。这次他们要表达自己的赤子之心，这些成绩也是来之不易的。"

蒋英很骄傲地介绍起每个学生在海外取得的成绩："祝爱兰在国外是自由合同的歌唱家，就是不在某一个歌剧院，而是凭着自己的实力，与众多

1　海蓝.蒋英：今晚不谈"钱夫人"[N].北京晚报，2004-07-04（6）.

的歌剧院签下演出合同，美国很多歌唱家都是这样的，而祝爱兰也在很多歌剧院演唱过，已经在30多部歌剧中扮演过重要角色。而傅海静在大都会歌剧院。杨光和多吉次仁两个人在国外也已经快10年了。"这些学生在我这里学习也是拔尖儿的。傅海静当年在纽约，他的经纪人跟他说，帕瓦罗蒂想选一个男中音，傅海静来到帕瓦罗蒂面前演唱，一边唱一边观察他，他看着帕瓦罗蒂满面笑容很得意，傅海静心里很踏实，唱得也很好。唱完后，帕瓦罗蒂说：'小伙子，咱们从前在哪里见过面？'傅海静点头说：'在北京中央音乐学院，我作为学生唱给您听过。'帕瓦罗蒂跑过来拥抱傅海静说：'我在中国听到过一个很有才华的男中音，原来就是你。'在这以后，海静经常有机会与帕瓦罗蒂同台演出。当年傅海静在学校时就特别聪明，给他一个曲子，他不费劲就可以学好，在二三年级的时候很不用功。我就给他出难题，三年级就给他唱很难的曲目，唱舒曼的声乐套曲，唱马勒的作品，他那个时候就拿下来了。你给他什么东西都难不倒他。实践证明，鞭策是可以出现火花的，给他吃些苦头没有错。"[1]

当记者问蒋英培养了多少学生时，她回答道："说实话，我并没有教出太多的学生。有些报纸上说某老师教出上百个学生很有成绩，这么吹捧一个教师，是不对的，不真实的。因为我们的教学方式是单个教学，我们老师每天上午只有四节课，四个学生，下午两个学生，而学生每周上两次课，所以一个教师一年最多毕业两个学生。我在音乐学院教学这么多年，顶多教过二三十个学生，这算是真正跟我学的学生。"

四位学生分别回忆起跟随蒋英学习的经历。祝爱兰说，她上学时就把老师的家当成了自己的家，最爱在老师的钢琴上练声，这个习惯延续到了现在。每次回国，祝爱兰就住在蒋英老师家，就要在老师的钢琴上找感觉。[2]杨光说她把蒋英看成是自己的妈妈，大事小事都要问。只要蒋英老师点头的事别人就不会摇头，因为老师的艺德和人品是最值得信赖的。多吉次仁在蒋英老师那里找到了自信，得到了可以享用一生的精神财富。傅海静说："她是一个不愿意吹捧自己的人，自己有十分的本事，她只能说出五

1　王晓溪.蒋英：给学生吃些苦头没有错[N].北京青年报，2004-06-29（A23）.
2　柳芽.蒋英：又到金秋收获时[N].光明日报，2004-06-30（B1）.

分六分。但对于学生，她有十分本事却要有二十分花在学生身上。在我学习期间，如果交给我一个作品，蒋老师会从歌词的翻译、每个词的发音到作品的时代背景，以及演唱时的状态等等，都非常细致地告诉给我，这在现在的老师当中已经不多了。我1983年第一次去英国参加国际比赛时，没有钱做演出服，蒋老师亲自带我出去定做中山装，在经济上给了我很大的支持。老师就像父母一样，无论什么地方都在关心你。蒋英老师给我打的基础使我没有走过弯路。"[1]

7月4日晚，祝爱兰、傅海静、杨光、多吉次仁与中央歌剧院交响乐团联袂上演"世界歌剧经典音乐会——蒋英教授旅美学生回国汇报演唱会"。演出当日，观众席座无虚席。蒋英端坐在舞台下，享受着学生们精彩的演出。从学生们的歌声中，蒋英感受到来自他们的爱。四位歌唱家演唱了《费加罗的婚礼》序曲、《斯帝非利奥》《游吟诗人》《外套》《卡门》《修女安捷利卡》《蝴蝶夫人》等作品选段。最后，他们分别演唱四个声部，合作献唱四重唱《那天，你还记得吗？》。观众们掌声连连。演出结束后，蒋英走上舞台，学生们向她献花，并一起合影留念。蒋英的朋友们也纷纷向她表示祝贺。蒋英被学生们的爱环绕。

演唱会海报

蒋英（左四）与学生傅海静、祝爱兰（左三）、多吉次仁（右三）、杨光（左二）及朋友们合影

---

1 伦兵.傅海静：多年签约大都会 昨晚回京谢师恩 [N]. 北京青年报，2004-07-05（A21）.

蒋英手捧鲜花

登央视话《音乐人生》

三天后，蒋英又受邀参加中央电视台《音乐人生》的节目录制，讲述人生的音乐旅途。蒋英虽然曾经登上过国际音乐节最高舞台，还在兰心大戏院开过独唱会，如今学生又屡获国际大奖，但她一直非常低调，很少接受媒体访问，而这次是首次走进电视台演播室接受访问。节目组还邀请了恰好回国探亲的钱永真，以及学生吴雁泽、祝爱兰、傅海静、赵登营、同事吴天球和一位神秘嘉宾一起参加录制。

蒋英身着丝质连衣裙参加录制央视《音乐人生》

节目中的蒋英气质出众、美丽动人。她的美既有与生俱来的高贵，也有端庄优雅的舞台范儿，又有岁月雕琢赋予的博爱胸襟，还有透过衣着品味展现出来的独特时尚美。参加央视《音乐人生》节目录制时，她特地挑选了一条蓝色丝质改良版旗袍式连衣裙，非常上镜。其实，1991年蒋英陪钱学森参加"国家杰出贡献科学家"授奖仪式时也穿过这件衣服，足以见得她多么节俭。

蒋英（左三）与学生在台上接受主持人董卿（右二）的访问

在访问中，当蒋英被问到对学生举办的音乐会心情如何时，她动情地说：

> 我非常激动。他们都是很有名的歌唱家了，在短短的时间里能够合在一起很不容易，所以我很感谢他们。这次我邀请了我所有最好的朋友，我老伴儿的单位也来了很多人。音乐会结束以后，我还沉迷在幸福当中，躺在床上不想睡觉，脑子里面全是曲目。第二天早上，家里的电话一直不断，我就坐在电话边上不停地接电话。

蒋英又被问到自己举办独唱会与此次学生音乐会的心情有何不同。她说：

> 那场演唱会是比较隆重。但是从我来讲啊，心情跟现在看应该不一样。因为那个时候是国民党在上海。我出国十年风风雨雨的十年，我也想向我的祖国汇报一点成绩。但当时的上海我很厌

恶，我自己觉得开一场音乐会了了我的任务。我还要想出国。我不想留在国民党统治的上海。

蒋英还说在上海的音乐会没有邀请任何客人，只邀请了自己的家属。但这次学生音乐会蒋英邀请了所有最好的朋友，包括中央音乐学院的师生同事，还有"老伴儿"钱学森单位的很多人。

当傅海静被问到为何发起这场音乐会时说：

> 因为我们在国外的时候经常会互相联系，头几句话都是蒋英老师怎样了，有没有联系，身体好不好。然后总是要聊到什么时候回去。我们大家聚一聚。因为也许是现在岁数大的关系，藏在心里的话一直没有机会说，但今天晚上有幸坐在这里参加这个节目，我对蒋老师有新的认识，以前觉得蒋老师态度好，但没感觉到是一种爱。以前每次取得一点成绩的时候，心里总想着回报老师，但是好像没有那个勇气要说出那个话。好像见什么外，不用说这些客套话。所以我是认为还是应该说这个话。谢谢您，蒋老师。

接着，祝爱兰、多吉次仁在台上分别分享了与蒋英的师生情谊。蒋英听着学生们的讲述，却并没有特别的激动，一再说这是她的荣幸。

永真也分享了自己心中的妈妈。她说："我的爸爸妈妈一生的精力都忙于工作。没有时间对我们管教。但他们的身教就是言教。比如马素娥（蒋英的同事）生病了，妈妈经常去看她。有的时候没空就让我们去看望。""妈妈是一位非常坚强的人。在爸爸被关押的那段时间是对妈妈非常大的震动。……时代造就了他们的性格。那段时间，妈妈把家里维持得那么好，把我们带大了。……妈妈爱她的事业特别深。刚回国时，我们还小，妈妈要坐32路公交车到东郊，早上早早地走了，晚上很晚才回来。到中央音乐学院后买了一辆摩托车，天天骑着一早就走了，不管刮风下雨。她爱事业，也爱爸爸、爱家。爸爸生病了妈妈天天陪着他，讲外面的事情。我们回来时，爸爸说：'你有这么大成绩，我不能陪你了。我获奖的时候你总在我身边。实在对不起。'妈妈还说：'不客气不客气。'……妈妈还是经常头疼，但她还是惦记她的学生、惦记我。今天看到他们花了好多心血回来组织这一次（音乐会），妈妈肯定高兴。"

录制过程中，舞台中突然响起了一段钢琴弹奏的婚礼进行曲。蒋英听着如此熟悉。原来，节目组邀请的神秘嘉宾是周广仁。老友相见，分外惊喜。两人给彼此一个大大的拥抱。周广仁受蒋英影响，走上了钢琴伴奏的专业道路，成为国际著名钢琴演奏家，而后又因在中央音乐学院任教与蒋英重逢。周广仁举行钢琴演奏会时，蒋英还与钱学森亲临现场支持。1982年，周广仁在帮助系里挪动三角钢琴时，意外受伤，三根手指被诊断为粉碎性骨折。手指受伤对弹钢琴的人来说是致命的。但出于对钢琴的热爱，这一挫折并未打倒她。周广仁忍痛苦练一年后，以一首肖邦的《摇篮曲》重返舞台。她在《音乐人生》的舞台上重现在蒋英和钱学森婚礼上弹奏的婚礼进行曲。

歌剧系师生 22 年后再聚首

2005 年是中央音乐学院歌剧系 1983 届毕业生（也是唯一一届毕业生）毕业 22 周年。蒋英和同事们白手起家，倾注了大量心血，创建起了歌剧系，并培养了这批学生，因此对这届学生格外有感情。经过 22 年的奋斗，这届学生足迹已经遍布全世界 13 个国家的舞台，让中国人在世界歌剧界占有一席之地。他们虽然各自忙碌，但彼此都有联系，且相互关注着同学们的发展，关心着老师们的近况。他们也有一个共同的心愿，那就是举行毕业纪念音乐会。这也是他们的指导老师蒋英、李维渤等的心愿。这一心愿在一位学生刘克清的推动下成为现实。

刘克清是李维渤的学生，经过多年努力，不仅成为旅欧的男中音歌唱家，还成为中外文化交流的使者和艺术营销推广的经纪人。从 1993 年开始，刘克清成功组织了多项文化交流，推动萨尔州国家歌剧院与中央歌剧院在京联合演出歌剧《绣花女》，与中国歌剧院合作中外歌剧精品音乐会。

1997 年刘克清成功策划德国莱茵交响乐团来华演出，1998 年组织德国国家歌剧院芭蕾舞团来华巡演 10 场。刘克清不但把外国艺术和艺术团体引进来，还大力推动中国艺术和艺术团体走出去。1995 年他组织中国艺术家代表团赴瑞士和德国演出，1996 年组织上海歌剧院与德国歌剧院在欧洲联合演出中国歌剧《原野》，在上海演出施特劳斯的歌剧《蝙蝠》，这是中国歌剧首次在欧洲上演，也是《蝙蝠》首次在中国上演。刘克清还亲自执导世界超大型景观歌剧《阿伊达》，于 2000 年在上海公演，轰动世界，创造三项吉尼斯世界纪录。[1]

对刘克清而言，比起这些商业化的音乐会，召集并组织毕业音乐会更加有意义。他亲自担任音乐会制作人，广邀世界各地的同学回国参加演出，如章亚伦、吴晓路、邓桂萍、孙禹、刘秀如、刘跃（低一届）、陈素娥、陈小琴等，还邀请当年的指导教师蒋英、李维渤、陈大林导演以及叶佩英、王秉锐、李光羲、石惟正、雷克庸、苗青、程志、殷秀梅等到现场观看。蒋英收到邀请后欣然同意参加。

音乐会的所有事宜都由刘克清和同学们一起组织、策划并完成，既有怀旧又有创新。上半场，他们演出了当年的毕业大剧《费加罗的婚礼》的压缩版，仍由当年执棒的吴灵芬教授指挥。下半场他们则一起演唱咏叹调，指挥是中央歌剧院的常任指挥、毕业于上海音乐学院的硕士王燕。压轴合唱的指挥，也是当年的合唱指挥杨鸿年教授。这届毕业生毕业后不少人都分到了中央歌剧院，因此中央歌剧院作为协办单位顺理成章，还派出了交响乐团担任伴奏。

刘克清别出心裁地在节目单上编了一段文字，将各位指导老师及各自的风格串联起来，形象生动又让人忍俊不禁。他写道：

> 沈湘老师要"打开"
>
> 蒋英老师要"连线"
>
> 李维渤老师要"哈欠"
>
> 王福增老师要"咽壁"

1　高晓明."双赢"歌唱家刘克清 [N]. 光明日报，2004–10–25（A2）.

表演课最着急，老师天天出新题，

演完爷爷唱弟弟，今天嫂子明阿姨。

那个《费加罗的婚礼》

把大家折腾得忘了自己，

全变成了"人物"，老师才满意。

刘克清还将蒋英、李维渤等人对毕业音乐会的题词印在节目单上。蒋英的题词是"祝22年后《费加罗的婚礼》的演出和当年的演出媲美"；李维渤的题词是"青出于蓝而胜于蓝！"时任中央歌剧院的院长刘锡津在节目单上也写了几句话"学过歌剧，终身不弃；唱过歌剧，终身受益。"

来自中央歌剧院的蒋力记录下了对这场音乐会的所观所感以及对歌剧现状和未来的所思所想：

昔日同窗同学，今13位国内外艺术家，这是对这批人22年前后两端状态的概括，他们的足迹，几乎印证了20年来歌剧发展的轨迹。因而，这也是一台让歌剧爱好者期待已久的音乐会。观众中中年人偏多，自发人偏多，歌剧"铁杆"过半，受怀旧的情绪支配，也要看看这班歌剧学子中的佼佼者如今的辉煌。78班当年的指导教师蒋英教授、李维渤教授、陈大林导演都出现在观众席中。还有叶佩英、王秉锐、李光羲、石惟正、雷克庸、苗青、程志、殷秀梅……莫不与他们有着丝丝缕缕的关系。

刘克清的"费加罗"一上场就出彩，他唱的"大忙人"虽有斗胆遮丑低八度唱的地方，但诙谐的表演弥补了唱的不足，必须承认他的表演在歌剧演员中属于比较扎实的那类。观听兼顾，仍是享受。摄影的朋友说刘克清不好拍，几乎没有睁眼的时候，后来发现，他就是眼睛小，总像是眯着，可喜剧的味道就那么出来了。谁说眼小不动人！

邓桂萍、孙禹、刘秀如、章亚伦、刘跃（低一届）、陈素娥个个技巧过硬，吴晓路、陈小琴稍逊，几乎都有可骄可傲的在国内外大歌剧院演出的履历。下半场听他们的咏叹调，真是享受。最后的两首合唱，久不登台、已改做电视人的郎昆、王冼平、王宪生等一并上场，又是一番壮观景色。

……作为中央歌剧院的一员，笔者还有一层特殊的体会。22年前，我刚出大学校门一年，曾有幸看过78歌剧班的《费加罗》（还有那届声乐班的《绣花女》，听说他们年内也要演一台庆典性的歌剧），刘克清、章亚伦在歌剧院《卡门》中的《斗牛士》，陈素娥的《蝴蝶》等几部戏的主角，陈小琴在《马可·波罗》中饰演的女主角，孙禹在中国歌剧舞剧院《原野》中的《仇虎》，我都曾亲见，至今历历在目。4年前我在歌剧《再别康桥》中客串一个小角色，还得到了孙禹的评点。后来，78班之后，中央音乐学院好像还办过一届歌剧班，以后就并入声乐系了。后来出来的毕业生，表演上显然不如歌剧班的师哥师姐，我们的歌剧演员，表演上显然也比话剧演员差很多。有人从艺术教育的专业设置上考虑过这个问题吗？可能有，肯定有，但事实上没有改观，这是不是歌剧发展萎缩的一个原因或次要原因呢？据此，我高兴地看到远不止于上述这个名单的一批在海外歌剧领域有所建树的中国歌剧艺术家先后归国或经常返国，与国内的剧团和院校密切合作，这绝对是有助于中国歌剧事业发展的好事！

文化强国或大国的概念中，歌剧是占据着重要位置的。明白这个道理的人越多，歌剧的前景才会越美，中国，在海外歌剧游子心目中的吸引力才会更大。[1]

由此可见，22年后，这届学生重演《费加罗的婚礼》，不仅演唱技艺炉火纯青，在人物刻画方面更具特色。坐在台下的蒋英一定非常欣慰。

1　蒋力. 咏叹集 [M]. 上海：上海音乐学院出版社，2008:143.

海外学生归来传承衣钵

学生们纷纷选择回国，令蒋英甚感欣慰。以前，蒋英只有等学生们偶尔回国才能见面聚会。现在，她能够时常见到学生们，时常听到他们的歌声。

傅海静在国外演出多年，从2004年开始，他渐渐将工作重心渐渐转到国内。除了这次演出，他还接受沈阳音乐学院的聘任，通过大师班的形式授课。傅海静还利用自己的海外资源，开展文化艺术交流，将学生送上国际舞台。他曾亲自率学生参加在美国波士顿举办的波士顿歌剧节，获得优秀表演艺术奖。从2004年开始，傅海静每年与美国密西根州立大学举办为期两周的两校师生交流互访活动，并选派学生赴美攻读表演专业的博士学位。2005年，傅海静与邓韵、刘婕、佟敏、吴哲铭一起参加了广州歌剧学会举办的"九龙湖之夜——威尔第歌剧音乐会"。傅海静后来还担任过北京大学歌剧研究院副院长，中国音乐学院客座教授，哈尔滨音乐学院声乐歌剧系主任、特聘教授等职。

祝爱兰的心态也渐渐发生转变。首先，她的专业已得到国外专家和观众的认可，事业取得了非凡的成就，不仅个人的舞台梦想已经实现，而且还于2005年被授予哈特音乐学院杰出校友奖，多次担任国际声乐比赛评委，包括康州歌剧院国际声乐比赛、第九届首尔国际音乐比赛、第六届北京国际音乐比赛等，并多次在美国及中国的音乐学院讲授大师课。其次，她看到蒋英老师对歌剧人才培养的热忱，深受感动。即使入了美籍，她仍心系祖国，也想像蒋英一样，成为一位优秀的歌剧教师，为中国歌剧人才培养和歌剧事业发展尽一份力。还有一个重要的原因，她想陪伴逐渐年迈的恩师。看到蒋英年事渐高，祝爱兰很想回到老师身边一直陪伴她。因为，蒋英给了她艺术生命。她无以为报，唯有将陪伴当作最长情的告白。每次回国，祝爱兰都会问蒋英："我住在哪里呢？""当然住在家里！"蒋英回答说。蒋英自然而然地把祝爱兰视为家中一员，还将祝爱兰幼时的一张照片放大后挂在家中。钱学森也爱屋及乌地关心祝爱兰的成长。钱学森教导祝爱兰，做一名优秀的歌唱艺术家，不光要有很高的专业知识水平，还必须有很高的文化素养，应该趁年轻时多读些书，读好书。[1]钱学森还将自己喜欢的书推荐给祝爱兰。有次，钱学森从外面回来，将一份礼物交给蒋英说："这是送给爱兰的。"祝爱兰打开一看原来是一瓶维生素 C 含片。钱学森有时候还把他读过的书、杂志托蒋英带给祝爱兰。书上有时会专门划出一段话来，或者夹一张小字条，写着"请爱兰阅读"。2007 年起，祝爱兰接受中央音乐学院外籍专家教授的聘请，担任硕士研究生导师。从那以后，她一直陪伴在蒋英左右。

2006 年，蒋英另一位爱徒姜咏也回归祖国。1988 年姜咏在比利时伊丽莎白女王国际音乐比赛中获奖，次年秋赴瑞士日内瓦音乐学院深造，师从男高音歌唱家埃里克·塔比教授。1989 年她在世界著名的日内瓦国际音乐比赛中荣获一等奖"歌剧演唱奖"，成为唯一在此比赛中获奖的中国歌唱家。1990 年姜咏再次在法国的克雷蒙菲朗国际艺术歌曲集清唱剧比赛中荣获大奖（Grand Prix）及丽塔·史塔里希奖金。同年，她以最优异的成绩毕业于日内瓦音乐学院，获该院最高级证书："一等奖和精湛演唱技艺奖"。1990 年，她开启国际舞台生涯，多次与世界级歌剧院、交响乐团、指挥家、歌唱家合作，用德、意、英、法、拉丁等语言演唱了多部歌剧、清唱剧等，成功扮演了近 30 部歌剧中的女主角。漂泊多年，她也选择落叶归根。2006 年底，姜咏受聘为天津音乐学院特聘外籍声乐专家、研究生导师，走上了声乐教育的道路。

姜咏归来送给恩师的礼物是她演唱的舒伯特歌曲的光盘。蒋英收到后迫不及待地打开欣赏，还兴奋地写下这样一段话：

> 久别重逢，千里外的姜咏终于归来了，她带来一件珍贵的礼品送给我，是一张她唱舒伯特歌曲的光盘。我迫不及待地先听了著名的《野玫瑰》。歌词是出于歌德的大笔，大意是：
> 有一个少年在田野里看见一朵野玫瑰，心想摘取它。野玫瑰说"你要伤害我我将刺痛你，叫你永远不忘"。这是一支对唱的曲子。

---

1 艾宁 . 征服西方的中国女高音 [J]. 银潮 , 1997（10）:34–38.

少年的声音要干脆明朗，野玫瑰果断顽强。这在声音上要使用不同的力度，有重有轻。这支歌不但语言要清楚，在野玫瑰说"我要刺伤你叫你永不忘"语气要用到恰到好处，唱出野玫瑰的精神，咏唱得非常好。

其他的歌曲各有各的内容和蕴含的技巧，咏都掌握了每支歌的精神，做到炉火纯青！

夜深了，我爱不释手还在听。朦朦胧胧中我仿佛回到我上学的时光听德国师妹们在演唱呐！

蒋英

2008.3.9[1]

学生们的归来让蒋英有更多的机会欣赏他们的演出。2008 年，祝爱兰和多吉次仁还受邀参加了"2008'大都会'歌剧经典新年音乐会"，特地邀请蒋英到现场欣赏他们的演出。

多吉次仁在 2008 "大都会" 歌剧经典新年音乐会上演出

---

1 蒋英珍藏的姜咏演唱光盘．钱学森图书馆藏。

音礼答师恩

2009 年是新中国成立六十周年，也是中国文学艺术界联合会（简称"中国文联"）成立六十周年。为此，2009 年 7 月 17 日，中国文联在人民大会堂召开纪念大会。时任党组副书记、副主席覃志刚宣读了《中国文联关于向从事新中国文艺工作 60 年文艺工作者颁发荣誉证章证书的决定》。蒋英荣获"从事新中国文艺工作六十周年"荣誉证章和证书。

2009 年也是蒋英的九十寿辰。家人、学生和好友们都纷纷为蒋英送上祝福。

9 月 4 日晚 7 时 30 分至 9 时 30 分，由中国音乐家协会和凤凰卫视主办、神州电视有限公司承办的"桃李满天下·音礼答师恩——蒋英教授九十寿辰学生音乐会"在北京音乐厅上演。

虽然蒋英的生日已过，但她仍然十分珍视和感激这份迟来的生日礼物。主办方还希望通过这场音乐会庆祝即将到来的第 60 个中华人民共和国国庆节和第 25 个教师节，同时也把这场音乐会献给 98 岁的钱学森，并向他致敬。

同事、好友、学生为蒋英祝寿

蒋英九十寿辰留影

蒋英特地写信邀请国务院原副总理李岚清到场观看演出。李岚清是资深音乐爱好者，即使从领导岗位上退下来，也仍然关心着蒋英和钱学森。2005 年，他曾经在"音乐·艺术·人生"中说道：

我们大家都很熟悉的钱学森同志，不少人都读过他的科学方面的书，但我相信有一本书估计绝大部分人都没读过，叫《科学的艺术与艺术的科学》，在当时的背景下，中国书的发行量才1300册，他非常强调艺术教育对科技创新的作用。我陪江泽民同志去看望钱学森同志，他在病榻上，病榻就是他的书桌、办公桌，旁边坐着的是他的夫人蒋英教授，她在德国学了十年声乐，是中央音乐学院的教授，女高音歌唱家，钱学森教授和蒋英教授的结合就是科学与艺术的完美结合。今年国务院总理温家宝去看望钱学森同志，在谈到科技与创新人才的培养时，钱学森说："我要补充一个教育问题，培养具有创新能力的人才的问题，一个有科学创新能力的人不但要有科学知识，还要有文化艺术修养。小时候我父亲就是这样对我进行教育和培养的，他让我学理科，同时又送我去学绘画和音乐。就是把艺术和科学结合起来。我觉得艺术上的修养对我后来的工作很重要，能开拓科学创新思维。现在我要宣传这个观点。'他还说：'现在中国没有完全发展起来，一个重要的原因是没有一所大学能按照培养科学技术发明创造人才的模式去办学，没有自己独特的创新的东西，老是冒不出杰出人才。"这段我认为是钱老一生深思熟虑的重要观点。[1]

　　此次参加音乐会，李岚清还指出加强音乐教育的必要性："在音乐教育方面，由于种种原因，在相当长的时间重视的还不够，所以现在教育部在推广高雅艺术进校园，这个活动非常好，现在开展得比较好，还需要继续发展，艺术教育对培养高素质人才非常重要。"

　　音乐会由世界歌剧界知名指挥家丹尼尔·利普顿担任指挥，凤凰卫视的主播许戈辉担任主持人。

　　此次学生们演唱了诸多经典歌剧的咏叹调，例如比才的《卡门》、威尔第的《麦克白》《游吟诗人》《命运的力量》《奥赛罗》《茶花女》、莫扎特的《费加罗的婚礼》、贝里尼的《清教徒》、古诺的《罗密欧和朱丽叶》

---

1 黄超群.中国科大论坛报告选编[M].合肥：中国科学技术大学出版社，2012:127.

《浮士德》、约翰·施特劳斯的《蝙蝠》、普契尼的《玛侬·莱斯考》、马斯涅的《唯特》等。音乐会中间，儿童们还特地演唱了《你有一颗金子的心》和生日歌为蒋英祝贺生日。返场时六位学生合唱了《长江之歌》。

蒋英精神焕发地听完了两个多小时的音乐会。当孩子们与现场观众为她唱生日歌后，蒋英说："感谢的话我就不想多说了。尽管要感谢的人太多太多。但是我要对岚清同志的光临，特别表示我衷心的谢意。您的出席对我的学生，对整个中央音乐学院的师生都是一个巨大的鼓励。我的学生不少已经走上老师的岗位。下次我的学生举办音乐会，再请大家来，相信更精彩！"[1]

蒋英在贵宾室与李岚清交谈

蒋英答谢观众

<hr>

1　蒋英在"桃李满天下·音礼答师恩"学生音乐会上的致辞稿。钱学森图书馆藏。

结束后，蒋英还参加了庆功宴。席间，她接受学生们的祝福，感到分外开心。

9月7日，钱学森的第二个博士生，中国科学院和中国工程院院士郑哲敏还前去看望蒋英和钱学森。他回忆说："2009年9月7日是钱学森夫人蒋英女士的90岁生日，我到家里看望二老，蒋女士带我到钱学森的卧室去看他。他的精神、眼神都还可以，认出我来，还询问起力学所的情况。"

蒋英还收到各位好友以不同形式送上的祝福。2009年8月8日，罗沛霖、杨敏如伉俪通过贺卡送上祝福："蒋英贤妹 九十华诞 福慧双修 文采风流 沛霖、敏如敬贺 2009.8.8"。中央人民广播电台的编导陈莲送上了写有"青春永驻 神女美女才女人间仙女 能人美人完人旷世佳人"的祝福语。

难以忘却的纪念——还原真实的父亲蒋百里

蒋英的父亲蒋百里被家乡海宁视为骄傲。海宁广泛收集和宣传蒋百里的生平和事迹。对此，蒋英总是不遗余力地支持。早在1993年，海宁市政协编撰《蒋百里先生纪念册》时，曾送给蒋英审阅。蒋英给予很大帮助。报道称："（蒋英）不仅认真地对文字部分做了修改，还派秘书送去了一批珍贵的照片，《蒋百里先生纪念册》问世后，还帮忙把书推向海外，产生了轰动效应。"[1]

2009年，凤凰卫视为蒋百里制作了一期节目。为此，节目组特地到蒋英家中采访。这是蒋英首次在镜头前畅谈父亲。蒋英虽然满头白发，但气色甚佳，说话有些迟缓，为表达清楚甚至有些"咬文嚼字"，但头脑清晰，对父亲的事情仍记忆犹新。在节目中，蒋英讲述了蒋百里的一生志向："一心要报国，一心要建设国防，建设新的军队，所以才当保定军官学校的校长。"蒋英还介绍了蒋百里在保定军校采取的改革措施："他一进学校去就

1　海宁女儿蒋英辞世 家乡人民深切缅怀 [N]. 南湖晚报 .2012-02-07（07）.

抓改革，第一，给每个学生一套军装、新皮鞋、新皮靴，要学生们（对）仪表很重视。第二，抓伙食，他亲自到伙房去抓，是不是卫生，是不是有营养；第三，抓教学，凡是旧的、老的，保定军校的教师无能为力的，他都撤掉，都让新从日本回来的当上老师，把无用的老师都撤下来了。他抓教学，老师请假，他亲自讲。他很受学生爱戴。"

蒋英分享了徐志摩与父亲的别样交情："他跟徐志摩是同乡，徐志摩也是海宁人。徐志摩的父亲跟我父亲的父亲就是好朋友。徐志摩这么尊重蒋百里。蒋百里入狱，他不服。他打着铺盖卷也到监狱去陪蒋百里一宿。蒋介石想枪毙蒋百里，但是他不敢。因为他周围的陆军军官们太多了，怕有影响，所以一直拖。拖了三年。蒋百里在狱里边待了三年。最后由蒋介石的大参谋长说好话。蒋百里才放出来。"

蒋英首次讲述父亲在西安事变中居中劝和。"那时候西安是很紧张，要打起来的。蒋百里跟张学良有一定的关系。张学良一向很佩服我父亲。这个我知道。因为蒋百里不是大官。但张学良认为我父亲不做官，没有钱，是书生，有学问。张学良很信任蒋百里，就请教他说：'蒋介石不见人，不说话，没有办法，你想想办法吧。'蒋百里觉得那个时候绝对不能打。他问张学良，你有多少兵？张学良说我有多少多少兵。他又问，蒋介石有多少兵在这呢？张学良告知后，蒋百里说：'那你兵多。你是居胜，要打的话，你是会打胜的。但是空中呢，你有多少飞机？'张学良说：'我一架也没有。'蒋百里就提醒他：'那蒋介石有很多飞机，他要来轰炸你。所以这个事情我劝你绝对打不得。'所以蒋百里是去劝和，做了一点贡献吧。"

不仅如此，蒋英还受邀为一部有关保定军校的书作序。为了纪念蒋百里和介绍他担任保定军校校长时培养的军事人才，保定军校研究会会长任牧辛编著了一部《保定军校风云谱》。他辗转联系到钱永刚，并委婉地提出想请蒋英作序。钱永刚将此事转告蒋英后，蒋英慨然应允。因为，她知道父亲为保定军校付出过巨大的心血甚至鲜血。这本著作可以让后人更好地了解那段历史。蒋英视力不佳，但她仍坚持亲自写序：

十年史料收集，一年潜心写作，保定军校研究会任牧辛会长这部长达百万字的纪实作品《保定军校风云谱》终于和读者见面了。

保定军校是中国近代军事将领的摇篮。自清末民初到1923年，保定军校（堂）在保定前后开办二十余年，从这里走出了万名学员千名将领。我的父亲蒋百里先生曾任第二任校长。中国近代史上一大批著名人物如北伐名将、新四军军长、中国人民解放军的创始人之一叶挺，领导宁都起义的著名红军将领赵博生、董振堂，国民党左派、著名爱国民主人士李济深、邓演达，和平将军张治中，爱国将领傅作义，湘军耆宿唐生智，以及北洋军阀吴佩孚，国民党党魁蒋介石，国民党军政要人陈诚、张群、白崇禧等诸多中国近代史上声名显赫的风云人物，均先后从保定军校（堂）走上了历史舞台。从辛亥革命到反袁护国、北伐抗日，保定军校师生在历次重大历史事件中扮演着重要角色，发挥了重大的作用。在壮丽的中国近代史画卷上鲜活地展现保定军校及其人物，对于促进海峡两岸文化交流，弘扬爱国主义精神，激励两岸军校后人携手致力于祖国统一的伟大事业，具有重要的意义。

任牧辛会长呕心沥血创作的这部《保定军校风云谱》，以"孙中山南京创民国，袁世凯保定办军校"开篇，到"蒋介石南京辞庙，毛泽东北平建国"结束，以史实为依据，艺术地再现了蒋百里、吴佩孚、蒋介石、叶挺、李济深、张治中、傅作义、陈诚、邓演达、白崇禧、赵博生、董振堂、陶峙岳、薛岳、唐生智等众多军校人物在上世纪前半叶翻天覆地的社会大变革中的人生道路。特别对军校生在北伐、抗日中的神勇表现，倾注了大量笔墨心血。全书一百二十回，构架恢弘，史料翔实，论人记事，客观公正，堪称是研究保定军校及其人物的一部力作。

我虽然没有去过保定军校，但先父生前多次谈起过他在保定军校的治学情况。他那强固国防、创办一流军校的宏大志向，他那因改革受阻愤而自戕的惊人壮举，自幼给我留下非常深刻的印象。2008年11月4日，在浙江省海宁市政协为家父逝世70周年召开的纪念座谈会上，任牧辛会长做了饱含深情的发言，并表示要抓紧时间完成《保定军校风云谱》的写作。时过半载，这部宏大的作品即将在建国六十周年大庆之年顺利出版，我谨在此代表蒋百里先生的后代向任牧辛会长和保定军校研究会表示热烈的祝贺和衷心的感谢。当然,保定军校及其人物的研究,是一项庞大的系统工程,任重而道远。

我期望作者和研究会的学友同仁们登高远眺,在今后的研究中取得更加丰硕的成果,继续用浓墨重彩将保定军校师生在历史上留下的厚重足迹展示给后人。

应作者之请,特为此序。

2009 年 5 月 13 日于北京寓所[1]

1　任牧辛 . 老人一序重连城 [N]. 保定日报 , 2009–06–04(08).

Chapter 9

第九章

琴瑟调弦　双声都荔

蒋英和钱学森结婚时，长辈孙智敏在他们的婚书上写了一句祝福语"琴瑟调弦 双生都荔"，意即祝福他们婚姻幸福、感情和谐。他们的一生也的确如此，不仅从未吵过架，而且感情历久弥坚，顺境中相知相守，逆境时同舟共济。尤其是在被美国政府无理拘押的五年间和回国后经历了一系列政治风波的岁月里，面对危机和险境，蒋英总是表现出冷静、智慧和坚强。有些时刻，钱学森甚至有生命之忧，而蒋英则化身"超人"护他周全。晚年的岁月里，他们有更多的时间互相陪伴，坚持学习，共同进步，你中有我，我中有你。

"我这辈子就是为他活着"

父亲蒋百里和丈夫钱学森是蒋英一生中至关重要的两位男士。细想起来，他们有很多相似之处。蒋百里文武兼通，涉猎广泛，博闻广识，著述甚多；而钱学森也是如此，他文理兼备，虽专科学但博闻广识，通文学、音乐、摄影、美食等等，晚年更是在马克思主义理论的指导下，深入研究现代科学技术体系，精准预言很多科学、社会领域的发展方向，在哲学层面亦有新的建树。

父亲对蒋英的影响至深，不仅传给了她落落大方的气质、天资聪颖的智慧和坚韧独立的性格，还为她打开了了解世界的大门，并引导她走上西欧声乐专业之路，从而登上国际舞台。

而钱学森是蒋英的知己和伴侣。蒋英知道钱学森非常尊重和支持她的专业和事业，还会适时地用行动表达对她的支持。蒋英之所以心甘情愿地为钱学森、为家庭牺牲自己的事业，不仅仅是为了成就钱学森个人的事业，更重要的原因是，她深谙钱学森胸怀鸿鹄之志，那就是让中国人民过上有尊严的生活。她目睹父亲一生的夙愿是实现国家统一和建设现代国防，却空有一腔热血和满腹才华，没有施展抱负的历史舞台。因此，刚结婚时蒋英暂时放弃自己的音乐事业，相夫教子，让钱学森全身心投入工作，成为世界知名科学家。当新中国为钱学森提供发挥个人学识和才华的广阔天地时，蒋英毅然支持他，完成了父辈未竟之心愿，为我国的现代国防事业做出不可替代的贡献。出生在将帅之家的蒋英，比一般人更深明民族大义，即使要牺牲个人小家，她也毫无怨言。回国后，钱学森因忙于事业，无暇顾及家庭。孝敬父母、陪伴孩子的责任只能由蒋英承担。蒋英不仅牺牲了自己的事业，还撑起了整个家。蒋英患有严重的哮喘病，每到冬天格外严重，有时候甚至呼吸困难，靠喷药物和吸氧缓解。但蒋英怕钱学森担心而影响工作，不想让他知道自己病的严重性。有时钱学森关切地问她："你要不要我请假不上班在家陪你啊？"蒋英强忍咳嗽，整理表情故作坚强地说："不用不用。"对于这一切，钱学森看在眼里，记在心里，且一直心存感激，甚至还有些愧疚。但蒋英义无反顾，一直尽心处理家庭事务、维系亲情关系，还关心钱学森的工作团队等，令他无后顾之忧。

钱学森的父亲钱均夫晚年生病住院多时。蒋英因为天天要上班无法到跟前照料。钱学森则忙于重要的国防科研工作，更无法抽身前去探望。幸好钱均夫的义女钱月华在他身旁陪伴照顾。钱均夫弥留之际叮嘱蒋英说，他走后要好好代他感谢钱月华。1969年，钱均夫去世后，他工作过的中央文史馆补发了约3347元工资。蒋英与钱学森商量，觉得这笔钱应该给钱月华作为补偿。但钱学森觉得钱均夫生前已多年不上班，不应该领这笔钱。而且，钱均夫生前交代过，把补发的工资上交国家以表达一点心意。于是，钱学森写信给文史馆要退还这笔钱。文史馆拒收后，钱学森又以交党费的名义交给了七机部他所属的党小组。蒋英虽然服从钱学森的做法，但一直觉得亏欠了钱月华。1970年，蒋英把钱均夫的骨灰寄回杭州，与母亲章兰娟的墓合葬在南天竺鸡笼山，并委托钱泽夫的女儿也即钱学森的堂姐钱学仁料理。到了20世纪80年代初，蒋英听说钱月华的女儿要结婚，便从银行存折上取了3000元钱送过去，还对她说："你哥哥的为人你是知道的，他总是一心想着国家，从不考虑个人和家庭。在爸爸去世这件事情上，哥哥嫂子对不起你，这3000元请你收下，给女儿置办点东西。"到了钱学森自己生病住院时，他感同身受地跟蒋英说起父亲住院时没有尽到孝心感到愧疚，而且对不住妹妹钱月华。蒋英这才将事情原委告诉钱学森。钱学森听后点点头说："你办得好。"[1]

在钱学森不再负责机密任务研制后，蒋英自然成为他工作团队的一员，与他的秘书、勤务人员等一起保障他的身体健康。

20世纪80年代初，涂元季接手担任钱学森的秘书。有一次钱学森去情报所开会，蒋英也跟随前往，专程去看望他。涂元季第一次看到蒋英感到很亲和。蒋英从车上走下来，身着一身蓝色涤卡衣裤，脚穿矮跟黑皮鞋，虽衣着朴素但仍气质出众。她面带笑容，主动走上前来跟涂秘书握手，并说："欢迎你涂秘书。今后我们要在一起工作。"初次见面，蒋英的亲切随和使涂秘书的紧张一扫而空。蒋英心思细腻，经常主动关心涂秘书一家的生活，在物资不充裕的年代，时常买些鱼或鸡等送到他的家中。蒋英这些暖心的举动常常让涂秘书非常感动，让他踏实地跟着钱学森工作。因此，在涂秘书年近55岁面临不同选择时仍然选择跟随钱学森工作。蒋英从钱学森处听说后跟涂元季说："老伴儿下班回家以后很高兴，说'蒋英告诉你一个好消息，涂秘书愿意跟我干到底'。我这一辈子就是为他活着，现在好了，我又多了一个战友，那我们两个今后就一起为他做奉献吧！"有次钱学森想吃豆包，可炊事员不会做。涂秘书便请自己的爱人帮忙洗豆沙，并教会炊事员做成豆沙馅。蒋英知道后告诉涂秘书："谢谢你的爱人小杨，她做的豆沙馅真好吃，老钱一口气吃了五个豆包，我怕他吃得太饱，没让他再多吃。"[2]

除了工作秘书，国家还为钱学森家配备了警卫员和勤务人员。对于这些工作人员，蒋英向来关心备至，令他们工作得舒心和安心。逢年过节，蒋英总是自掏腰包，买些好菜请全体工作人员"大撮一顿"。吃的时候，她

1　涂元季. 秘书眼里的钱学森——我做钱学森秘书的故事（上）[J]. 秘书工作，2008（03）:14-17.

2　涂元季. 我所知道的钱老夫人蒋英 [M]//. 中央音乐学院，怀念蒋英老师. 北京：中央音乐学院出版社，2015:124.

亲自到场，与工作人员碰杯说笑。有时候蒋英故意要个"小花招"少喝一点，被发现了。他们知道"蒋阿姨"和善，且酒量不错，便"不依不饶"一定让她补上几杯才算。通过这种方式，蒋英将家中工作人员凝聚在一起，不是家人胜似家人。有时候新来的工作人员有做得不到位的地方，蒋英用温和的方式指出来，从不批评。钱学森刚回国时，国家曾为他分配了一个一级厨师。后来，钱学森觉得家中用不着一级厨师，便请求换为普通炊事员。而普通炊事员一般都是从新入伍的战士中遴选出来送到京西宾馆培训三个月便可上岗。有一次，一个新来的炊事员天天给钱学森做西红柿炒鸡蛋。蒋英发现了便半开玩笑地说："你是不是只会炒西红柿鸡蛋呀！"有时候炊事员把菜做咸了，蒋英会和颜悦色地告诉炊事员"我们都是江浙人"，委婉地提醒他做饭口味应清淡些。炊事员听了没有不舒服，反而认识到不足，主动改进。[1]

家中的大事虽然有工作人员负责，但蒋英并非"甩手掌柜"，掌管着全家的日常开销。家里的收入来源仅有两人的工资，由于钱学森把绝大部分奖金和稿费不是捐了，就是充实到购书基金买书，因此，蒋英始终勤俭持家，甚至精打细算，严格控制花销。炊事员每月会记录下家中的伙食开销，先由工作人员核验后再交给蒋英。如果伙食开销大了，蒋英会提醒炊事员下个月少买肉制品以减少开支。

甜蜜的日常

蒋英性格外向，喜欢热闹，热爱生活；钱学森性格内敛，平时不轻易表达，也不十分注重仪式感。但几十年来，他们相濡以沫，同甘共苦，共经风雨，感情早已不需要通过仪式感来表达。两人心有灵犀，一个眼神便已知彼此的心意和关切。

1　涂元季. 钱学森的贤内助蒋英 [N]. 人民日报，2012-02-20（16）.

经常住到蒋英家的祝爱兰有机会观察到蒋英和钱学森相处的日常。她回忆道："一天，大家正在蒋老师的钢琴伴奏下唱歌，一个温柔的声音传来：'你好啊。我回来了。'蒋老师停下弹奏，微笑着冲着那个向她问候的男人说：'好啊，你回来啦。'钱学森笑着说：'你的宝贝来啦？我先过去了！'就转身去了书房。"在祝爱兰的眼里，钱学森与蒋英的对话一直都是这么温柔。钱学森"特别和蔼，一直笑眯眯的，但是真的也特别忙"。

祝爱兰来访时，蒋英会跟家中工作人员提前打招呼："今天祝爱兰来，加个菜。"家里开饭的时间都是固定的，早饭是7点开，午饭12点开，晚饭是晚上6点半开始。祝爱兰说："老师两口子都是南方人，吃饭虽然都是普通四菜一汤，但碟子碗看着都很'秀气'。"钱学森对这一帮来家中学音乐的学生，也变得"爱屋及乌"，没有拿他们当外人。有一次，钱学森问祝爱兰："如何安排自己的日程？"祝爱兰不假思索地回答道："我会提前把下一个星期的事情写在日历本上。"钱学森说："对了！就应该这样提前做准备，有计划有条理，很好啊。"餐桌上，钱学森相当满意这个答案。祝爱兰说，这个表扬也让自己了解到，钱老本身就是一个工作和生活都是相当严谨的人。

在祝爱兰看来，蒋英和钱学森似乎言语不多，但仔细留意就能发现，俩人经常对视，微微一笑，一个眼神看似不经意，却包含着难以用语言描述的甜蜜。

钱学森虽然平时寡言，但并非不善辞令，他精通语言艺术，讲话逻辑清晰，时常引经据典，且不失幽默风趣。有次祝爱兰约蒋英出去聚餐。蒋英临走前逗趣地跟钱学森讲："学森啊，今天我跟你请个假，为什么呢？爱兰子来吃饭了，我去陪她了。"钱学森笑眯眯地说："那好吧。你去陪爱兰吧。"如果蒋英有事不在家，钱学森脸上难掩失落，时常询问家人或工作人员："蒋英去哪了？她什么时候回来？"因为，看到彼此早已成为习惯。这也许就是细水长流的爱吧。

不过，偶尔的拌嘴也成了两人甜蜜相处的调味剂。有一次，蒋英看到钱学森在书房里忙累了，照常变成"保健医生"为他做按摩。可是蒋英的按摩并未让钱学森感到有所缓解，便说了一句："怎么今天笨手笨脚的。"蒋英一听故作生气地说："看来我老了，伺候不好你了，你去找那个年轻的郭英吧！"原来，有一篇新闻报道把蒋英的名字错写成"郭英"。蒋英看后跟钱学森开玩笑地说："我们家又多了一个郭英，多好啊！"钱学森听到蒋英的玩笑话，瞬间开心地笑起来。

后来，钱学森双腿行动不便，无法出门。读书、看报、读信、回信是他足不出户的日常。对于每天要看的报纸，钱学森有固定的顺序，依次是《人民日报》《经济日报》《科技日报》《光明日报》《解放军报》《北京日报》《参考消息》《经济参考报》，另外，还有美国的科普刊物《科学美国人》（Scientific American）。钱学森将好的文章剪下来收藏，按照不同的内容，装进一个个牛皮纸袋，并标明不同剪报的主题，总共 629 袋，24500 多份。钱学森早在美国从事研究工作的时候，就养成了这个习惯，看到不错的文章，有时候还分享给蒋英看，一起讨论交流。例如，蒋英翻译的瑞典的约翰·松特伯格的文章《歌唱的音响学》就刊登在《科学美国人》杂志1977 年 3 月号上。

晚年的钱学森长期卧床，但每天读书看报依然是雷打不动的习惯，后来视力衰退了，就请工作人员代读。往往这时，蒋英总是默默地坐在床边陪着钱学森，时而看报时而注视着他，此时无声胜有声，氛围温馨和谐。祝爱兰见过这番场景："房间里很安静。蒋老师望着床上的钱老，嘴角漾起浅浅的笑容。"静静看着这一幕的祝爱兰觉得，有时候钱老即使没有说话，他也知道自己的妻子一直与他进行着心灵的交流。祝爱兰说："很静谧甚至有种很圣洁的感觉，谁能不动容？"钱永刚也说："父母的爱是一种无言的陪伴。"

为了保持健康的身体，蒋英和钱学森常常交流养生之道。蒋英长期受偏头痛困扰，试过多种方法治疗，效果甚微。1993 年 2 月 23 日，蒋英还曾去北京护国寺中医医院看过病，甚至还尝试过到北京西单市场附近的"软医学开发研究中心"，接受电磁处理矿泉水治疗，但并无明显效果。[1]受钱学森影响，蒋英晚年以习练气功作为治疗头痛和保健之法。钱学森在读大学时因得风寒到处求医问药未能痊愈，后因父亲介绍一位懂中医的气功师教他练气功治疗才康复。从那以后，他一直保持练气功的习惯，在美国期间也没有中断，退休后每天更是如此。蒋英从 1983 年 5 月 20 日开始习练，

1　1999 年 1 月 16 日钱学森致陈信的信.钱学森图书馆藏.

她练过秀山鹤翔庄气功，并因此受聘为秀山鹤翔庄气功研究中心的顾问。1983 年 12 月 27 日，钱学森在致周正清的信中提道："蒋英自学练'鹤翔庄'以来，身体很好，还是气功能治病。"但蒋英的头痛并未治愈，一直饱受困扰，每次教学生，她便将头痛抛之脑后；学生走后，又疼得昏天黑地。

除此以外，从 1991 年 6 月 16 日开始，钱学森接受加州理工学院时结识的好友、诺贝尔化学奖获得者 L. 鲍林的主张，并征得 301 医院（即中国人民解放军总医院）老年心血管病研究所所长王士雯医生的同意后，开始服用大剂量维生素（日服维生素 C 12 克，复方维生素 B 25 倍常量、维生素 E 2400 国际单位）。蒋英随后也开始服用，量为钱学森的一半，感觉良好。[1]蒋英和钱学森还尝试著名经络学专家祝总骧教授他们的穴位按摩之法。[2]

随着年龄的增长，蒋英的身体还是渐渐出现问题。1990 年 9 月，蒋英患眼疾，只好动手术。[3]虽然手术很成功，但是术后蒋英的一只眼睛的视力仅有 0.1，给生活带来很大的不便。从那以后，蒋英一直佩戴眼镜。但蒋英乐观面对，仍然不辞辛劳地教授学生。

仅有的两次陪同出访

蒋英喜欢到处游历，近距离接触大自然，游览风景名胜和历史遗迹，青年时期随父亲访欧时游遍西欧，留学期间闲暇时候与同学一起登山滑雪，与钱学森结婚后到了美国，一有时间也会到处游玩。钱学森知道蒋英的爱好，还曾允诺她等都退休了就带她游遍祖国大好河山、走访世界各地。可这一美好愿望只能是愿望。年轻时候两人忙于工作无法实现；等到都退休了，钱学森又开启了自己的科学研究事业，因为他还有更高的人生追求，

1 涂元季. 钱学森书信（6）[M]. 北京：国防工业出版社，2007:391.
2 李明，顾吉环，涂元季. 钱学森书信补编（4）[M]. 北京：国防工业出版社，2012:4.
3 涂元季. 钱学森书信（5）[M]. 北京：国防工业出版社，2007:346.

那就是为国家、为民族长远发展进行思考，此时的钱学森更为繁忙，两人同行外出只能成为奢望。除了严格遵守党纪法规，钱学森还为自己订立了更加严格的行为处事原则——"上年纪后不去外地开会"，非本职工作不去外地出差，更别提游玩，因为他怕到外地后，受到地方高规格接待，借机大吃大喝，游山玩水，因而自觉抵制。钱学森仅在担任中国科协主席期间有过一次国外出访和一次国内出访，其他时候非必要不离开北京。

1986年6月在中国科协第三次全国代表大会上，钱学森被选举为中国科协主席。同年10月，英国女王伊丽莎白二世访问中国，并宣布为中国设立皇家奖学金，每年为中国学者提供30个名额到英国进行科学研究，其中中国科协有10个推选名额。为了表示对此项合作的重视，英女王还会亲自会见提供奖学金的英方各机构负责人和中国赴英学者。在此契机下，1987年3月中下旬到4月初，英国皇家学会和德意志研究联合会邀请中国科协代表团参加皇家奖学金授奖仪式并进行考察和参观。因为这是国家的外事活动，钱学森同意率中国科协代表团前往。蒋英陪同出访。

蒋英平时比较节俭，一件衣服通常穿很多年，但她颇为注重和懂得社交礼仪，只要出席重要场合必精心打扮。为了在这次出访中展示中国人的最佳风采，平时节俭的蒋英和钱学森分别定做了一套灰色长款风衣，颜色和款式都非常搭配。访欧期间，蒋英还要随钱学森出席英女王招待晚宴等重要场合。因此，蒋英特地请李克瑜设计并制作了一套礼服。李克瑜被称为中国芭蕾舞台服饰设计的拓荒者和中国服装设计的重要奠基人，擅长将民族元素融入服装设计中，并多次获得国际大奖。李克瑜知道蒋英访英是代表中国，因此，她为蒋英设计的礼服，特地将中国人喜欢的汉代图案融入设计中，选择紫红丝绒面料，以黑纱透空，在前胸、后背和袖子处以紫丝绒剪出汉代的图案，底下衬着黑纱。在后身的下摆处装饰浅紫色的拖纱。蒋英身着这套礼服，不仅展现了中国优秀的传统文化，而且更凸显她音乐家的气质，高贵典雅、气质不凡，受到广泛赞誉。

钱学森、蒋英一行受到热情接待，他们在参加伦敦举行的英国皇家奖学金的仪式上，会见了英国女王伊丽莎白二世、爱丁堡公爵菲利普亲王及英方高级官员。

蒋英与钱学森在波恩大使馆

英国政府教育与科学国务部长 A.伦姆保尔的夫人专门会见了代表团成员；他们还来到英国剑桥大学参观，并会见了英国皇家学会前任会长安德鲁·赫胥黎爵士和著名科技史学家李约瑟博士。此外，他们还参观了英国皇家航空研究院、航空航天公司和著名科学中心卢瑟福实验室，访问了英国文化委员会、高级工程师学会等科技文化机构和团体。他们还与英国内阁办公室和贸易与工业部的高级科技官员进行了座谈。

钱学森与蒋英特地到马克思墓前祭拜、献花，向这位伟大的哲学家致敬。钱学森与蒋英还特别参观了位于当时中国驻伦敦使馆大楼内的孙中山先生蒙难室。中国驻伦敦使馆原为清政府驻英公使馆。1895 年，孙中山先生计划在广州发动武装起义，但未等实施，消息败露，被清政府通缉，被迫逃亡欧洲。即使在海外，清政府仍设法追捕他。孙中山到达伦敦后，被清政府驻英公馆的官员设法诱捕，并被关押在这座建筑的三楼整整二十天。1983 年重建使馆大楼时，按照周恩来总理生前的指示，将蒙难室原样保留了下来。1986 年 6 月 8 日，时任中共中央总书记胡耀邦访英时，瞻仰了孙中山先生蒙难室，并挥毫题写了"孙中山先生蒙难室"的匾额。

除了正式活动，英方还安排派人陪同他们参观厄尔沙城堡、爱丁堡城堡和爱丁堡皇家植物园。

蒋英和钱学森在伦敦的孙中山先生蒙难室

蒋英与钱学森在剑桥大学三一学院

3月22日，钱学森还受邀向中国在英国的部分留学生发表讲话。

钱学森、蒋英一行结束了十天的访英行程后，又到了联邦德国，在对方的安排下，访问了联邦研究技术部和巴伐利亚艺术科学部等政府机构；访问了马克斯·普朗克学会、弗朗霍夫学会、德国工程师协会、德意志科学技术联合会、化学设备和生物技术协会等学术团体；参观了联邦德国的宇航研究院从事遥感、信息处理和卫星控制的研究中心、科隆高度计算机化的制造轮式拖拉机的 KNO 农业技术公司、科隆德博物馆。他们还游览了慕尼黑著名的黑山风景区。值得一提的是，蒋英一行在波恩参观了贝多芬故居，到法兰克福参观了歌德故居。

蒋英与钱学森在爱丁堡皇家植物园

蒋英与钱学森在科隆德博物馆

1987年3月，蒋英、钱学森与妹夫魏需卜、
蒋华夫妇在歌德故居前合影

蒋英（左二）与友人在贝多芬故居前合影

应中国驻联邦德国大使的邀请，钱学森还在使馆做了演讲，题为"正确对待祖国历史文化传统，认真学习马克思主义哲学"。

此次出访，是自1957年蒋英陪同钱学森赴苏联访问后的唯一一次外访，且已时隔三十年。蒋英自从1946年离开德国回国后，时隔四十年再次踏上德国的土地。彼时，德国已分裂成了联邦德国（西德）和民主德国（东德）两个国家。20世纪70年代，联邦德国经济飞速发展，成为世界重要经济体。这次访问让钱学森和蒋英惊讶于联邦德国的经济、科技和文化等方面都遥遥领先，更感到中国要奋起直追。钱学森还多次在不同场合谈起这次出访的感受，在吴玉章学术讲座上他说道：

从 1987 年 3 月中下旬到 4 月初，我去英国和西德做一次短期访问，留给我一个很深的印象，就是我们中国还穷。比起他们来，我们穷。可以拿数据说明：我们的广东省跟联邦德国在面积和人口上都差不多，广东省的面积是 21.2 万平方公里，联邦德国面积是 24.9 万平方公里；人口呢？广东省近年（前几年吧，因为我没有今年的数字）的人口数是 6075 万，联邦德国人口是 6143 万。所以，就面积和人口讲，广东省和联邦德国差不多，区别在哪儿？区别就是国民生产总值。按国民生产总值这个口径来算，那么广东省前几年大概是 300 亿元人民币，折合成美元大概是 80 亿美元；而联邦德国是 14 000 亿西德马克，折合美元大概是 7600 亿美元。按照这个比例，如果广东省是 1 的话，联邦德国就是 93，也就是说大概联邦德国要比广东省阔 100 倍。再有就是国家来比了，按照世界银行在 1987 年 4 月 6 日公布的 1985 年国民生产总值的数字，你也可算出人均国民生产总值。这样算下来，如果中国是 1 的话，那么意大利是 20，英国是 27，法国是 30，西德是 35，日本是 36，美国是 53（1985 年）。这一点，大家应该记住：中国穷，认识到这个穷是很重要的。因为我们是唯物主义者，物质基础还是基本的问题。当然，不仅仅是物质，还有精神，还有社会制度。[1]

1987 年 4 月 17 日钱学森在全国科技新闻研修班上的讲话也分享了此次出访的感受：

英国和联邦德国现在有很多高速公路。小汽车在高速公路上跑的密度很大。火车也是短程的，就像公共汽车一样。村子里都是小楼房，设备当然是楼房的设备了。再看看种的田，都是机械化的耕种。那个景象说明，人家比我们富得多了。一想到我们，

1　1987 年 5 月 15 日钱学森在"吴玉章学术讲座"上的第一讲文稿，后载于《中国人民大学学报》1988 年第 2 期。

感到我们穷。这个区别看得很清楚。但这个时候我还没有进一步去想：为什么我们贫，他们富？

过了一两天，到了伦敦西面的一个叫 Bristol 的城市，我们去参观、访问英国航空航天公司，完了以后浏览一下市容。有导游陪着我们，他坐在车子上一路就讲：你看右面是什么，左面是什么，前面拐过去是什么。他讲什么呢？他讲，这个房子是一千七百多年前一个有钱的商人建的，然后又说左面的房子都是一千六百多年前建的。在他说话当中，给了我什么感受呢？我的感受就是，他们兴旺发达起来也不过 300 年的历史。他们是靠什么发达起来的？是靠在全世界剥削来的钱嘛！那个大商人的钱是从哪儿来的？还不是中国人民的血汗！我听着导游在那讲，心情并不平静，我有气：中国的穷是由于 300 年来你们的富所导致的。

我们到底落后多少？我国 1986 年人均国民生产总值换算成美元，约为二百五十美元。英国的人均国民生产总值是我们的三十倍。联邦德国大概是我们的四十倍。美国大约是我们的五六十倍。这就是差距！[1]

1988 年，黑龙江省科协邀请新一届的中国科协集体前去考察。当时的几位中国科协副主席都希望钱学森接受邀请。钱学森觉得这是与地方科协的一次交流机会，而且从未带大家外出过，于是接受了邀请。1988 年 8 月，钱学森与夫人蒋英、朱光亚（时任中国科协副主席）与夫人许慧君、吴阶平院士（时任中国科协副主席）和夫人高睿、张维（时任中国科协副主席）、高镇宁（时任中国科协党组书记）等一行出发赴黑龙江牡丹江市的镜泊湖。

镜泊湖除了湖光山色，兼有火山口地下原始森林、地下熔岩隧道等地质奇观以及以唐代渤海国遗址为代表的历史人文景观，可供科研、避暑、考察和文化交流活动。钱学森、蒋英一行参观了渤海故国、渤海上京遗址、五凤门等人文景观。在镜泊湖，蒋英还展示了鲜为人知的一面：她的游泳

1　中国科技新闻学会 . 科技新闻实践与探索 [M]. 北京 : 中国科学技术出版社，2001:3–4.

技术很好，仰泳、自由泳都不在话下，风采依旧。

随后，在黑龙江科协主席余友泰和副主席黄文虎的陪同下，钱学森、蒋英等一行参观了省内一些工业企业。钱学森还受邀做了几次学术报告。8月13日—15日，钱学森、蒋英等一行到五大连池考察了五大连池火山群，并听取了市委、市政府领导的情况介绍。钱学森说："我喝了五大连池矿泉水，很好！矿泉水对那么多疑难病有很高疗效，它的科学性在哪儿，应当组织专人好好调查研究一下，要把医疗和科学结合起来进行研究。"钱学森、蒋英等一行还参观了疗养院、翻花泉等地。钱学森看过后，建议说：

钱学森、蒋英在渤海上京遗址　　　蒋英在渤海故国遗址

蒋英与吴阶平、高睿夫妇合影

"我看在五大连池建个矿泉医疗学校最合适，以后发展成学院，这里可能要成为世界矿泉疗养中心。"

通过此次行程，蒋英与朱光亚的夫人以及吴阶平的夫人高睿加深了解，增进友谊，也对东北的风土人情有了亲身感受。

此次回到北京后，钱学森再也没有接受其他出访邀请，也没有离开过北京。有时，蒋英也会半开玩笑地埋怨说："我这一辈子嫁给你算是亏大了，你说我嫁给你图了点什么啊？你给我买了什么啊？除了结婚的时候你送给我了一架钢琴，后来你送给我什么礼物？早年你工作忙，全国到处跑，你说那是工作不带我去，而且跟我表态：等退休没事了，带你出去旅游，到哪去到哪去等等。说得很好，可是你退休后你哪都不去，我嫁给你就是一天到晚待在家里伺候你，你说我亏不亏啊……"[1] 不过，埋怨归埋怨，蒋英了解钱学森是因为怕给地方添麻烦，所以还是尊重他的决定。

温馨的晚年生活

到了晚年，蒋英和钱学森终于有时间为彼此庆祝生日，但内容和形式一切从简，钱学森不注重仪式感，但蒋英都铭记在心。逢五或逢十的生日，往往格外隆重一些。除了家人，还有一些单位或个人会送来祝福，甚至国家领导人也会前来看望。平时的生日，蒋英一般尊重钱学森的意见，偶尔邀请身边工作人员一起吃个长寿面就好。

蒋英的农历生日是八月初八，阳历生日是 10 月 1 日。为了从简，蒋英将生日的农历日期和阳历合二为一，"法定"在每年的 8 月 11 日过。[2] 此时，如遇女儿永真回国探亲，就一起为蒋英庆生。阖家团聚对蒋英来说自然是最好的生日礼物。蒋英的同事赵庆闰、吴天球、叶佩英、恽大培、高云、

---

1 涂元季,郑新华,李琳斐等.钱学森的"四要九不"[J].百年潮,2015（07）:35-41.

2 涂元季.钱学森书信（9）[M].北京:国防工业出版社,2007:333.

张慧琴、程燕等常常聚在一起为她庆祝生日。

1992年8月11日是蒋英的73岁生日，永真特地从美国赶回来为她祝寿。钱学森的秘书涂元季特地用镜头记录下来这一珍贵而温馨的一幕。这一天，涂元季向在书房里忙碌的钱学森报告，要下楼一起为蒋英庆祝生日。钱学森笑眯眯地一边走一边说："我不注意这些事情（指庆祝生日）。"蒋英看到钱学森过来故意跟在后面说："他从来看不见。"曾长期担任钱学森秘书的王寿云看到钱学森走到客厅，便请他在沙发上就座。

钱学森背着手走到沙发跟前，微笑着指着中间位置说："这个是过生日的人坐的。"钱学森一句话惹得大家哈哈大笑。蒋英站在钱学森身边，指着旁边的蛋糕上的字，逗趣地说："我告诉你，你看见那儿写的'亲爱的妈妈，生日快乐！'。蛋糕上写着永刚、永真、黎力，就没有你的名字。"听了这话，钱学森微微一笑坐到沙发上。大家等着钱学森怎么接话，结果他说："接到一个老同学给我写信，两个人现在都不太舒服，苦得要命。所以我给他回信说，我很幸运，我的老伴比我年轻好几岁。"钱学森这话又逗得大家哈哈大笑起来。这就是钱学森特有的低调而幽默的表示。在大家齐声的"表态"声中，钱学森拥着蒋英合影拍照，幸福之情溢于言表。

蒋英73岁生日时与钱学森合影

1995年，蒋英、钱学森一家在航天大院居住了三十余年，家中陈设早已老旧，地面颜色斑驳脱落。为了钱学森的健康着想，家中工作人员多次向他提议接受组织安排，搬到新居。但钱学森一直谢绝。蒋英则尊重钱学森的决定，没有异议。后来经工作人员上报，组织提出另一方案：对居所重新装修和全面修缮，钱学森这才同意此方案。为了便于装修，1995年4月15日，组织安排钱学森和蒋英暂时移居到北京西山小住，8月份搬回。蒋英的生日也能够在焕然一新的寓所里庆祝。永真归国探亲让蒋英和钱学森甚感欣慰。蒋英在中央音乐学院的同事和她的两个学生都来新家吃了顿寿面。蒋英特地招呼家中工作人员准备饭菜。

1999年，中央音乐学院的同事兼好友为蒋英庆祝80岁寿辰

钱学森退出国防科技工作一线，回归自己喜欢的学术研究，不用每天到单位办公室上班。蒋英也退休了，这时候两人才多了相处的时间，也是最温馨的时光。白天，钱学森在书房忙碌，领导着系统学六人小组（王寿云、涂元季、戴汝为、汪成为、于景元，后加入钱学敏，变为七人小组）继续科学研究。蒋英则继续指导学生。

虽然不能到处游历，但蒋英与钱学森还可以在北京活动。他们本来就有众多共同爱好，除了音乐，还有文学、历史、书法、绘画、篆刻等，在美国的时候他们经常参观博物馆、艺术馆，但回国后因忙于工作，这些爱好渐渐放下了。随着两人退出工作一线，他们终于有时间重拾这些爱好，一起去参观博物馆、去美术馆欣赏画展。1987年7月25日上午，蒋英与钱学森在外孙马萧的陪伴下受邀观看了宋雨桂、冯大中的画展。

早餐和晚餐前在航天大院里转圈走走是钱学森与蒋英长久的习惯。钱学森经常背手而行思考问题，蒋英则默不作声陪伴在侧。两人的影子投在地上仿佛一对璧人。

蒋英和钱学森有着诸多好友，晚年经常往来走动。例如罗沛霖和杨敏如夫妇、张维和陆士嘉夫妇、聂力和丁衡高夫妇、吴阶平和高睿夫妇、许国志和蒋丽金夫妇、俞长彬和钱学敏夫妇、田裕钊和刘恕夫妇等。罗沛霖与钱学森在交通大学时就已经成为好友。罗沛霖去美国留学也是由钱学森牵线搭桥。因志趣相投，钱、罗两家经常往来，情谊很深。罗沛霖、杨敏如夫妇还认了钱永真当干女儿。

1982年，罗沛霖因病住进了三〇五医院，他的妻子打电话告知蒋英。很快，蒋英和钱学森来到了医院，还拿着卡萨尔斯演奏的贝多芬作品的录音磁带，这也是罗沛霖最喜欢的乐曲。出院后，蒋英和钱学森还曾约上罗沛霖夫妇去郊游。钱学森与罗沛霖并肩走在前面，蒋英和杨敏如手拉手跟在后面，一起回忆共同经历的轻松愉快的往事。

许国志、蒋丽金夫妇与钱学森和蒋英夫妇因同乘"克利夫兰总统号"邮轮归国而认识。在邮轮上，钱学森与许国志交谈甚多，共同探讨回国开展哪些研究，增进了了解。在钱学森的建议下，许国志回国后选择了运筹学作为研究工作方向。巧合的是，许国志被分配到中国科学院力学研究所，所长便是钱学森。于是，钱学森将筹建我国第一个运筹学研究室的任务交给了他。1979年，许国志还向钱学森提出在我国发展系统工程的设想，并得到钱学森的赞同。此后不久，钱学森、许国志、王寿云合作撰写了《组织管理的技术——系统工程》一文，推动我国系统工程的建立。1985年10月，在乘坐"克利夫兰总统号"邮轮归国30周年之际，在许国志、蒋丽金夫妇的家里，在京同船归国人员一起聚会，钱学森、蒋英参与其中，共同纪念这一重要日子。当时，同船归国的陆孝颐去世不久，为了纪念他，大家还尝试收集他回国后的资料，但无果而终。

钱学森、蒋英与张维、陆士嘉夫妇也是好友。张维、陆士嘉与钱学森是北师大附小的同班同学，也是中学同年级的同学。后来陆士嘉考入德国哥廷根大学，师从世界流体力学之父、也是冯·卡门的老师普朗特。因此，钱学森见到陆士嘉会开玩笑地叫她"小师姑"。年少时共同的求学经历以及对国家和人民的爱，让两家人志同道合、志趣相投。钱学森回忆起两家人的交往时说："1955年秋，我终于回归祖国，自然同张维同志和陆士嘉同志重续少年友谊，并向他们学习社会主义道理。所以除了'十年动乱'时期，逢年过节不是蒋英同志和我去看望他们就是他们来看我们，总要畅谈大半天。但是在这种聚会中，我们不大谈学术工作。这大概因为我那时脱离教学工作，而且干的工作又有严格的保密规定，他们体谅我，所以就不谈学术工作。……就在陆士嘉同志最后的岁月里，在我和蒋英同志每隔一个多月去协和医院看望她时，尽管她疾病痛苦，但她和我们所谈的，仍然都是国家和世界的大事，而且'事理看破胆气壮'，言谈中对建设我们国家社会主义初级阶段充满了信心。"[1]

中国人民大学的钱学敏教授是钱学森的堂妹。1989年，钱学森邀请她加入自己所领导的系统学研究小组。从此以后，钱学敏与钱学森、蒋英一家经常往来，也会通过书信交流、互致问候和互赠小礼物。钱学敏还受邀到全国各地宣传钱学森的思想和精神。钱学敏将钱学森有关文艺方面的文章编辑成书，最终由钱学森拟定书名《科学的艺术与艺术的科学》，而蒋英则拟定了英译名。蒋英还发挥德语专长，参与他们的学术讨论。例如，钱学森曾写信给钱学敏："蒋英告，用马克思的语言，世界社会形态为：'Weltliche Gesellschaftsformation'。"[2]

钱学敏一直致力于研究和传播钱学森的学术思想，并有所著述。2001年7月5日，钱学敏将自己撰写的文章《试论钱学森的大成智慧学》正式发表的5份印刷活页寄给钱学森。蒋英立即打电话给钱学敏说："学森看到你发表的文章，非常高兴，连声说谢谢！他立刻把它分发给有关的人，请他们提提意见并继续关注这个问题的研究，学森还特别强调说：'这也是工作嘛！'随后，他还将你的一份文章递给我，笑着说：'你也看看吧。'"次日，在"钱学森与现代科学技术研讨会"上，蒋英再次见到钱学敏，又紧紧拥抱她重述了一遍上述的话。

除了学术交往，钱学敏、俞长彬一家与钱学森、蒋英一家在生活中经

1　张克群.飞翔[M].北京：北京航空航天大学出版社，2019:203.

2　李明，顾吉环，涂元季.钱学森书信补编（4）[M].北京：国防工业出版社，2012:347.

常往来和互动。钱学敏熟悉钱学森和蒋英的喜好。蒋英留学欧洲多年，又在美国待过数年，喜欢吃巧克力。[1]因此，钱学敏会寄巧克力给蒋英和钱学森品尝。钱学敏知道蒋英喜欢花，也喜欢在家中种花，于是看望她时会送一盆鲜花，如淡紫色的蝴蝶兰等。而这也是钱学森最喜欢的。每逢有重要活动，或自己学生的演出，蒋英定会邀请钱学敏参加。钱学敏也会及时向蒋英分享自己的感受。

蒋英也有自己的朋友圈。平时，他们时常互相走动，有时候还相约郊游、爬山或游公园。逢年过节，朋友们登门拜访。蒋英的生日，他们一起相聚祝贺。蒋英还有情同母女的学生祝爱兰。有时候祝爱兰因工作忙，周末无法去看望她，蒋英会主动打电话问："怎么不回家来了？怎么不来陪我吃饭啦？"

钱学森晚年因同诸多学者通过书信交流学术而成为"笔友"，蒋英也经常与钱学森一起读信和回信，例如与著名古建筑园林大师、同济大学教授陈从周书信往来。陈从周的夫人蒋定与蒋英是堂姐妹。陈从周将自己的著作《帘青集》寄赠给钱学森与蒋英并手书题词。钱学森和蒋英收到后一起

1993 年 1 月 16 日，蒋英与好友（左起：郭代昭、赵庆闰、
李维渤、张慧琴、高云、甘家佑）在家中聚会

1 钱学敏.与大师的对话——著名科学家钱学森与钱学敏教授通信集[M].西安：西安电子科技大学出版社，2016:243.

1993 年 9 月 18 日，蒋英（左二）与甘家佑（右一）、郭代昭（右二）、高云（左一）出游

2006 年 5 月 3 日，蒋英游植物园

阅读，交换看法。钱学森代两人回信说："我们都非常爱读您的文章，它把我带到一个异常优美的境界。您的这本书同您其他著作一样，是我们书桌上常备的读物。"

中科院儿童发展心理和教育心理的刘静和研究员与钱学森、蒋英夫妇多次通过书信交流儿童教育，逢年过节也会通过互寄贺卡表示问候。当钱学森与蒋英收到刘静和亲自制作的贺年卡或艺术作品时，不仅一起鉴赏，还由钱学森代笔回信表示感谢：

蒋英与钱学森在书房中讨论交流收到的信件

刘静和同志：[1]

    首先要感谢那个您精心制作的贺年片！我们全家都高兴地知道您还是位美术家，蒋英同志尤其高兴，因为她是搞声乐的。这个贺年片我们要珍藏！

钱学森
1989.1.14[2]

刘静和同志：

    蒙赐您的精心杰作七件，连同以前得到的，共八个您的艺术创作！蒋英同志和我一定珍藏，我们将不时拿出来欣赏，就如又见到您一样！

钱学森
1989.2.14[3]

---

1 刘静和，女，心理学家，福建闽侯人，我国儿童发展心理和教育心理的学术带头人之一。

2 涂元季.钱学森书信（4）[M].北京：国防工业出版社，2007:371.

3 李明，顾吉环，涂元季.钱学森书信补编（3）[M].北京：国防工业出版社，2012:161.

除了学术，他们还与"笔友"或者为他们治疗过的医生讨论和交流养生之道。

301医院神经科的匡培根医生，曾经为蒋英治疗过头痛病，并因此与钱学森和蒋英熟识，逢年过节会送上问候和关心，知道蒋英从事音乐专业，还会送上录音磁带。蒋英收到后很喜欢，还请钱学森代笔回信表示感谢，并送上新年祝福。钱学森代蒋英回信道：

匡培根大夫：

您对蒋英同志关怀备至，寄来贺年片，送来她欣赏的录音，她是非常感激的！我们全家也要对您表示谢意！只是因为她动笔太费力了，所以由我代笔。她和我们全家在此旧历除夕之日，向您恭贺春节，向您拜年！

钱学森

1989.2.5[1]

著名医学科学家吴阶平院士曾担任北京协和医院院长，也是著名泌尿科专家，因与钱学森在中国科协共事过，又为钱学森诊治过，与其关系交好。1988年的黑龙江之行，增进了他们两家的友谊。虽然不常见面，但他们通过书信互致问候、关心彼此近况及交流对医学的看法。钱学森在信中写道：

吴阶平同志：

欣知您当选为九三学社中央主席，谨致祝贺！近见报端，您已参加国家元首级活动，想今后您的任务更重了，望注意休息。但蒋英告我，她于年初在人大礼堂的一次音乐会上见到您精神饱满，这又令人高兴。

我自得您精心治疗，病状已去；一年多来每隔一周做尿样检查，结果均正常。我和蒋英都对您感谢不尽！

1　钱学森书信补编（3）[M].北京：国防工业出版社，2012:160.

但我已进入老年。关节炎及皮炎经治疗已缓解，但未能痊愈。想此乃常情矣。故对人民体质建设问题深感重要，应作为社会主义建设的一个重要方面，并写了篇短文。今附呈，请指教。

……

蒋英仍有头痛。她也在服用大量维生素，也有效果。

我长期未同您见面了，颇念；因此写此信。我和蒋英要向您和高睿同志问安！此致

敬礼！

钱学森

1993.3.11[1]

华南农业大学农史研究室的周肇基教授和韦璧瑜夫妇也是钱学森、蒋英夫妇的笔友。他们在书信中既交流农业史研究，也互相分享各自强身健体之法。周肇基、韦璧瑜夫妇知道钱学森和蒋英练气功，便送上《练功十八法》，钱学森则回赠《气功报》，互相交流练功心得。[2]

中国科协原副主席刘恕和其丈夫田裕钊均从事治理沙漠的科学研究。在深入了解钱学森倡导的沙产业思想后，甚为认同，并致力于宣传和实践钱学森沙产业思想。刘恕和田裕钊经常向钱学森汇报沙产业思想在西部推广和应用的进展。钱学森身体不便无法出席活动时，蒋英代为出席。刘恕不时地将沙产业应用成果寄给钱学森和蒋英分享，还有雪桃、苹果、柿子、沙棘汁、肉苁蓉等沙漠特产。

蒋英和钱学森还与一些音乐家保持良好的关系，如贺绿汀等，这是一封他们之间的通信：

贺绿汀同志：（He Lu Ding）

您寄给我们的您的合唱曲集收到了。看到这个曲集，再加回想您不久前在北京中央音乐学院和大家谈话的情景，又一次引发

1　涂元季．钱学森书信（7）[M]．北京：国防工业出版社，2007:152.

2　涂元季．钱学森书信（6）[M]．北京：国防工业出版社，2007:19.

原来就在我们心中对您的敬意！

祝您健康长寿！

钱学森、蒋英

1985.12.3[1]

　　1990年《贺绿汀作品精选》出版发行后，贺绿汀委托他人，将音像资料寄送给钱学森、蒋英。

　　蒋英待人热情真诚，对于为她或钱学森治疗过的医生，她都铭记在心，并特地打电话或亲自登门表示关心和感谢。吴阶平的专职秘书华杏娥医生生病了，蒋英专门打电话关心其康复情况。[2]

　　钱学森的常规体检以及治疗都被安排在301医院进行。301医院老年心血管病研究所所长、中国工程院院士王士雯医生，曾经为钱学森诊治过，并因此与蒋英和钱学森结下了深厚的友谊，经常互赠问候，交流对老年医学的看法，逢年过节也会互相致信互赠祝福。王院士关心蒋英的头痛病。蒋英非常感激。[3]

　　301医院有一位钱姓牙医为钱学森诊治过牙齿。蒋英也经常去找她看牙。钱医生的爱人是钱学森在七机部的同事陈寿椿，同住在航天大院。每次看完，蒋英都会亲自登门送上精美的小礼物表示感谢，有时候是精美的丝巾，有时候是精致的胸针。每逢春节，蒋英会亲自登门或委托儿媳妇或秘书拜年致谢，即使钱医生不再为她看牙，甚至钱医生家从东院搬到了西院仍然如此。钱医生的女儿回忆起蒋英去她家拜年的情景：

　　　　蒋阿姨和颜悦色地和我家每个人都一一寒暄，她婉拒落座，只是站在近门口处，说："不坐了。你们都有许多事情要做，我只是来给你们拜个年，特别是要感谢钱医生（我母亲）给予我的治疗。"她的声音非常悦耳，皮肤白皙光滑细腻，大大的眼睛微微凹

1　李明，顾吉环，涂元季.钱学森书信补编（2）[M].北京：国防工业出版社，2012:79.

2　涂元季.钱学森书信（4）[M].北京：国防工业出版社，2007:481.

3　1999年10月15日钱学森致王士雯的信。钱学森图书馆藏。

陷在长长的睫毛里，鼻子挺拔秀美，长相洋气像个外国人，她的目光柔和。[1]

　　蒋英和钱学森都喜欢花。蒋英还喜欢种花，这是她的一大爱好。钱学森给其他人写的信中也透露这一点："您信中问我种什么花。这我回答不了，在家里种花是蒋英的爱好，我无功！"[2]退休后，蒋英便在家种了各种花，其中有钱学森最喜欢的紫色的蝴蝶兰，连浇水都亲力亲为。经蒋英亲自打理，家中天天香气满溢，充满生机。有时候感谢别人时，蒋英也喜欢送花。蒋英非常用心，针对不同的对象选择不同的花以及数量。

　　身为共产党员的蒋英和钱学森一直坚守党性，有所为，有所不为。除了"不去外地开会"外，钱学森自立的原则还有"不题词，不写序，不参加任何科技成果评审会和鉴定会，不出席'应景'活动，不兼荣誉性职务，不上任何名人录"等。蒋英知晓且尊重钱学森的处事原则。

2000 年，王士雯桌上摆放着蒋英赠送的百枝水仙花

　　1991 年，钱学森年满 80 岁，他在中国科协的第四次会议上提出不再担任中国科协主席的职务，完全退居二线。为了表彰他对国家做出的贡献，国务院和中央军委决定授予他"国家杰出贡献科学家"荣誉称号和"一级英模"奖章，并定于 10 月 16 日在人民大会堂举行授奖仪式。蒋英和身边工作人员以及永刚一家陪同出席。这个奖史无前例，充分体现了党、国家和人民对钱学森的感谢。在颁奖仪式上，钱学森发表即兴获奖感言，情真意切。在讲话中钱学森第一次在公共场合隆重地介绍蒋英，并向她表达了真切的感谢。钱学森说：

1　陈丽霞撰写的文章《蒋英阿姨印象》。陈寿椿提供。

2　涂元季. 钱学森书信（8）[M]. 北京：国防工业出版社，2007:158.

下面我还要利用这个机会表示对我的爱人蒋英同志的感激。我们结婚已经 44 年了，这 44 年我们家庭生活是很幸福的。但在1950 年到 1955 年美国政府对我进行迫害的这 5 年间她管家，蒋英同志是做出了巨大牺牲的，这一点，我绝不能忘。我还要向今天在座的领导和同志们介绍，就是蒋英和我的专业相差甚远。我干什么的大家知道了。蒋英是干什么的？她是高音歌唱家，而且是专门唱最深刻的德国古典艺术歌曲。正是她给我介绍了这些音乐艺术，这些艺术里所包含的诗情画意和对于人生的深刻的理解，使得我丰富了对世界的认识，学会了艺术的广阔思维方法。或者说，正因为受到这些艺术方面的熏陶，所以我才能够避免死心眼，避免机械唯物论，想问题能够更宽一点、活一点，所以在这一点上我也要感谢我的爱人蒋英同志。[1]

蒋英陪钱学森领奖

10 月 17 日，已 87 岁高龄的邓颖超亲笔写信给蒋英表示祝贺。邓颖超在信中写道：

1　1991 年钱学森在"国家杰出贡献科学家"荣誉称号授奖仪式上的讲话录音。钱学森图书馆藏。

蒋英同志：

　　你好！

　　我除向钱学森同志表示祝贺外，也应当向你表示祝贺，因为，他取得荣誉也有你的功劳，得到你的支持才能得到的。

　　祝你们美满、幸福！

邓颖超

一九九一年十月十七日

1991年10月17日邓颖超致蒋英的信（复印件）

（钱学森图书馆藏）

　　10月18日，全国妇联也致函钱学森和蒋英，除了祝贺钱学森获奖，还特别感谢蒋英对钱学森所从事的伟大事业的理解、支持和无私奉献。

　　从那以后，新闻媒体对钱学森的宣传掀起了一阵高潮，广泛报道钱学森的事迹，号召向他学习。对此，钱学森始终保持清醒的头脑，他指示秘书说：

> 我们办任何事，都应该有个度。这件事也要适可而止。这几天报纸上天天说我的好话，我看了心里很不是滋味。……在今天的科技界，有比我年长的，有和我同辈的，更多的，则是比我年轻的，大家都在各自的工作岗位上，为国家的科学技术事业做贡献。不要因为宣传钱学森过了头，影响到别人的积极性，那就不是我钱学森个人的问题了，那就涉及全面贯彻落实党的知识分子政策问题。所以，我对你说要适可而止，我看现在应该画个句号了，到此为止吧。我这么说并不是故作谦虚，要下决心刹住，请你立即给一些报纸杂志打电话，叫他们把宣传钱学森的稿子撤下来。[1]

有一次，某军队报纸想通过报道蒋英宣传钱学森。钱学森直接给报社写信谢绝：

> 自去年 10 月 16 日以来，对钱学森的报道及文章，在报刊已陆续大量发表，对钱学森的工作及情况已有充分介绍。所以现在该打个句号了！以后还会有新的事，但那是以后的考虑，目前就暂时到此为止。
>
> 蒋英同志不在军队系统工作，解放军报怎么能搞蒋英的报道呢？那不是出格了吗？
>
> 总之，我感谢同志们的热情和好意，但我们都得办事有章程，千万不能搞乱了。搞乱了，效果不会好！[2]

有人想通过蒋英说情，请钱学森帮忙或题词。蒋英从不干涉钱学森的决定。对于不认识的，蒋英会把信函转给钱学森的秘书涂元季，请他来答

1　涂元季.人民科学家钱学森 [M].2002:203.
2　涂元季.钱学森书信（6）[M]. 北京：国防工业出版社，2007:222.

复。而对于有些认识的，蒋英也总能想到得体的方式应对，这样既使对方不会感到尴尬又很容易领会钱学森的用意。对此，梁思礼曾经回忆道：

> 钱老不喜欢题字，也不题字。有一次我去他家请他题字，他只请蒋英在楼下接待我。蒋英的父亲蒋百里是梁启超的学生，因此，蒋英跟我算是世交，我们谈起往事。蒋英还拿了我父亲送给蒋百里的对联给我看。我想钱老不好当面拒绝才请蒋英来接待我。过了一两年后，我专程登门向钱老道歉，以后我再也没有请他题过字。[1]

还有人想邀请钱学森担任顾问或其他原因，辗转找到蒋英帮忙。蒋英也只是传个话。例如有一次，有人想请钱学森担任高等学校音乐教育学会的顾问，并请蒋英转告。蒋英如实把对方意图转告钱学森。但钱学森坚持原则，并回信写道："但我是从来不当什么顾问的，从来不当，所以这次也不能例外。敬恳谅解。"[2]

对于蒋英，钱学森亦是如此。有一次，某人写信给钱学森并提出帮他推荐稿件等不合理要求，还说要写信给蒋英。钱学森回信中不仅回绝了对方的要求，还附上一句话："您还想写信给蒋英同志，我能帮助的只是她的工作单位通信地址：北京复兴门内鲍家街中央音乐学院，其余是她的事了。"[3]

党性是底线，即使是熟人也不例外。钱学敏的妹妹钱学烈曾经在致钱学森的信中赞颂他和蒋英"清虚淡泊"。但钱学森请钱学敏代为回信并澄清道："我和蒋英都是中国共产党党员，是党性，不是什么清虚淡泊。两者是有很大区别的。"[4]

1996年，钱学森的腿疾加重，被诊断为"双侧股骨头无菌性坏死"，只能借助轮椅行动。

1997年春，钱学森因腰腿疾病加剧，行动不便。医生建议他长久卧床休息。进入晚年之后，他的腰腿越来越疼痛难忍。于是，他开始每天扶着

1　上海交通大学钱学森研究中心.钱学森研究（第2辑）[M].上海：上海交通大学出版社，2016:134.

2　李明，顾吉环，涂元季.钱学森书信补编（2）[M].北京：国防工业出版社，2012:178.

3　李明，顾吉环，涂元季.钱学森书信补编（2）[M].北京：国防工业出版社，2012:113.

4　涂元季.钱学森书信（7）[M].北京：国防工业出版社，2007:127.

助行器，忍着剧痛练习走路。可是，钱学森的腿仍未有转机。没过多久，医生为他检查身体，诊断为"腰椎楔形骨折"。医生告诉他说："钱老，您今后恐怕要长期卧床休息了。"钱学森听后深感失落地说："我从此再也不能为人民服务了，还要国家花钱来照顾我，我活着还有什么意思呢？！"身边的蒋英听了也只能安慰他说："学森，别这么想，你看，巴金快活到100岁了，冰心也90多岁了，他们在家里不是也为人民做了很多事吗？你今年才86岁，日子还长着呐，你一定也能活到一百岁，我陪着你。"恰巧目睹这一切的钱学敏也附和道："蒋英说得对！您别难过，您不能常出去参加社会活动，可以有更多的时间好好总结过去的经验、深化已知的理论、展望未来的前景啊！"听了蒋英和钱学敏的劝慰，钱学森又打起精神自我鼓励地说："我现在就是脑子还管用，我要为我的脑子好好活着。"[1]

1997年，钱学森生病住院。当时钱学森的听力已大不如前，即使佩戴助听器也要大声讲话他才能听清。钱学森正跟前去探望的钱学敏交谈着，突然说了一句："蒋英来了。"这让听力正常的钱学敏感到疑惑，因为她根本没有听到声响。不一会儿，蒋英果然从电梯出来朝病房走来。这也许就是心意相通吧。

这一年的9月，蒋英却病倒了。她的心脏出了问题，住进阜外医院的心血管科，且需要动手术治疗。钱学森非常担心蒋英的病情，却因行动不便无法到医院陪护和探视。幸好，蒋英的心脏手术很成功，很快转到普通病房休养。这期间，前去看望蒋英的家人、好友成了两人的传话人。钱学敏就是其中之一。当钱学敏去医院看望蒋英时，蒋英一见面就向她询问钱学森的情况，并且风趣地说："现在，我俩每天都坐卧在病床上，一个面朝东，一个面朝西。正好面对面，要是我有一对千里眼能看见他就好了！"[2]然后，钱学敏又将蒋英的情况向钱学森报告。蒋英恢复后对学生赵登营说："我可不能先没了。"因为她知道钱学森还需要她。

每次钱学森身体抱恙，蒋英总是亲自送下楼，在家门口注视着他被抬

1　中央音乐学院.怀念蒋英老师[M].北京：中央音乐学院出版社，2015:168.
2　钱学敏.与大师的对话——著名科学家钱学森与钱学敏教授通信集[M].西安：西安电子科技大学出版社，2016:319.

上救护车，然后再去 301 医院病房探视钱学森。在病房里，蒋英和钱学森看似聊天，可因为彼此听力都不好了，其实是"各说各话"，但这并不影响两人的交流，反而聊得津津有味。有一次，钱学森在 301 医院住院期间，蒋英也病倒了，住到了解放军 306 医院（现战略支援部队特色医学中心）。两人无法见面，医生成了他们的传话人。钱学森一见到保健医生赵聚春就先问："蒋英怎样了？"为此，赵医生在看望钱学森之前还要看望蒋英，并弄清楚她的状况。可是蒋英一看到赵医生第一句话便关切地问："钱学森怎样了？"于是，赵医生在看望钱学森之前首先要弄清楚蒋英的病情，去看望蒋英之前，又要先弄清楚钱学森的病情。

2001 年是钱学森的九十寿辰。这一年，全国上下举办了众多庆祝活动。蒋英也格外忙碌，代他出席了很多活动。

4 月 12 日，"钱学森沙产业奖学金"在北京宣布设立，旨在培养沙产业及相关产业人才。这是钱学森将获得的"何梁何利奖"奖金 100 万港币捐出来设立的。在甘肃省农业大学和内蒙古农业大学设立"钱学森沙产业奖学金班"，在宁夏农学院设立"钱学森沙产业奖学金"，并分别签署了相关协议，规定奖学金班于当年暑假开始招生，每班 30 人；奖学金每年评出 50 名学生，每人 1000 元。

7 月 22 日—8 月 9 日，北京大学现代科学与哲学研究中心在北京大学举办"钱学森与现代科学技术"研讨会。来自中国科学院、中国工程院、北京大学等 14 个单位的学者教授 150 余人参加研讨会。时任全国政协副主席、中国工程院院长宋健，国务院发展研究中心高级顾问马宾，中国科学院副院长、北京大学校长许志宏出席了开幕式。时任全国人大常委会副委员长成思危参加了 7 月 30 日的研讨会并作报告。蒋英受邀参加 8 月 4 日的研讨活动，并向会议致谢。

11 月 19 日—20 日，清华大学工程力学系与中国空气动力学会、中国力学学会等 21 个单位发起的"新世纪力学学术研讨会——钱学森技术科学思想的回顾与展望"颁奖仪式在清华大学举行。会议由庄逢甘和郑哲敏共同主持，还邀请了林家翘、钱令希以及清华大学时任党委书记陈希等 200 多人出席。蒋英和永刚、永真代钱学森出席，参加了第一天上午的活动。在会上蒋英仔细倾听了与会代表热烈讨论钱学森对我国力学和航天事业所做的贡献，以及创建一系列新学科对国家建设产生的深远意义。

　　12月7日，第二届"霍英东奖金"颁奖仪式在广州市南沙会议展览中心举行。"霍英东奖金"是香港爱国企业家霍英东先生于1997年设立的，旨在奖励对中国地区的文化以及社会发展有杰出成就和贡献以及具有发展潜质的人士。钱学森与余光中等七位有影响的人物获奖。其中，钱学森被授予"霍英东杰出奖"，奖金100万港币。

　　钱学森身体不便无法亲自前往，故由蒋英与儿子钱永刚前往代领。临行前，蒋英跟钱学森开玩笑地说："我代表你去领奖金了。"钱学森听了说："你去领支票？"蒋英回答说："是的。"钱学森幽默地说："那好，你要钱（指钱学森），我要奖（指蒋英）。"钱学森这一句一语双关的话逗得大家哈哈大笑，也体现了他与蒋英的深厚感情。

　　领奖的前一天，蒋英在家人的陪伴下还到住处附近的广州公园游览，返京后，稍作休息又出席另一场活动。

2001年，蒋英在广州市公园留影

　　12月10日，中国科协、中国科学院、中国工程院、国防科工委在北京共同举行"钱学森科学贡献暨学术思想研讨会"。此次会议规模宏大，中国科学院院士、中国工程院院士和来自多个科研院所、中国科协所属的全国性学会的著名专家、学者以及科技工作者代表约600人出席了会议。

　　蒋英与国防科工委主任刘积斌、中国科学院院长路甬祥、中国科协党组书记张玉台一起出席了会议，在现场聆听了中国工程院院长宋健、郑哲敏、王永志、孙家栋、周干峙、戴汝为、汪成为、吴传钧等做的专题学术报告。她与钱学森的老朋友、加州理工学院教授弗兰克·马勃做了题为"钱学森在加州理工学院的岁月——他对科学、技术、教育的影响"的演讲。

　　马勃是受邀专程来华参加钱学森九十寿辰的活动，他此行还有另外一个任务，那就是受加州理工学院院长D.巴尔的摩委托，将1979年授予钱学森的加州理工学院"杰出校友奖"奖章和证书当面颁发给他。1979年，鉴于钱学森的杰出贡献，加州理工学院授予钱学森"杰出校友"的称号。按照惯例，应由获奖人亲自前往领奖。但钱学森一直对美国政府的不公平对待耿耿于怀，所以坚持不去美国，故没有领奖。到2001年，在钱学森九十岁寿辰之际，加州理工学院委托马勃专程到北京为他颁奖。马勃欣然接受委托，携夫人再次来到中国，看望钱学森和蒋英。为了隆重起见，由全国政协副主席、中国工程院院长宋健主持授奖仪式，中国科学院院长路甬祥、中国科协副主席张玉台、科技部副部长李学勇参加并看望钱学森。在蒋英等家人以及工作人员的见证下，钱学森卧床接受了该奖。

12月11日上午，钱学森九十岁生日，时任中共中央总书记江泽民、中央政治局常委李岚清还专程到钱学森家中看望，时任总装备部部长曹刚川、中央办公厅主任王刚陪同。江泽民叮嘱蒋英及家人照顾好钱学森的身体。当晚，蒋英还宴请了马勃夫妇。

2001年，蒋英（右一）、李佩（左二）、永真（左一）、
祝爱兰（右二）在首都机场送别马勃夫妇

12月21日上午，蒋英受邀到人民大会堂新疆厅参加了另外一场活动：由中国科协、中国科学院、中国工程院联合举办的"钱学森星"命名仪式。经国际小行星中心和国际小行星命名委员会批准，由中科院紫金山天文台杨捷兴研究员发现的国际编号为3763号的小行星被正式命名为"钱学森

星"。在仪式上，蒋英代钱学森领取了"钱学森星"命名证书和"钱学森星"图片，并致答谢词：

> 尊敬的宋健副主席、钱正英副主席、朱光亚副主席、路甬祥院长、徐匡迪书记、张玉台副主席：
>
> 今天我很荣幸代表学森来参加"钱学森星"命名仪式，并接受中国科学院紫金山天文台赠送的"钱学森星"命名证书及精美的"钱学森星"图片。
>
> 学森由于行动不便，不能前来参加这样隆重的命名仪式。但他让我转告他对大家的谢意。他特别要感谢紫金山天文台，在我们国家发射人造卫星的工作中，紫金山天文台曾做出过重要的贡献。对此，他是有切身感受的。
>
> 发现小行星是天文学中的一项重要工作，是人们对宇宙认识的精细化。他希望这项工作继续发展，希望有更多中国人的名字进入宇宙空间。
>
> 学森还让我借此机会，向诸位在他90岁生日前后所开展的各项活动，对他所表示的情谊一并表示感谢。他希望中国科协、中国科学院和中国工程院今后的工作有更大发展，为我国科教兴国战略做出新的更大贡献！
>
> 谢谢大家！[1]

这一年，蒋英还忙着接待前来看望钱学森的国家领导人、单位领导和故友。

2001年9月24日，退休后定居上海的张劲夫和胡晓风夫妇专程看望钱学森和蒋英夫妇。张劲夫曾经担任过中国科学院党组书记、副院长，与钱学森共事多年。因看到钱学森在美国时期的手稿得以出版，八十八岁高龄的他还特地撰写了题为《让科学精神永放光芒——读〈钱学森手稿〉有感》的文章，并在中央电视台新闻联播节目上播出。一同前往的《科技时

1　九十年诞钱学森（内部资料集）[M].上海交通大学出版社,2003:494.

报》记者记录下了当时看望的情景。

张劲夫和胡晓风夫妇的车还未到，蒋英便提早与钱学森的秘书涂元季等身边工作人员等候在楼下。看到张劲夫夫妇一下车，蒋英便迎了上去，与张劲夫热情握手，然后带他们到楼上钱学森的房间。

落座后，张劲夫夫妇夸钱学森"脸色不错"。蒋英便风趣地让钱学森介绍一下自己的养生经验。钱学森分享了自己从大学时候开始练气功的经历。蒋英随后补充道："还有一个法宝，就是吃维生素。因此他吃饭和睡觉很好。"

蒋英还说起了从钱学森那里听来的有关张劲夫的经历："老伴儿讲过张老许多故事，我知道他是上海地下党，胡大姐是工人阶级，你们是在革命中认识并结合的。抗日战争开始，张老二十多岁就当了新四军的高级指挥员，开始还有人不服气。"蒋英还回忆起郭沫若带大家一起游西山的经历；谈起张劲夫在中关村给科学家盖福利楼，六间房，向阳的三间、背阳的三间，宽敞舒适；三年困难时期，还搞了副食店，很方便。大家都很怀念那个时候。蒋英还说："老钱就是不愿离开北京，说当年周总理、聂老总有交代，他不能离开科学界。这一点我理解他。"蒋英接着说道："一次我陪他到西北基地，途经敦煌不远，很想去看看，尤其是作为一个中国人，谁不想看看敦煌啊。你猜他说什么——'我们是来工作的'。"在张劲夫跟钱学森介绍上海新面貌时，蒋英还端出月饼请客人品尝。最后，涂秘书提议请记者为大家合影留念时，蒋英特地拉上工作人员一起合照，还说："工作人员就像家里人一样，很想和张老合影。"说着，大家站好，记者按下快门记录下这难忘的瞬间。最后，蒋英和家中工作人员一起亲自将张劲夫夫妇送下楼，送上车，直到车走远了才上楼。[1]

1　刘振坤.幸福的回忆——张劲夫看望钱学森侧记[J].科学新闻,2001（41）:21.

2002 年 10 月 22 日，北京航空航天大学举行钱学森全身铜像落成揭幕仪式。全国政协主席朱光亚为钱学森铜像揭幕。蒋英受邀与中国人民解放军原总装备部、中国科协有关领导一起参加了揭幕仪式。

2005 年是钱学森归国五十周年。中国航天科技集团公司和中国航天科工集团公司在北京航天城举行"钱学森与中国航天事业——纪念钱学森同志归国五十周年座谈会。"蒋英受钱学森委托代为出席了会议。

2008 年，蒋英代钱学森参加中央电视台"感动中国 2007 年度人物"颁奖典礼，并领取"感动中国 2007 年度人物"奖杯。颁奖词写道："在他心里，国为重，家为轻，科学最重，名利最轻。5 年归国路，10 年两弹成。开创祖国航天，他是先行人，披荆斩棘，把智慧锻造成阶梯，留给后来的攀登者。他是知识的宝藏，是科学的旗帜，是中华民族知识分子的典范。"

2008 年 8 月，蒋英还与家人一起，到鸟巢观看北京奥运会开幕式。

2009 年 3 月 28 日，凤凰卫视举办的"世界因你而美丽——2008 影响世界华人盛典"在北京大学百年纪念讲堂举行。主办方为了纪念新中国成立 60 周年，特别增设"终身成就最高荣誉大奖"。经过百名华语资深媒体人推选，钱学森获得这一特别荣誉。由于钱学森年事已高，蒋英代他参加颁奖典礼，并发表获奖感言："学森因年迈体弱不能前来领奖，深感歉意。能为国家和人民做点事是学森一生的追求。能得到这么多炎黄子孙的支持和认同，他感到十分欣慰。他让我转告他的愿望，愿这个活动鞭策更多的中华儿女为祖国贡献出力量，使我们的世界更加美好。"巧合的是，蒋英的亲戚、著名武侠作家、新闻及政治评论家金庸也获得本届终身成就奖，并出席颁奖典礼。这也是他自 1947 年在杭州听蒋英现场音乐会后时隔 62 年与蒋英再次碰面。

这一年，中央电视台拍摄了纪录片《钱学森》。蒋英接受导演陈真约访。那时蒋英虽已年近九十，但依然精神矍铄、思路清晰，令导演印象深刻。陈真回忆道："她坐在家里的沙发上，为我们详细讲述了她三岁过继到钱家，和钱学森相恋结婚以及回国后与钱老相濡以沫的情感经历，这是一次极为精彩又弥足珍贵的采访。将近一个多小时的访谈中，蒋先生语调平缓，无论爱恨，包括对钱老"不顾家"的嗔怪，都显得平静如常，老人家眼里依然是一片纯净，这就是为什么我从她的眼神里看到了那一片纯净。"[1]

痛别老伴儿

2009 年 10 月 28 日，钱学森突然发烧，工作人员立刻联系医生。医生听后立即赶到钱学森家中为他做全面检查，随后给他服了药。钱学森病情有所好转。可到了第二天，钱学森体温再次升高。家人立即叫救护车把他送到 301 医院。到了医院，医生为钱学森拍了 CT，并发现他的肺部有阴影，诊断他是吸入性肺炎，且已严重感染。经过抢救，钱学森的病情有所控制，可不久后再次恶化。10 月 31 日，钱学森因肺、肾等器官功能衰竭而与世长辞。那天，深秋的北京突降百年不遇的大雪，苍天为之哭泣。

当医护人员整理好钱学森遗容后，蒋英第一个进去和老伴儿告别。身边的涂元季目睹了这感人的一幕，他回忆道：

> 只见她摸摸钱老的脸，拉拉钱老的手，嘴里喊着"学森，学森！"但没掉一滴眼泪。在众人面前一直保持着她那高雅的风度，其实她内心的悲痛可想而知。因中央首长们即将来告别，我们请她到隔壁房间休息。当中央和军队领导同志一个一个告别出来，都要来安慰蒋英同志，她也显得十分镇静得体，对大家一一点头道谢。当所有领导告别结束以后，我才走近钱老，向他老人家深深地鞠躬，然后去看望蒋英。她依然那么镇定自若地坐着，拉着我的手说："涂秘书，这 20 多年辛苦你了，老伴对你很满意，时常在我面前夸你。你对他工作生活照顾得那么好，我要谢谢你。这么多年来我从没把你当外人，你就是我们这个家庭的成员。"听到此，我再也忍不住了，热泪盈眶，哽咽着说："钱老不仅是我的

1 追忆蒋英 [N]. 河北日报，2012–02–17（11）.

首长，更是我恩师，他就是我的亲人。"当大家劝蒋英回家休息时，她站起身说："我想再看看老伴。"于是我们扶她再进病房，她拉着钱老的手，贴贴老伴的脸，在钱老耳边轻声说："学森，学森，你好好休息吧！"在场的人无不动容，甚至哭出了声音，但蒋英硬是忍住了眼泪，令人敬佩不已。[1]

第二天，按照规定，组织上在阜成路 8 号航天大院家中布置了灵堂。全国各地的群众纷纷冒雪前来吊唁。初雪过后的北京，寒意袭人，但群众不畏寒冷，排起长队等待送别钱学森。钱家 20 多平方米的客厅被布置成灵堂。南面墙上挂着钱学森的遗像，看起来亲切慈祥。遗像上方挂着黑白横幅："沉痛悼念钱学森同志。"左、右两侧都是挽联。左边最靠近遗像的挽联是蒋英的手书："您永远活在我心中。"

老伴儿走后，蒋英将悲伤藏在心里，一个人时心脏会跳得特别快，但有人时，仍努力保持着那份优雅。蒋英每天都到钱学森的房间，独自坐在床边，回忆过往、怀念爱人。家人看得出她落寞的神情，为了照顾她的生活起居特地请了一个贴身保姆，帮她保持着规律的作息。保姆有时陪她去公园转移一下注意力。

祝爱兰与蒋英感同身受，一有空就去陪伴她。蒋英经常向祝爱兰讲述以前生活的细节，叙说一些不能释怀的情感。在蒋英的钢琴上面，摆放着两张照片，一张是钱学森的单人照，一张是两人拥抱的合照。蒋英跟祝爱兰说："我觉得伯伯这张相片，他除了慈祥以外，他老在看着我。你看看。"祝爱兰仔细看了一下，附和道："果然是的。"祝爱兰也怀念伯伯慈祥的笑容。蒋英还时常喊上祝爱兰一起去买花，尤其是蝴蝶兰。那是钱学森最喜欢的花。钱学森走后，蒋英照旧每天在他的书房里摆满蝴蝶兰，就像他从来没有离开过一样。

1　中央音乐学院 . 怀念蒋英老师 [M]. 北京 : 中央音乐学院出版社 , 2015:130–131.

蒋英晚年游香山公园

不久后，蒋英收到从加拿大寄来的一封信和一份《蒙城华人报》，报纸上刊登着一篇题为《钱伯伯好！》的文章。蒋英看过信后才得知写信人叫陈丽霞，是曾经为她诊治过牙齿的钱医生家的女儿。陈丽霞已经长大成人，而且在加拿大蒙特利尔留学。她特地撰文回忆儿时心目中的钱学森。蒋英看到信和文章又勾起了对钱学森的思念，虽年已九秩，视力不便，握笔力度也大不如前，但仍提笔给丽霞回信。她写道：

丽霞女士，

　　你的信跟蒙报，我们都收到了。你给钱伯伯的信，可惜他不能回了。那些美好的回忆，我想他也带着走了。我代表他感谢你，并祝愿你长大学成后和他一样回国。

　　祝学习向上！

蒋英

2009.11.28 日 [1]

蒋英还是一如既往地关心着别人。2010 年，祝爱兰因身体不适住了两

<hr>

1　冰蓝.钱伯伯好！[N].蒙城华人报，2009–11–6（3）.

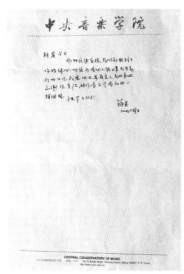

蒋英给陈丽霞的回信（陈寿椿提供）

天医院。蒋英每天给祝爱兰打电话，详细询问病情，宽慰她，给她减压。当祝爱兰一出院回家，蒋英第一时间到她的家中看望。祝爱兰看到九十岁高龄的恩师不顾行动不便亲自探视她，甚为感动。连她家的钟点工都禁不住赞叹："真没见过如此德高望重的老教授却是如此的慈祥。"

思念绵长

钱学森虽然离开了，但国家和人民并未忘记他，以不同的方式学习和纪念他。蒋英也不辞辛劳地支持着这些活动，亦是表达对他的思念。

关心"钱学森图书馆"建设

2005 年，国家决定建设一座"钱学森图书馆"，以表彰他为国家做出的贡献。2009 年，钱学森去世后，中央要求加快钱学森图书馆建设进度。

最终，馆址选在他的母校上海交通大学。其实，早在 1999 年，上海交通大学开始筹划建设"钱学森陈列室"，2002 年还聘请涂元季、钱永刚为兼职教授，指导建设工作。"钱学森图书馆"建设启动后，钱永刚更加忙碌，亲力亲为地参与筹建工作。蒋英虽然很少主动过问，但她知道永刚在忙些什么。当上海交通大学校领导前去看望蒋英并邀请她参加开馆仪式时，蒋英听后连连说："你们辛苦了。我一定去参加。" 2011 年 12 月 11 日，钱学森 100 周年诞辰之际，钱学森图书馆建成开馆，成为全国第一个国家级的科学家纪念馆暨全国爱国主义教育示范基地。

心系电影《钱学森》拍摄

2011 年 4 月，蒋英得知电影《钱学森》正在拍摄的消息，就请儿子钱永刚联系剧组，提出希望见一下饰演老年钱学森的许还山和饰演她的潘虹。剧组得知后，于 4 月底安排导演张建亚与许还山、潘虹一起到蒋英家中拜访。蒋英不顾年迈的身体，亲自下楼到一楼客厅接待，还微笑着对他们说："对不起啦，没有请你们到家里来喝茶。"短短一句话，瞬间温暖了剧组人员。落座后，蒋英真诚地看着许环山，又看看潘虹，夸赞许还山眉宇间神似钱学森，对两位演员的表演也表示满意。自然，她期待着剧组能够还原她心目中的钱学森。蒋英无论聊什么都把钱学森挂在嘴边。

歌剧《钱学森》——"艺术与科学"的珠联璧合

为了纪念钱学森 100 周年诞辰，北京大学与中国航天科技集团主办，北京大学歌剧研究院、中国运载火箭技术研究院、中国空间技术研究院承办，共同推出一部原创歌剧《钱学森》。说起歌剧《钱学森》的创作动机，不得不提凭借在歌剧中扮演"江姐"一角获得中国戏剧最高奖梅花奖的金曼。2006 年，金曼曾在一篇报道中看到钱学森"处理好科学与艺术的关系，就能够创新，中国人就一定能赛过外国人"的论述，被深深打动，初次萌生了创作歌剧《钱学森》的想法。因为，用歌剧形式讲述钱学森和蒋英的故事是新的尝试，在国内尚属首次。2010 年北京大学歌剧研究院成立，金曼受聘为院长，蒋英的学生傅海静被聘为副院长。金曼说："钱学森和蒋英夫妇可谓'神仙美眷'，两人都学贯中西，一位是科学泰斗，一位是艺术精英，携手谱写了62年的爱情传奇，从年轻时代的相识相爱到婚姻生活的浪漫甜蜜，从异国受难的相濡以沫到毅然归国的夫妻同心，从投身关乎民族命运的'大家'到默默奉献和支撑的'小家'，他们的爱情给了歌剧《钱学森》极为舒展的创作空间和咏唱力度。"为保证质量，金曼多次到蒋英家中探访，并与她交流。金曼说："每一句台词她都会看，非常认真。在创作过程中，我们三易其稿，一直到蒋老说'可以'。"金曼对蒋英的优雅印象深刻："九十多岁了，还能保持那种美。"[1]

该剧汇聚了一大批国内外优秀的艺术家组成团队进行创作。傅海静担任艺术总监；中央音乐学院作曲系教授、作曲家唐建平担任作曲，创作的旋律优美动人，境界高远深广；著名剧作家冯柏铭担任编剧，使剧情宏大叙事与细处刻画有机结合。编剧将蒋英和钱学森相濡以沫的感情与家国情怀相得益彰。音乐创作将中国音乐的民族性与西洋的歌剧音乐形态相结合，注重二重唱的设计，意在突出和展示"夫唱妇随"。刘新禹和罗巍分别担任指挥和导演，在纽约大都会歌剧院和美国国家电视台从事舞台美术设计长达三十年之久的宋玉龙担任舞美设计。灯光设计师也是多次获奖的刘士嶙，服装设计师为赵艳。演奏乐队则由福建省歌舞剧院交响乐团担任。国际知名男高音歌唱家迟立明扮演钱学森。

主办方力邀祝爱兰出演歌剧《钱学森》中的蒋英。与蒋英情同母女的祝爱兰无疑是扮演蒋英的最佳人选。祝爱兰接到邀请后既感到荣幸又很激动，因为她太熟悉这些故事了："很多故事都听蒋老师讲过，而且我和蒋老师在一起那么长时间，对她的神态动作都相当熟悉。"当她第一时间把这个消息告诉蒋英时，蒋英也特别高兴。她跟别人说："要演好我，一定要让爱兰演，她就像我孩子一样了解我。"当祝爱兰再去看望蒋英时，蒋英老远就打招呼："哎呀，原来是'小蒋英'来了啊。"

为了演好这个角色，祝爱兰分外用心，这也是她送给蒋英最好的礼物。歌剧《钱学森》中有一场戏是钱学森找蒋英商量准备离开美国回中国的事。

1　李澄，何安安.送别蒋英[N].北京晨报，2012-02-11（A02）.

祝爱兰说："我很快就进入角色了，因为这个事，老师曾详细描述过。我一下子就想起老师年轻时候的样子，那时蒋老师说话的神情——一切水到渠成。"排练期间，蒋英一直住院。祝爱兰经常带着剧本到医院向她请教。即便在病中，蒋英依然哼唱着熟悉的旋律。后来，祝爱兰回忆说："即使在歌剧《钱学森》紧张的排练期间，只要有空谈起这部歌剧，她充满期待。对我演唱'蒋英'这个角色，感到无比欣慰。我把歌剧中的主要唱段都轻声唱给她听。当她听到主题曲《钱学森和蒋英的二重唱》时，她说具有浓郁的江南风味，令她回想起了与钱老童年时的两小无猜。"蒋英还不止一次地对祝爱兰说："爱兰呐，你一定能在舞台上演好我，我坚信。不过我更希望你在今后的教学上能够超越我，教出更多的好学生。"

2011年12月16日—17日，歌剧《钱学森》在北京解放军歌剧院试演后，又进一步改进。2012年5月3日晚，在北京大学演出时，时任中央政治局常委李长春受邀到场观看。遗憾的是，蒋英生病住院无法到现场观看。演出空前成功。媒体高度评价祝爱兰的演出："祝爱兰在歌剧《钱学森》中成功地扮演了她的老师蒋英，她与蒋英之间的师生情、'母女情'帮助她把蒋英这个人物演绎得栩栩如生，入木三分。她绝对是蒋英这一角色的不二人选。"歌剧《钱学森》演出后的第二天。祝爱兰带着鲜花迫不及待地去医院看望蒋英。由于紧张的排练，祝爱兰有一个多星期没有去看望蒋英了。她很想再听蒋英说："小'蒋英'来啦？有什么好消息？给我带什么好吃的了？……"

除此之外，蒋英继续关心着钱学森关心的事业。钱学森生前带领团队致力于沙产业发展。钱学森去世后，蒋英仍然心系沙产业。2011年7月，甘肃省沙草产业协会会长到301医院看望蒋英，并向她汇报甘肃沙产业的情况。蒋英听后说："钱老生前十分关心沙产业，他非常想去甘肃河西走廊看沙产业的发展。但他最终没有去成。我身体恢复了，我要到河西走廊去，代钱老去看沙产业发展的成就。"[1]

在最后六个月里，蒋英一直在301医院住院。住院期间，蒋英并不孤单。2011年8月11日，全体医护人员手写贺卡，为蒋英送上了生日祝福。

1　魏万进,钱能志.科学家专家论述沙草产业[M].西安:西安交通大学出版社,2012:280.

这是她过的最后一个生日。除了家人，祝爱兰几乎每个周末都去陪伴她。即使躺在病床上，蒋英依然记得并保持着与祝爱兰特有的见面礼节，那就是亲面礼，左右脸贴面三次，说话时仍要手拉着手。身体衰弱的蒋英拉着祝爱兰的手，闭着眼睛沉默了一会儿，说："你不要悲哀，我要走了。我会想你的。"祝爱兰听完心里非常难过，可为了不让蒋英听出她的情绪，只能说："你说什么呀！"蒋英缓缓地重复了一遍。祝爱兰强忍泪水说："你不要瞎讲。你不能走。"蒋英说："该做的我都做了。现在没有需要我在这里了。我该去陪伯伯了。伯伯一个人在那很孤单。我得陪她去了。"祝爱兰只能安慰她说："是。我相信伯伯需要你陪。但是现在还不是时候。如果你在这里多待一些时间，电影《钱学森》马上就要出来了。北大歌剧研究院歌剧《钱学森》马上也要出来了。这不都需要你去把关吗？伯伯知道你在这里把关好了，伯伯也一定愿意你多待会儿。你晚一点时间去陪他也没关系的，伯伯会等你的。"蒋英听了祝爱兰的话，轻轻地问了一句："是吗？"祝爱兰附和道："是的。"蒋英又闭上眼睛开始回忆曾经的过往。

涂元季也时常到医院看望蒋英。有一次，蒋英见涂元季来看她了，有别于往常，这次她特地起身换好衣服，坐在轮椅里请护士把她推到病房的阳台上和他说说话。蒋英认真地对涂元季说："你今天来看我，我要跟你说几句心里话。……你编了那么多他（钱学森）的书，又写了那么多文章，还花了那么大力气参与上海交大给他建纪念馆，又到全国各地去做报告，介绍他的事。……这几年你为他的事累得生病，我看着也心痛呀！"涂元季听了蒋英的话十分感动，眼泪快要流出来了，赶忙说："应该说遇到钱老是我的福气。我从钱老那里不仅学到许多科学知识，更重要的是学会了做人的道理，使我终生受益。"[1]

蒋英一生心怀大爱，真诚待人；先人后己，默默奉献。在最后的时光里，她感受到来自大家的爱，也带着这份爱优雅地走完不平凡的一生。

1　中央音乐学院.怀念蒋英老师 [M].北京：中央音乐学院出版社，2015:131.

尾声　永远的怀念

2012年2月5日11时，蒋英的人生永远定格在92岁，去另一个世界与钱学森相聚了。众人陷入久久的悲痛和哀思。

2月10日上午10时，蒋英告别仪式在北京301医院西区举行。蒋英静卧在花丛与绿草中，党和国家领导人及有关单位、机构或亲友送来的花圈摆放在灵堂四周。现场回荡的不是哀乐，而是亨德尔的音乐《广板——绿树成荫》。其中歌词"绿叶青葱多可爱，我最亲爱的枫树，你照亮了我的生命！"正是蒋英璀璨一生的真实写照。

蒋英生前的亲朋好友、学生及社会各界人士共千余人前往祭奠，表达哀思。《北京晚报》的记者记录下群众悼念的场景：

> 上午9时30分，告别仪式还未开始，不少人已早早地赶到了。来自衡水的孟凡领先生说，他是蒋英女儿的战友，对老人很仰慕，昨晚就赶到北京，今天上午早早地就来了。
>
> 75岁的谭新民先生说，自己先学过数学专业，之后跟随蒋英老师学音乐。蒋英老师还带他到家里见了钱学森先生，介绍说

这个小伙子也是理工科出身。钱学森当时跟谭新民说："小伙子，无论是学音乐，还是学数学，师傅只能是领进门，主要还是靠自己。"谭新民说，自己把蒋英和钱学森对自己的教诲深深记在了心里，今天特意早早赶来送别蒋老师。

告别厅门口的工作人员说，他们准备了几百份蒋英的生平简介，没想到很快就被人拿光了。正好今天的《光明日报》上有一篇追忆蒋英的文章，工作人员又买来四大捆的《光明日报》分发给后到的人。

今天上午，记者还见到了蒋英女士在中央音乐学院教过的不少学生，他们也都早早地赶到了告别仪式现场。

天津音乐学院教授姜咏1978年考上中央音乐学院歌剧系，一入学就成为蒋英的学生，直到5年后毕业。"她不仅是一位严师，更是一位慈祥的母亲。"姜咏说，当年他们学习的时候，各方面的资料都很欠缺，蒋老师总是帮我们把各种录音带都准备好，还将很多德语、英语的资料都翻译好。

毕业后，姜咏提出希望跟着蒋英老师继续学习，蒋英笑着说："那得看你用功不用功了。"姜咏又问学费怎么收，刚踏入社会的她一个月有49元的工资。蒋英又笑了："如果我每堂课收你5元，作为一个教授太少；要是每堂课收你10元，你还怎么吃饭呢？"最终，蒋英没有收姜咏一分钱，对其他学生也都一样，辅导从来不要一分钱。另一位蒋英的学生回忆说，蒋老师长得漂亮，又善良，常带我们这些学生去她家吃点心，改善伙食。"蒋老师的才华更不用多说了，那钢琴弹得……"

姜咏还说，蒋英上了岁数后，经常头疼。这次住院前，姜咏曾带自己的学生唱歌给蒋英听，蒋英当时特别开心。住院后，她还对姜咏说："等我出院后，把你的学生再叫来让我听，去我们家唱。我高兴我们的声乐后继有人啊！"姜咏还说："初四的时候，去医院看她，她已经很不好了，但还没想到那么快就传来了噩耗。"

旅德男高音歌唱家赵登峰是蒋英退休后教授的学生，他说：

蒋英幼时被爱环绕，有来自父母的慈爱，姐妹们的亲情之爱；留欧十年她又感受到异国他乡挚友的友爱和老师们的仁爱；回国以后与钱学森重逢并结合，一生风雨同舟，家庭幸福。蒋英从音乐中汲取博爱，把自己变成爱的发光体，通过表演和教学将爱传递出去。蒋英虽然离开了，但她播撒的爱的种子永留世间。学生们为她继续播种、灌溉和传承。

祝爱兰思念着蒋英。她曾说过："将来有一天如果我不再想在舞台上表演了，那么我就去当一个老师，当一个像蒋英一样的老师，当然也是一个未来的梦。"祝爱兰的心愿达成。她被母校聘为外籍特聘教授，一直从事歌剧教育事业，如今，已桃李满天下。

傅海静在北大任教后又回到家乡任教于沈阳音乐学院，继续培养声乐人才。

姜咏成为天津音乐学院的声乐教授；章亚伦、吴晓路在厦门继续发展声乐事业。

2009 年多吉次仁在自己职业状态最好的时候回到西藏大学，成为艺术学院的教授，为家乡西藏培养声乐人才。

…………

有人说，蒋英始终生活在钱学森的光环之下，她的光辉和成就被钱学森的光环所掩盖。其实不然。因为，蒋英和钱学森始终是合为一体的，他们取得的任何成就都离不开彼此的支持，也必然属于彼此。

作为学习和深耕世界古典艺术歌曲和歌剧的专家，蒋英用多场精彩的独唱会让国人领略了她的歌唱造诣和独特风采。从舞台转到讲台后，蒋英呕心沥血，把对舞台的热爱转成对学生的爱，依靠全面的艺术修养和深厚的欧洲文学功底，制定周密的教学计划，因材施教，探索出一套富于哲理的辩证教学方法，为中国声乐和歌剧事业培养了许多人才，有力地推动了

1　天堂里他们再唱《燕双飞》[N]. 北京晚报，2012-2-10（6）.

中国声乐和歌剧事业的发展。这些学生长期活跃在世界歌剧领域，让世界看到中国也能培养出优秀的歌剧人才，为中外文化交流做出贡献。蒋英的艺能、艺德和艺术成就值得被永远传颂和学习。

附录一　蒋英生平大事年表

● 1919 年

10 月 1 日，农历己未年八月初八，在北京锅烧胡同出生，家中排行老三。父亲蒋百里，母亲蒋左梅。

● 1924 年

被蒋百里挚友钱均夫认作干女儿，改名钱学英。不久，因蒋家爱女心切，将其接回家。

● 1926 年[1]

入读上海中西女塾。

1　中央音乐学院所编《怀念蒋英老师》中介绍，1926—1934 年在上海中西女学附小、附中学习。但根据《中西女中》（陈瑾瑜编著 . 同济大学出版社）的档案记载是 1939 级（届）.

- **1929 年**

  3 月 19 日，与访问上海的印度诗人泰戈尔合影留念。

- **1935 年**

  入读上海工部局女子中学。
  12 月，与蒋左梅和五妹蒋和随蒋百里开始游历欧洲。

- **1936 年**

  在蒋百里的安排下，入读德国柏林名校冯·斯东凡尔德学校学习语言。

- **1937 年**

  投考柏林音乐学院声乐系并被顺利录取。
  与父亲蒋百里在德国重聚。

- **1938 年**

  11 月 4 日，惊闻父亲突然逝世，悲痛万分。
  12 月 11 日，撰文《哭亡父蒋公百里》表达对父亲的思念。

- **1941 年**

  因患肺病中断专业学习，在德国和瑞士疗养两年。

- 1943 年

在瑞士卢塞恩音乐学院声乐系学习，师从匈牙利歌唱家依罗娜·杜丽戈，学习德国艺术歌曲和清唱剧。
在"卢塞恩国际音乐节"期间，参加杜丽戈主办的"欧美各国女高音歌唱比赛"，并获得第一名。

- 1944 年

转到慕尼黑音乐学院，跟随著名瓦格纳歌剧专家艾米·克鲁格教授学习歌剧，毕业后担任她的助教。

- 1945 年

3 月，参加苏黎世音乐节，欣赏瑞士女高音玛丽娅·施塔德的演出。

- 1946 年

7 月 14 日—27 日，参加瑞士布劳瓦尔德音乐节期间的戏剧课程学习。
12 月 14 日，乘坐法国邮轮"霞飞将军号"抵达上海。

- 1947 年

2 月 9 日，在家中接受上海《时事新报》记者的访问。
5 月 14 日，《时事新报》晚刊报道蒋英演唱会日期。
5 月 16 日，受邀参加位于九江路 45 号花旗大楼举行的清华同学会，面见记者。
5 月 31 日，于《中华时报》第 3 版发表文章《永恒的艺术》；在上海兰心大戏院举行独唱会，演唱 16 首欧洲艺术歌曲与狂放之现代情歌和欧洲咏叹调，博得全场掌声。

6月15日，受杭州笕桥空军军官学校教育长胡伟克的邀请，在该校毕业典礼上表演，周广仁担任其钢琴伴奏。

6月29日，受邀在大夏大学毕业典礼上演唱。

9月17日，与钱学森在上海沙逊大厦华懋饭店（今和平饭店）举行结婚典礼。

9月27日，前往龙华机场为钱学森送行。

12月，前往美国波士顿与钱学森会合。

● 1948 年

10月13日，在波士顿诞下长子钱永刚。

● 1949 年

夏季，因钱学森前往加州理工学院任职，全家搬到加州帕萨迪纳生活。随钱学森赴康奈尔大学做学术报告途中看望好友郭永怀、李佩夫妇。

● 1950 年

6月26日，在帕萨迪纳诞下女儿钱永真。

9月6日，为营救被美国移民归化局工作人员带走调查的钱学森，与加州理工学院取得联系。

● 1955 年

6月，设法将钱学森执笔写给陈叔通的求援信寄给在比利时的妹妹蒋华。

9月17日，与钱学森携钱永刚、钱永真乘坐"克利夫兰总统号"邮轮启程回国。

10 月 28 日，一家人抵达北京后入住北京饭店。

10 月 29 日，全家到天安门广场观看升国旗仪式。

11 月 1 日，应时任中国科学院院长郭沫若的邀请，陪钱学森赴北京饭店参加欢迎晚宴。

11 月 4 日，应时任外交部副部长章汉夫的邀请，与钱学森一起参加留美中国学者欢迎座谈会。

11 月 5 日，与钱学森一同出席中国科学院在西四人民剧场举行的庆祝十月社会主义革命三十八周年纪念会。

1956 年

2 月，进入中央实验歌剧院工作。

2 月 8 日，与钱学森参加全国政协第二届第二次会议。

2 月 11 日，一家四口参加"春节大联欢"。

6 月 20 日—7 月 21 日，应苏联科学院邀请，陪同钱学森前往苏联访问。

8 月，参加第一届"全国音乐周"，作报告《关于西欧声乐发展史》，还在闭幕联欢会上演唱。

9 月 29 日，与钱学森合作的文章《对发展音乐事业的一些意见》在《光明日报》上发表。

1957 年

2 月，受邀参加全国声乐教学会议，并作主题发言"西欧声乐技术和它的历史发展"。

3 月 17 日—28 日，应中国音协西安分会、陕西省文化局的邀请，随中央实验歌剧团赴西安演出。

3 月 29 日—4 月 3 日，随团赴成都四川剧院演出。

- **1958 年**

  2 月，其文章《意大利歌唱家卡鲁梭》发表于《人民音乐》1958 年第 2 期。

  2 月 20 日，接受竺可桢的家宴邀请，与蒋左梅、钱学森与蒋和一起赴宴。

  4 月 9 日，其文章《我们要求听到罗伯逊的歌声》发表于《光明日报》。

  夏季，随团赴山西太原演出。

- **1959 年**

  9 月，至中央音乐学院声乐歌剧系任教。

  10 月 1 日，受邀登上天安门城楼，观看阅兵和群众庆祝游行活动，与钱学森一起参加人民大会堂的国宴。

- **1960 年**

  2 月 26 日，其文章《欣逢佳节话今昔》发表于《中国新闻》。

- **1961 年**

  9 月 25 日，经北京市教育局批准，晋升为中央音乐学院副教授。

- **1962 年**

  3 月，其文章《中央乐团的亚、非、拉丁美洲音乐会》发表于《人民音乐》1962 年第 3 期。

  其文章《一切是一个谐调的整体——听伊·维亚（雪球）演出有感》发表于《人民音乐》1962 年第 5-6 期。

  9 月，当选中央音乐学院学术委员会委员。

1963 年

其文章《有感情才能动人》发表于《人民音乐》1963 年第 2 期。

其文章《哪里有斗争哪里就有革命的歌声——谈美国黑人歌曲》发表于《人民音乐》1963 年第 10 期。

1974 年

5 月，在张清泉的引荐下，开始指导祝爱兰。

1978 年

其文章《发展民族声乐艺术的两点意见》发表于《人民音乐》1978 年第 6 期。

9 月，受邀参加"全国部分省、市、自治区民族民间唱法独唱、二重唱会演"，观摩表演并发言。

10 月 17 日，母亲蒋左梅离世。

担任中央音乐学院歌剧系副主任。

1980 年

2 月，加入中国共产党。

4 月，再次当选中央音乐学院学术委员会委员。

12 月，《中央音乐学院学报》创刊，入选编委会成员。

1982 年

5 月 25 日，经文化部批准，晋升为中央音乐学院教授。

7月1日，被中共中央音乐学院委员会授予"优秀党员"称号。

- **1983 年**

5月24日，由蒋英等指导歌剧系毕业生排演的《费加罗的婚礼》在北京顺利上演，反响热烈。

- **1984 年**

在中央音乐学院大礼堂为来自全国各地的声乐老师、演员和学生近千人作题为《德国艺术歌曲发展简史》的学术报告。
8月，受邀前往英国格莱德堡参加音乐节。

- **1985 年**

在中央音乐学院开设《德国艺术歌曲》选修课。

- **1986 年**

9月10日，获北京市高等教育局、北京市教育工会颁发证书，表彰她从事教育事业三十年。
11月—12月，受邀前往美国哈特音乐学院、波士顿大学、茱莉亚音乐学院访问，并作学术报告、开设大师课。

- **1987 年**

3月—4月，随钱学森出访欧洲，访问英国、德国等国家。

- 1988 年

  6 月 4 日，作为中央音乐学院选出的十三位代表之一出席北京市音乐家协会第二次会员代表大会。

- 1991 年

  10 月 16 日，陪钱学森参加"国家杰出贡献科学家"荣誉称号和"一级英雄模范奖章"的授奖仪式。

- 1992 年

  12 月，参与组织慰问航天科技工作者的大型音乐会"星光灿烂"。

- 1993 年

  7 月 28 日，在北京音乐厅参加学生傅海静、祝爱兰的音乐会。

- 1997 年

  3 月 5 日，接受中央文献研究室拍摄《纪念周恩来》节目组的采访。
  4 月 19 日，受聘为中央音乐学院萧友梅音乐教育促进会顾问。

- 1999 年

  7 月 10 日，中央音乐学院为其举办"艺术与科学——纪念蒋英执教四十周年研讨会"。
  7 月 11 日，学生祝爱兰、姜咏、赵登峰等在北京音乐厅举行"中外著名歌剧选段艺术歌曲音乐会——纪念蒋英教授执教四十周年"。

9月，学生赵登营举行"纪念蒋英教授执教四十周年音乐会（二）"。

● 2000 年

10月，在中央音乐学院院庆五十周年之际，获颁"杰出贡献奖"。

● 2001 年

5月，与韩中杰、陈传熙等22位老音乐家荣获第二届"中国音乐金钟奖"的"终身成就奖"。

12月9日，受邀参加中国科学技术协会、中国工程院、中国科学院联合举办的"钱学森星"命名仪式。

● 2002 年

10月22日，参加北京航空航天大学举行的钱学森全身铜像落成揭幕仪式。

● 2004 年

7月4日，学生傅海静、祝爱兰、多吉次仁、杨光等在保利剧院举行"世界歌剧经典音乐会——蒋英教授旅美学生回国汇报演唱会"。

7月7日，参加中央电视台《音乐人生》栏目录制。

● 2008 年

1月，参加中央电视台"感动中国2007年度人物"颁奖典礼，并代表钱学森领取"感动中国2007年度人物"奖杯。

8月8日，观看北京奥运会开幕式。

- 2009 年

  5 月 13 日，为《保定军校风云谱》作序。
  7 月 17 日，在中国文学艺术界联合会成立六十周年之际，获颁"从事新中国文艺工作六十周年"荣誉证章和证书。
  8 月，家人及好友为其庆祝九十大寿。
  9 月 4 日，中国音乐家协会和凤凰卫视为其举办"桃李满天下·音礼答师恩——蒋英教授九十寿辰学生音乐会"。

- 2012 年

- 2 月 5 日，在北京逝世，享年 92 岁。

附录二　中外人名对照

罗伯特·舒曼	Robert Schumann
弗朗茨·舒伯特	Franz Schubert
朱塞佩·威尔第	Giuseppe Verdi
斯蒂芬·福斯特	Stephen Foster
昂布鲁瓦·托马斯	Ambroise Thomas
冯·斯东凡尔德	von Stumpfeld
赫尔曼·魏森伯恩	Hermann Weissenborn
迪特里希·菲舍尔 – 迪斯考	Dietrich Fischer–Dieskau
约瑟夫·施密特	Joseph Schmidt
伊丽莎白·洪根	Elisabeth Höngen
玛加·赫夫根	Marga Höffgen
希尔德加尔德·吕特格斯	Hildegard Rüttgers
皮特·蒙泰努	Petre Munteanu
胡戈·里曼	Hugo Riemann
卡尔·车尔尼	Carl Czerny
克劳德·德彪西	Claude Debussy

约瑟夫·康拉德	Joseph Conrad
依罗娜·杜丽戈	Ilona Durigo
奥特玛·舍克	Othmar Schoeck
亨德尔·奥尔托里奥斯	Handel Oratorios
拜罗伊特	Bayreuth
萨尔茨堡	Salzburg
马勒	Mahler
柯达伊	Kodály
托斯卡尼尼	Arturo Toscanini
弗里茨·布施	Fritz Busch
阿道夫·布什	Adolf Busch
保罗·冯·兴登堡	Paul von Hindenburg
维尔纳·冯·白伦堡	Werner von Blomberg
E. 白劳德	E. Browder
S. 威因鲍姆	S. Weinbaum
布鲁诺·瓦尔特	Bruno Walter
阿图罗·托斯卡尼尼	Arturo Toscanini
埃德温·费舍尔	Edwin Fischer
卡尔·弗莱什	Carl Flesch
海德维格·施奈德	Hedwig Schnyder
阿德里安·阿舍巴彻	Adrian Aeschbacher
海因里希·施卢斯努斯	Heinrich Schlusnus
塞巴斯蒂安·佩施科	Sebastian Peschko
贝尼亚米诺·吉里	Beniamino Gigli
威尔海姆·巴克豪斯	Wilhelm Backhaus
瓦尔特·吉泽金	Walter Gieseking
玛丽亚·卡尼利亚	Maria Caniglia
艾米·克鲁格	Emmy Krueger
特里斯坦与伊索尔德	Tristan and Isolde
玛丽娅·施塔德	Maria Stader

约翰·伊夫林	John Evelyn
马尔戈林斯基	Margolinsky
威廉·西尔斯	William Sears
弗兰克·马勃	Frank Marble
邓肯·兰尼	W.Duncan Rannie
弗兰克·戈达德	Frank Goddard
弗兰克·J·马林纳	Frank J.Malina
马丁·伊塞普	Martin Isepp
丹·A.金波尔	Dan A. Kimball
皮尔·弗朗西斯科·多西	Pier Francesco Tosi
F. 比斯多契	F. Pistochi
N.A.包尔布拉	N.A. Porpora
简·格罗芙	Jane Glove
马列娜·玛拉斯	Marlena Malas
南希·米尔恩斯	Nancy Milnes
G. 沃尔特	G.Walter
艾迪·毕晓普	Adi Bishop
菲利斯·柯廷	Phyllis Curtin
V. 亚当斯	V.Adams
约翰·松特伯格	Johan Sundberg
丹尼尔·利普顿	Daniel Lipton
D. 巴尔的摩	D.Baltimore
F. 朗拜尔提	F. Lamperti
利里·雷曼	Lilli Lehmann
亨利·J.伍德	Henry J.Wood
曼努埃尔·格尔西亚	Manuel Garcia
恩里科·卡鲁梭	Enrico Caruso
保罗·罗伯逊	Paul Robeson
伊迪斯·维恩斯	Edith Wiens
赫苏斯·洛佩斯·柯布斯	Jesus Lopez-Cobos

阿尔敏·乔丹	Armin Jordan
米歇尔·科博兹	Michel Corboz
埃里克·塔比	Eric Tappy
丽塔·史塔里希	Rita Streich
维尼·冯·杜尔	Wini von Dugl

附录三　蒋英为《中国大百科全书》编写的条目"德国艺术歌曲（Lied）"

18 世纪末～19 世纪初，德国文学的发展进入浪漫主义阶段。作家们要求艺术作品应当像民间文学那样自然、朴实，反映人民的思想感情和愿望。因而产生了一批德国文学中优秀的诗篇。这些诗歌与音乐相结合，产生了新的艺术样式——德国艺术歌曲。它的主要特点是把诗词与音乐构成一个完美的艺术整体，比民歌和一般歌曲的艺术水平更高，艺术技巧的难度更大。在当时的历史条件下，它打破了封建统治者对音乐的禁锢，走出教堂和宫廷，到了家庭和爱好者的集会中间，进入了更广阔的社会活动范围。

早期

C. G. 克劳泽、C. P. E. 巴赫、J. F. 赖夏特、C. F. 策尔特是 18 世纪初柏林学派的代表人物。他们对艺术歌曲的建立和发展作出了贡献。H. 里曼编选的《德意志艺术歌曲集》比较全面地介绍了这个时期的优秀作品。这个时期的作曲家们在创作中坚持以 C. W. 格鲁克为代表的传统思想，认为音乐作品必须以音乐为主，诗词只能处于附从地位，从而未能使这一萌芽状态的新形式很快发展起来。

维也纳古典乐派的三位大师 J. 海顿、W. A. 莫扎特、L. van 贝多芬在艺术歌曲这个创作领域里写出了具有重大意义的作品。海顿在晚年才接触到这个体裁，他的部分歌曲仍保留着歌唱剧的痕迹，和声与节奏都很简单，曲调优美流畅，从前奏和间奏中都令人感到这位器乐作曲家的特点。他用朴素的民歌手法谱写的《上帝保佑弗兰茨皇帝》被推选为奥地利国歌。《赞颂懒惰》是一首分节歌式的讽刺歌，流传很广。海顿著名的《美人鱼之歌》《田园歌》和《水手之歌》等，都达到了较高的艺术水平。

莫扎特写了 30 多首歌曲，《渴望春天》《路易丝烧毁她负心人的信》和《致克罗埃》都是短小的珍品。前 1 首是民歌式的分节歌；第 2 首是压缩成为一支通谱歌形式的戏剧片断（段）；第 3 首是小咏叹调。它们有严谨的结构，流畅的曲调，丰富的和声和调性变化。《傍晚的心情》中虽然有语言与旋律不统一的地方，但是庄重的、协调的音乐语言，描绘了渴望得到永久安宁的心情。（他）为 J. W. von 歌德诗篇谱写的《紫罗兰》是早期艺术歌曲中最完美的创作。歌曲是用通谱歌形式谱写的。拟人化了的紫罗兰形象，它的向往和不幸的遭遇，用调性的变化、大小调的对比、如泣似诉的道白，表现得逼真动人。

贝多芬的歌曲更深刻、更宽阔地表达了人类丰富的精神世界。《我爱你》《忧伤中的喜悦》《在阴暗的坟墓里》和《阿德拉伊德》都是朴实的、深情的作品。在《致远方的恋人》中，他开始把歌曲用钢琴间奏连接在一起，探索声乐套曲的形式。他善于表达庄重、富于哲理性的题材。为 C. F. 盖勒特的诗谱写的 6 首歌曲和为 C. A. 蒂德格谱写的《致希望》是他成功的作品。他讴歌巍峨的大自然和真诚的友情；从对未来的憧憬联系到人的生和死，问苍天：谁主沉浮？答案是用连续进行的八度和弦描绘出星光灿烂的天际，说明人应该充满希望、充满信心。贝多芬的这一萌芽状态的思想，在《第九交响曲》的《欢乐颂》中，得到了辉煌的体现。

早期的德国艺术歌曲开始摆脱外来音乐文化的影响，形成具有德国民族特点的艺术形式。海顿只是成功地表达了诗歌的意境；莫扎特作为天才的歌剧作曲家，试探着用它来表现人物和剧情，而贝多芬虽然涉及人的精神境界，但也还是属于探索的过程，在这个阶段里他们预示了艺术歌曲的发展方向。

发展期

F. 舒伯特在艺术歌曲的创作领域里开辟了新的天地。他的歌曲创作中，把维也纳古典乐派的传统，德国文学的浪漫主义诗歌和奥地利民间音乐素材紧密地联系在一起。他从柏林学派那里汲取各种分节歌以及较长的叙事曲的创作手法。他的多种多样的表现形式、无穷尽的曲调源泉、色彩丰富的调性变化，以及伴奏中不同的音乐形象和意境，都是从诗词中得到启发而产生的。他把人物、剧情、自然景色用音乐语言综合为完美的整体。歌德的诗歌代表了时代的新精神，它们强调民族感情、民族语言，歌颂祖国、歌颂大自然、歌颂自由与爱情。舒伯特为歌德的诗歌谱写了大量的艺术歌曲。他的重要功绩之一，就是把德国歌曲从外来音乐的影响中解放出来，使它摆脱了意大利、法国乐派的音调，而赋予它鲜明的民族色彩。

舒伯特的代表作是他为 W. 米勒的诗所谱写的两部套曲：《美丽的磨坊女》和《冬日的旅行》。歌曲中的主人翁在生活的道路上追求幸福和爱情，遭到不幸的结局。这带有自传性的叙述，体现了正直的知识分子处于封建复辟时代的内心矛盾和苦闷。舒伯特晚年为革命诗人 L. 雷尔斯塔布和海涅谱写的歌曲，被友人收集在一起，命名为《天鹅之歌》的套曲，具有深刻的思想内容和完美的艺术表现。歌德的诗在舒伯特的歌曲创作中占有特殊地位。《野玫瑰》《纺车旁的格蕾欣》《魔王》《人的限度》《伽尼墨得斯》《流浪者》和《普罗米修斯》，都有它们各自的特征。舒伯特的艺术歌曲塑造了普罗米修斯的巨人形象。这使人们看到：在抒情的舒伯特之外，还有一个刚强高大、深思熟虑的舒伯特。

R. 舒曼赋予诗人 J. von 艾兴多尔夫、F. 吕克特、H. 海涅、L. 乌兰德的诗歌以新的音乐语言。为海涅谱写的《诗人之恋》，为艾兴多尔夫谱写的《歌集》，为 A. von 沙米索谱写的歌曲套曲《妇女的生活与爱情》是他的代表作。《月夜》《核桃树》《春夜》属于优雅、深情的作品；《两个掷弹兵》《玩牌的女人》属于戏剧性类型。舒曼的声乐作品充满了器乐性旋律的语言。他给钢琴伴奏更多的独立性，并巧妙地发挥了前奏、间奏和尾声的表现力。《诗人之恋》中有 1 首名为《琴声悠扬》的歌，它好比 1

首钢琴独奏曲，歌声只作为一个观望者的旁白，用旋律性的朗诵在叙述。

舒曼的创新精神在歌曲创作中得到充分表现，旋律性的朗诵、复调、短小乐句的运用，在当时都是新颖的。在舒曼的细腻笔触下，诗的细微变化都用音乐语言表达出来。舒曼大大扩展了歌曲的表现手法，为后来者开拓了宽阔的途径。

C. 勒韦是一位被人忽视的作曲家，R. 瓦格纳和 H. 沃尔夫都很钦佩他，并受到他的影响。他的特点是谱写较长的叙事曲，用说唱的形式叙述复杂的内容和人物。他谱写的《魔王》可以与舒伯特的媲美。由于他过分强调音乐服从于诗歌，所以他的歌曲缺乏变化和展开。《爱德华》和《守钟人的女儿》是他的代表作。

F. 门德尔松和勒韦正相反，他谱写的都是短小的歌曲，音乐始终占首要地位，没有戏剧、人物和行动。歌曲的和声和调性的变化，都与歌词没有直接联系，可以称为"没有歌词的歌"。他的贡献在于优美的曲调和洗练的曲式。他早期的歌曲在巴黎出版，对法国歌曲的创作起了一定的促进作用。他的歌曲在当时曾风靡一时，却没有给后人留下深刻的影响。他的《致远方的人》《致月夜》《楚茉依卡》和《夜歌》是比较优秀的作品。他为海涅谱写的《乘着歌声的翅膀》是一支家喻户晓的歌。

发展期的德国艺术歌曲，舒伯特最深刻地掌握了艺术歌曲的精髓，做到用音乐去加强文学诗歌的感染力，而文学又辅助地解释了音乐语言的魅力，从而使德国艺术歌曲达到前所未有的高峰；舒曼略为偏重于文学，但他没有失去平衡，也作出了重大贡献；勒韦和门德尔松都因各自有所偏重而影响了他们的发展。这一时期的钢琴，从构造到演奏技巧的提高，也大大地加强了艺术歌曲的表现力。

后期

J. 勃拉姆斯和沃尔夫把 19 世纪的艺术歌曲推向又一高峰。勃拉姆斯在音乐语言上继承了舒伯特的传统，沃尔夫则更倾向于舒曼，侧重于文学方面。勃拉姆斯的宽广的、大线条的旋律，经常有饱满、浑厚的低音衬托。他最喜欢运用传统的分节歌曲式，并在中间部分穿插各种节奏和音色的变化。和贝多芬一样，勃拉姆斯收集民歌，并为它们谱写具有高度艺术性的伴奏，其中有许多珍品，如《在安静的夜晚》《小妹妹》。他还写了民歌式的歌曲，如《摇篮曲》《星期日》和《徒劳的小夜曲》等，可以看出他的歌曲深深地扎根在民歌之中。

勃拉姆斯在自己的歌曲中抒发了那个时代的知识分子的内心矛盾，时而心情沉重，寂寞忧伤，时而投入自然的怀抱，对生活充满希望。抒情优美的《田野的寂静》《温柔的歌声》和欢快明朗的《我喜爱绿》和《牧歌》都是他的成功之作。和浪漫主义诗人一样，他也喜爱中世纪的题材，他为J. L. 蒂克的诗歌谱写了《美丽的玛格洛娜》这组浪漫曲。感人最深的作品是严肃而富有思想性的《在坟地》《死亡好比凉爽的夜》等。《四首庄严的歌曲》是他临终前一年的作品。在这几首歌曲里，有严谨的结构，雄伟的音响，对位的追逐和复调的埋伏，它不仅诱发激情，而且震撼思想。继贝多芬之后，勃拉姆斯更深刻地把音乐和人的精神境界联系在一起，把艺术歌曲推到表达哲理的高度。

沃尔夫的主要创作体裁是艺术歌曲。他的创作特点是把诗词的内容、语言与音乐紧密地结合在一起，使之浑然一体，达到一种诗中有歌、歌中有诗的境界。他的创作方法是一个时期以一个诗人的作品为中心。沃尔夫很熟悉古老传统中四部合唱与器乐重奏，他把对位的技巧巧妙地运用在歌声和钢琴伴奏之中，形成他独特的风格。他还把瓦格纳的歌剧创作原则运用于歌曲创作，强调诗歌中人物的个性，给艺术歌曲带来前所未有的戏剧性。也正是这个原（缘）故，他后来离开了抒情的德国诗歌，到外国诗歌中去寻找异乡的风格与色调。

沃尔夫的歌曲大致可以分为两大类型。第1种是音乐语言接近民歌，欢快明朗，充满生活气息的作品。例如《默里克歌集》中的《漫游》，它有朴素的民歌音调，钢琴伴奏有独立的主题和展开部分，烘托出内容的变幻。在《西班牙歌集》中充满南国的风光和情趣，吉他、手鼓和西班牙的舞蹈节奏，活泼而幽默。歌集中的《在我卷发的影子下》，歌者的每个思想感情变化都用调性的变化来形容，钢琴伴奏的表现力通过各种技巧的运用，得到了充分的发挥。

第2种类型是表现人物内心感受和精神境界的作品，如《默里克歌集》中《被遗弃的少女》，他以细腻的色彩描绘出孤独的少女在晨曦中点柴取火的辛酸与凄凉。《歌德歌集》中的《伽尼墨得斯》《人的限度》和《普罗米修斯》是沃尔夫的代表作。《伽尼墨得斯》讴歌了明媚的春光、豁达的胸襟，钢琴伴奏绚丽多彩，《人的限度》用音乐语言注释了歌德哀叹在巍峨的大自然面前人的渺小。沃尔夫和舒伯特一样，着重以庄重、和谐、宽阔的笔触描绘出一幅壮丽的画面，给人一种心旷神怡的感受。在《普罗米修斯》中，沃尔夫以高度戏剧性的手法，刻画了巨人的震撼人心的反抗精神。

沃尔夫的早夭使人看不到他更大的发展。在他后期最成熟的《意大利歌集》中，使人感到他又回到早年《默里克歌集》的表现手法上去了。沃尔夫和勃拉姆斯晚年都在德国诗歌之外去寻找创作泉源，这说明浪漫主义文学衰败的迹象。

F. 李斯特很关心并喜爱艺术歌曲，他经常在音乐会上演奏他为钢琴改编的名曲。《洛雷莱》《当我入梦》《我愿他去》《山峦沉静》是他比较杰出的作品。瓦格纳晚年谱写的《韦森东克》组曲是艺术歌曲中的重要文献。

R. 弗朗茨是一位值得重视而未被重视的歌曲作家。在他的歌曲中明显地看到以下3方面的影响：（1）古老的德国民歌和民间诗歌；（2）J. S. 巴赫、G. F. 亨德尔的主题结构；（3）新教四部合唱中教会调式的色彩。他最喜爱海涅的诗，四分之一的歌曲选用了海涅的诗。他的作品中分节歌占多数，有简单的民歌曲调，有俏皮的和弦外音。他所表现的内心世界不是激情的，而是静穆的、和谐的，有时是忧伤的、浪漫的。舒曼、李斯特和瓦格纳都高度评价他的歌曲，《空中荡漾的声音》《母亲，唱我入睡》《水上漫游》和《我莫大的悲恸》是他的成功之作。

P. 科内利乌斯是语言学家、散文家、诗人和作曲家。诗歌和音乐内在的联系在他的艺术歌曲中得到最完善的体现。他和弗朗茨一样是以艺术歌曲作家进入史册的，内心深沉的感情和严谨、洗练的手法，是他创作的特点。《新娘组歌》和《圣诞之歌》是他为自己的诗歌谱写的两部套曲。

G. 马勒喜欢用乐队为自己的歌曲伴奏，他一方面运用乐队的交响性来创造戏剧性气氛，同时也运用单一乐器的独奏来表现必要的抒情性，由此而得到色彩上的变化和情绪上的多样化。《男童的神奇号角》组曲取材于民间诗歌，显示了他对民族语言、民族音调的热爱。《漂泊者之歌》《孩子们的挽歌》是他成熟的作品，充满内心的激情与悲怆。《大地之歌》是采用中国唐代诗人李白、孟浩然、王维的 7 首诗谱写的一部 6 乐章的交响性套曲，与舒伯特的《冬日的旅行》有相似之处，曲中表现了追求光明，渴望幸福，对现实不满而感到孤独与无能为力的心境的描绘；曲中以温柔的摇篮曲暗示送葬曲的进行，抒发了作家愤世嫉俗、渴望辞世长眠的消沉情感。

R. 施特劳斯在他早年创作旺盛的时期写过比较好的歌曲。他力求与德国古典传统保持密切的联系。《明晨》《黄昏之梦》《你，我心上的皇冠》，都有优美流畅的曲调。《小夜曲》《秘密的邀请》是最有舞台效果的名曲。他还善于写轻佻、欢快的诙谐歌曲，如《天气不好》《我所有的思念》和《为何？姑娘》等。他的许多歌曲都用乐队伴奏。

施特劳斯去世的前一年写了 4 首歌，被后人命名为"最后的四首歌"组曲，它表现了在坎坷道路上走到尽头的人，借秋末的黄昏抒发自己渴望永久安息的心情。曲中彩虹般的连唱在宽阔的音域中运行，表达了夕照清明，一片安祥与和谐。施特劳斯用细腻的笔触赋予乐队以丰富而又透澈的和弦，是他的成功之作。

这个时期的艺术歌曲打破了室内性的局限而进入了演奏大厅。H. 普菲茨纳在浪漫主义的传统下进行创作，他的作品丰富了歌曲文献，但没有做出新的尝试，M. 雷格尔独特的风格表现在和声和复调的运用，但流传较广的只是几首朴实的小歌：如《玛丽亚的摇篮曲》《林中的寂静》和《病危的孩子》。

其他按照德国文化传统谱写艺术歌曲的有挪威的 E. 格里格，俄罗斯的 A. G. 鲁宾斯坦和 П. И. 柴科夫斯基，芬兰的 J. 西贝柳斯和 Y. 基尔皮宁和瑞士的 O. 舍克。

20 世纪的音乐中断了 300 年来以旋律为主的传统。A. 勋伯格谱写的《月迷的皮埃罗》已经不是歌曲，而是说白歌唱。P. 欣德米特谱写了两部声乐套曲《玛丽亚的生活》和《年轻姑娘》。A. 贝格、A. von 韦贝恩和 E. 克雷内克都在艺术歌曲领域里作出了贡献。但是从总的趋势来看，德国艺术歌曲已失去推动它前进的力量，而处于彷徨的境地。

本书主要参考来源

报刊类:

《人民日报》

《人民音乐》

《光明日报》

《杭州日报》

《百年潮》

《北京晚报》

《北京青年报》

《北京晨报》

《科学时报》

《科学文化评论》

《新观察》

《新京报》

《西安晚报》

《内蒙古日报》

《每日新报》

《上海采风》

《银潮》

《南湖晚报》

《保定日报》

《秘书工作》

《河北日报》

《中国民族美术》

汇编类：

中国文联理论研究室.1983 年文学艺术概评 [M]. 北京 : 中国文联出版社 ,1985.

张秋怀 , 王力 . 带微笑的声音 [M]. 太原 : 希望出版社 ,1985.

向延生 . 中国近现代音乐家传第 3 卷 [M]. 沈阳 : 春风文艺出版社 ,1994.

四川省地方志编纂委员会 . 四川省志·文化艺术志 [M]. 成都 : 四川人民出版社 ,2000.

中国科技新闻学会 . 科技新闻实践与探索 [M]. 北京 : 中国科学技术出版社 ,2001.

中国大百科全书总编辑委员会 . 中国大百科全书音乐、舞蹈 [M]. 北京 : 中国大百科全书出版社 ,2002.

李晋媛 , 李晋玮 . 沈湘纪念文集 [M]. 北京 : 人民音乐出版社 ,2003.

魏宏运 . 国史纪事本末 1949–1999 第 7 卷改革开放时期下 [M]. 沈阳 : 辽宁人民出版社 ,2003.

颜蕙先 . 外国艺术歌曲选 19 世纪下 [M]. 北京 : 人民音乐出版社 ,2003.

樊洪业 . 竺可桢全集第 10 卷 [M]. 上海 : 上海科技教育出版社 ,2006.

涂元季 . 钱学森书信 (1–10)[M]. 北京 : 国防工业出版社 ,2007.

樊洪业 . 竺可桢全集第 14 卷 [M]. 上海 : 上海科技教育出版社 ,2008.

樊洪业 . 竺可桢全集第 15 卷 [M]. 上海 : 上海科技教育出版社 ,2008.

音乐周报社 . 见证音乐 : 音乐周报精品文选 1979–2009[M]. 北京 : 同心出版社 ,2009.

赵晴 . 城纪人物卷 [M]. 杭州 : 杭州出版社 ,2011.

吉佳佳.声乐艺术史与教学实践研究上声乐艺术史研究[M].哈尔滨:哈尔滨地图出版社,2012.

黄超群.中国科大论坛报告选编[M].合肥:中国科学技术大学出版社,2012.

李明,顾吉环,涂元季.钱学森书信补编4[M].北京:国防工业出版社,2012.

魏万进,钱能志.科学家专家论述沙草产业[M].西安:西安交通大学出版社,2012.

冯克力.老照片(贰拾壹 珍藏版)[M].济南:山东画报出版社,2014.

天津市政协文史资料委员会天津市口述史研究会.天津文史资料选辑影印本[M].天津:天津人民出版社,2014.

谭徐锋.蒋百里全集第8卷[M].北京:北京工业大学出版社,2015.

中央音乐学院.怀念蒋英老师[M].北京:中央音乐学院出版社,2015.

上海交通大学钱学森研究中心.钱学森研究第2辑[M].上海:上海交通大学出版社,2016.

钱学敏.与大师的对话——著名科学家钱学森与钱学敏教授通信集[M].西安:西安电子科技大学出版社,2016.

王天平,蔡继福,贾一禾.民国上海摄影海派摄影文化前世之研究[M].上海:上海锦绣文章出版社,2016.

陈浩.尺素海宁当代信札展作品集[M].杭州:西泠印社出版社,2016.

朱晶,叶青.根深方叶茂:唐有祺传[M].北京:中国科学技术出版社,上海交通大学出版,2017.

校史课题组.中央音乐学院简史稿1940–2010[M].北京:中央音乐学院学报社,无.

著作类:

陶菊隐.蒋百里传[M].北京:中华书局,1985.

周文韶.一个记者的追踪与沉思[M].广州:花城出版社,1988.

龚琪,陈贻鑫.管弦笔耕共交响:龚琪陈贻鑫音乐文集[M].北京:国际文化出版公司,2000.

邱玉璞，胡献廷 . 舞台是我的天堂：李光羲艺术生活五十年 [M]. 桂林：广西民族出版社 ,2002.

李晋玮，李晋瑗 . 沈湘声乐教学艺术 [M]. 北京：华乐出版社 ,2003.

蒋力 . 咏叹集 [M]. 上海：上海音乐学院出版社 ,2008.

钱定平 . 千古风流浪淘沙纵横古今中外品评俊彦精英 [M]. 上海：上海交通大学出版社 ,2011.

丁雅贤 . 心灵的歌唱——探索民族声乐演唱艺术的奥秘 [M]. 沈阳：沈阳出版社 ,2011.

田玉斌 . 名家谈艺——田玉斌与名家谈美声歌唱 [M]. 合肥：安徽文艺出版社 ,2011.

毕一鸣 . 主持艺术的新视野传播学视野中的主持艺术 [M]. 北京：中国广播电视出版社 ,2011.

刘再生 . 中国音乐史基础知识 150 问 [M]. 北京：人民音乐出版社 ,2011.

冯长春 . 历史的批判与批判的历史冯长春音乐史学文集 [M]. 北京：文化艺术出版社 ,2012.

萧舒文 .20 世纪中国笛乐 [M]. 上海：文化艺术出版社 ,2013.

史君良 . 笔下有乐史君良乐评集 [M]. 苏州：苏州大学出版社 ,2015.

王传超，陈丽娟 . 妙手握奇珠张丽珠传 [M]. 北京：中国科学技术出版社 ,2016.

梁茂春 . 梁茂春音乐评论选 [M]. 上海：上海音乐学院出版社 ,2017.

高俊宽 . 信息检索 [M]. 北京：世界图书出版公司 ,2017.

柏杨，张香华 . 击鼓行吟 [M]. 北京：商务印书馆 ,2018.

李曼宜 . 我和于是之这一生 [M]. 北京：作家出版社 ,2019.

张克群 . 飞翔 [M]. 北京：北京航空航天大学出版社 ,2019.

后记

作为各类人物传记的忠实读者，从不曾想到有一天能有机会写人物传记，而且为近乎完美的蒋英老师作传，既感幸运又诚惶诚恐。由于工作之便，可以近距离接触钱学森图书馆馆藏的有关蒋英的藏品，包括实物、藏书、录音带、录像带、光盘等，边整理边构思，并利用工作之余的碎片化时间着手撰写。在2022年集中撰写初稿的三个月里，我仿佛与蒋英进行了一场跨时空的对话，被她在逆境中泰然自若、勇敢面对的勇气所激励，被她为声乐教育事业呕心沥血并与学生建立的深厚师生情谊所感动，被她与钱学森科艺结合的完美爱情所打动，让我原本受疫情影响而不安的心也沉静下来，心无旁骛地投入书稿的撰写。

这本书能够顺利出版，离不开蒋英老师的亲友、学生等的支持和帮助，在此一一表示感谢。首先要感谢的是钱学森、蒋英之子钱永刚教授，没有他慷慨捐赠大量文物藏品和一手资料，就不可能原貌呈现蒋英的一生。钱教授还认真审阅初稿，且不时地关心书稿的进度。钱学森、蒋英的女儿钱永真老师得知我在撰写书稿，不仅给予鼓励和支持，还对初稿认真校对并提出修正意见。在书稿撰写期间，我多次拜访蒋英的学生、著名歌剧专家祝爱兰老师，听她倾情讲述她与蒋英老师之间动人的师生情谊。初稿撰成后，祝爱兰老师还克服因眼睛手术造成的不适等困难，逐字逐句地帮忙审校，补充细节内容，令本书的内容更加翔实、准确和有说服力。蒋英老师的另一位学生、厦门大学的吴晓路教授也认真审校书稿，并给予极大的肯定和鼓励。钱学森的堂妹钱学敏虽已九十多岁高龄，但她亲自阅读书稿，还补充讲述了她与蒋英交往的情形。钱学森生前的秘书顾吉环大校不仅于百忙之中认真校勘初稿，还原和补充了多处亲历的历史细节，还提出了诸多好的建议和意见。航天科技集团老干部局原局长陈大亚不但关心书稿的进展，而且对书稿的质量提出高要求。在此一并表示真挚的感谢。

同时，还要特别感谢钱学森图书馆的领导、老师和同事们。钱学森图书馆执行馆长李芳、党总支书记张勇、原执行馆长张凯和原党总支书记盛懿，一直倡导学术立馆，并致力于为年轻人创造学术成长的平台，为此书的撰成创造了学术空间。钱学森图书馆党总支副书记、副馆长吕成冬老师不仅为我的工作和研究道路指点迷津，还适时地提醒我在工作中注意总结和研究。正是在他的鼓励下，我着手写作此书。钱学森图书馆馆长助理张现民研究馆员不仅在我的学术成长道路上一直给予指导和鼓励，而且在成书的过程中不时地关心和提供有关资料，甚至还牺牲休息时间帮忙审阅、校对初稿，提出宝贵的修改意见。学术研究部副部长汪长明老师在学术上一直给予我指导和勉励。征集保管部的各位同事及来自校图书馆的返聘老师廖盈和林琪在藏品整理过程中多有襄助。在此一并表示感谢。

感谢留德竖琴演奏家周洁帮忙翻译书稿中的德语资料；感谢来馆交流的香港学生 Anna 帮助检索蒋英的两位老师的资料；感谢中国传媒大学教授冯亚老师百忙之中对书稿进行审阅，并提出了中肯的意见和建议。

书稿得以顺利出版，离不开上海交通大学出版社的帮助。高级编辑吴雪梅老师一直关心书稿进度，并从出版的角度提出专业的意见和建议，使本书增色不少。黄婷蕙老师对文字进行认真校对和打磨，确保书稿的质量。

最后，在书稿撰写过程中，虽然本着对历史负责、对蒋英老师负责和对后人负责的初心，但囿于个人专业背景、掌握的资料有限等因素，书中难免存在疏漏，恳请读者批评指正。

徐娜